U0341434

本书由以下项目资助

国家自然科学基金重大研究计划"黑河流域生态−水文过程集成研究"重点支持项目
"巴丹吉林沙漠地下水循环机理及其对沙漠湿地生态的支撑作用研究"
（91125024）

国家出版基金项目
NATIONAL PUBLICATION FOUNDATION

"十三五"国家重点出版物出版规划项目

黑河流域生态-水文过程集成研究

巴丹吉林沙漠的水文地质条件及地下水循环模式

王旭升　胡晓农　金晓媚　侯立柱　钱荣毅　著

科学出版社　龙门书局

北京

内 容 简 介

本书是巴丹吉林沙漠地下水科学调查、观测与研究成果的汇总。该沙漠地下水来源于何处？与黑河流域具有什么样的水文关系？这是长期困扰中外研究者的谜题。本书基于水文地质学的科学理论和方法，综合一系列最新调查观测成果，全面研究总结巴丹吉林沙漠的水文地质条件，取得了新的认识，确定了该沙漠地下水循环模式及其与黑河流域下游的关系。

本书可供地质学、水文学、地理科学领域的科技工作者使用。

图书在版编目（CIP）数据

巴丹吉林沙漠的水文地质条件及地下水循环模式／王旭升等著.—北京：龙门书局，2019.6

（黑河流域生态–水文过程集成研究）

国家出版基金项目　"十三五"国家重点出版物出版规划项目

ISBN 978-7-5088-5598-1

Ⅰ. ①巴… Ⅱ. ①王… Ⅲ. ①巴丹吉林沙漠–水文地质条件–研究②巴丹吉林沙漠–地下水资源–水循环–研究 Ⅳ. ①P641

中国版本图书馆 CIP 数据核字（2019）第 113964 号

责任编辑：李晓娟／责任校对：樊雅琼
责任印制：肖　兴／封面设计：黄华斌

科学出版社 龙門書局 出版
北京东黄城根北街 16 号
邮政编码：100717
http://www.sciencep.com
中国科学院印刷厂 印刷
科学出版社发行　各地新华书店经销

*

2019 年 6 月第　一　版　开本：787×1092　1/16
2019 年 6 月第一次印刷　印张：13　插页：2
字数：350 000

定价：168.00 元
（如有印装质量问题，我社负责调换）

《黑河流域生态-水文过程集成研究》编委会

《巴丹吉林沙漠的水文地质条件及地下水循环模式》
撰写委员会

主　笔　王旭升　胡晓农

成　员　金晓媚　侯立柱　钱荣毅

总　　序

　　20 世纪后半叶以来，陆地表层系统研究成为地球系统中重要的研究领域。流域是自然界的基本单元，又具有陆地表层系统所有的复杂性，是适合开展陆地表层地球系统科学实践的绝佳单元，流域科学是流域尺度上的地球系统科学。流域内，水是主线。水资源短缺所引发的生产、生活和生态等问题引起国际社会的高度重视；与此同时，以流域为研究对象的流域科学也日益受到关注，研究的重点逐渐转向以流域为单元的生态-水文过程集成研究。

　　我国的内陆河流域占全国陆地面积 1/3，集中分布在西北干旱区。水资源短缺、生态环境恶化问题日益严峻，引起政府和学术界的极大关注。十几年来，国家先后投入巨资进行生态环境治理，缓解经济社会发展的水资源需求与生态环境保护间日益激化的矛盾。水资源是联系经济发展和生态环境建设的纽带，理解水资源问题是解决水与生态之间矛盾的核心。面对区域发展对科学的需求和学科自身发展的需要，开展内陆河流域生态-水文过程集成研究，旨在从水-生态-经济的角度为管好水、用好水提供科学依据。

　　国家自然科学基金重大研究计划，是为了利于集成不同学科背景、不同学术思想和不同层次的项目，形成具有统一目标的项目群，给予相对长期的资助；重大研究计划坚持在顶层设计下自由申请，针对核心科学问题，以提高我国基础研究在具有重要科学意义的研究方向上的自主创新、源头创新能力。流域生态-水文过程集成研究面临认识复杂系统、实现尺度转换和模拟人-自然系统协同演进等困难，这些困难的核心是方法论的困难。为了解决这些困难，更好地理解和预测流域复杂系统的行为，同时服务于流域可持续发展，国家自然科学基金 2010 年度重大研究计划 "黑河流域生态-水文过程集成研究"（以下简称黑河计划）启动，执行期为 2011~2018 年。

　　该重大研究计划以我国黑河流域为典型研究区，从系统论思维角度出发，探讨我国干旱区内陆河流域生态-水-经济的相互联系。通过黑河计划集成研究，建立我国内陆河流域科学观测-试验、数据-模拟研究平台，认识内陆河流域生态系统与水文系统相互作用的过程和机理，提高内陆河流域水-生态-经济系统演变的综合分析与预测预报能力，为国家内陆河流域水安全、生态安全以及经济的可持续发展提供基础理论和科技支撑，形成干旱区内陆河流域研究的方法、技术体系，使我国流域生态水文研究进入国际先进行列。

为实现上述科学目标，黑河计划集中多学科的队伍和研究手段，建立了联结观测、试验、模拟、情景分析以及决策支持等科学研究各个环节的"以水为中心的过程模拟集成研究平台"。该平台以流域为单元，以生态–水文过程的分布式模拟为核心，重视生态、大气、水文及人文等过程特征尺度的数据转换和同化以及不确定性问题的处理。按模型驱动数据集、参数数据集及验证数据集建设的要求，布设野外地面观测和遥感观测，开展典型流域的地空同步实验。依托该平台，围绕以下四个方面的核心科学问题开展交叉研究：①干旱环境下植物水分利用效率及其对水分胁迫的适应机制；②地表–地下水相互作用机理及其生态水文效应；③不同尺度生态–水文过程机理与尺度转换方法；④气候变化和人类活动影响下流域生态–水文过程的响应机制。

黑河计划强化顶层设计，突出集成特点；在充分发挥指导专家组作用的基础上特邀项目跟踪专家，实施过程管理；建立数据平台，推动数据共享；对有创新苗头的项目和关键项目给予延续资助，培养新的生长点；重视学术交流，开展"国际集成"。完成的项目，涵盖了地球科学的地理学、地质学、地球化学、大气科学以及生命科学的植物学、生态学、微生物学、分子生物学等学科与研究领域，充分体现了重大研究计划多学科、交叉与融合的协同攻关特色。

经过连续八年的攻关，黑河计划在生态水文观测科学数据、流域生态–水文过程耦合机理、地表水–地下水耦合模型、植物对水分胁迫的适应机制、绿洲系统的水资源利用效率、荒漠植被的生态需水及气候变化和人类活动对水资源演变的影响机制等方面，都取得了突破性的进展，正在搭起整体和还原方法之间的桥梁，构建起一个兼顾硬集成和软集成，既考虑自然系统又考虑人文系统，并在实践上可操作的研究方法体系，同时产出了一批国际瞩目的研究成果，在国际同行中产生了较大的影响。

该系列丛书就是在这些成果的基础上，进一步集成、凝练、提升形成的。

作为地学领域中第一个内陆河方面的国家自然科学基金重大研究计划，黑河计划不仅培育了一支致力于中国内陆河流域环境和生态科学研究队伍，取得了丰硕的科研成果，也探索出了与这一新型科研组织形式相适应的管理模式。这要感谢黑河计划各项目组、科学指导与评估专家组及为此付出辛勤劳动的管理团队。在此，谨向他们表示诚挚的谢意！

2018 年 9 月

序

　　我国西北地区光热条件优越、矿产资源丰富，但是受气候干旱与水资源短缺的影响，也长期面临荒漠化、盐碱化、沙尘暴等生态环境问题。科学合理地规划利用水资源，是保持西北地区社会经济可持续发展的关键对策，不同区域既要协调用水，又要留下足够的生态用水。党中央和国家各部门对西北地区的经济发展与环境保护都十分重视，"十五"计划以来，投入巨资陆续实施新疆塔里木河流域、黑河流域、石羊河流域、三江源区、甘南和青海湖流域等地区的生态环境治理和水资源保护工程。作为古丝绸之路的发源地，我国西部地区在实施新时代"一带一路"倡议上具有重要的支撑作用，防治沙漠化、进行生态环境与水资源保护的任务更加紧迫。为此，需要大力发展面向干旱区的流域科学，从流域单元的整体角度认识生态–水文过程的关键机理，产生对水资源管理及生态环境保护具有关键指导作用的新知识和新理论。

　　干旱区流域具有相对复杂的地表水–地下水转化关系。关于这一点，30多年来科学家在研究我国第二大内陆河流域——黑河流域的过程中，已经深有体会。来自祁连山的河流在进入河西走廊的山前冲洪积扇时，发生大规模的渗漏，接近1/3的地表水转化为地下水，到平原区地下水又重新溢出形成地表水。在黑河流域的下游盆地，这种地表水–地下水转化过程再次发生，而且在时空分布上更加复杂。作为黑河流域地表水的最终消耗地，额济纳旗地区的水资源和生态环境不仅仅依赖于黑河的地表水文过程，还受到区域地下水位升降的强烈影响。因此，研究查明水文地质条件是算清黑河流域水账的一个重要前提。

　　2010年度国家自然科学基金重大研究计划"黑河流域生态–水文过程集成研究"启动，按不同阶段分培育项目、重点支持项目与集成项目三个层次对相关的研究进行资助，涉及地理、大气、生态、水利、管理等多个学科。其中，中国地质大学（北京）的国家"千人计划"特聘学者胡晓农教授牵头组织水文地质团队，承担"巴丹吉林沙漠地下水循环机理及其对沙漠湿地生态的支撑作用研究"这一重点支持项目。这个项目的设立是有意义的，因为巴丹吉林沙漠正是黑河流域下游水账计算中存在的盲点之一，应该想办法解决。过去有学者认为黑河流域祁连山上游的水源可直接通过深大断裂输送到巴丹吉林沙漠，继而向下游的额济纳旗盆地输送大量地下水，也有学者持相反的观点，认为巴丹吉林沙漠的地下水来源于黑河下游的河道渗漏补给。传统的黑河流域范围限定在巴丹吉林沙漠的西侧边缘，2010 年根据宏观地形对黑河流域的汇水范围进行初步调整，向西扩大北山（马鬃山）在黑河流域的面积，向东把巴丹吉林沙漠及其附近的部分山区划入流域盆地之内。然而，这样做未必能够确保黑河流域的闭合性，可能边界移动过大或某些地方又有不足，因为当时巴丹吉林沙漠地下水的情况仍然是很模糊的。由胡晓农教授、王旭升教授等水文地质专家组成的团队专门对此加以研究，可以推动巴丹吉林沙漠地下水来源之谜与黑河流域–巴丹吉林沙漠水文关系问题的解决。

该书就是这些水文地质专家近几年在巴丹吉林沙漠开展专业调查观测和研究的成果。他们所做的工作是扎实的，成果相当丰富，具有重要的学术和应用价值。首先，该书通过大量的、多方面的基础调查资料全面展示了巴丹吉林沙漠的水文地质特征，证明该沙漠是一个包含巨厚含水层的地下水盆地，而且其中的地下水以侧向径流的方式输送到黑河流域下游地区，主体部分在水文关系上属于黑河流域盆地。其次，作者提出了巴丹吉林沙漠地下水循环的新模式，认为本地大气降水入渗与附近山前侧向径流补给都是地下水的重要来源，发现沙山形成的巨厚包气带具有很强的气候缓冲效应，还发现洼地潜水蒸发耗损量甚至超过湖泊的蒸发耗水量。该书的另一个特色，在于通过长期观测与定量模型相结合，分析了沙漠环境中地下水与湖泊在水量水质方面的相互作用，结论对同类地区的研究具有启发意义。书中认真探讨了巴丹吉林沙漠地下水开发利用的潜力和可能造成的环境影响，对阿拉善右旗的水资源管理意义重大。

综上所述，该专著为我国沙漠水文地质调查研究和黑河流域的集成研究做出了独特的贡献，在此向各位作者表示衷心的祝贺！希望他们能够继续推动干旱区地下水的研究，取得更大成就，为我国西北地区的水资源和生态环境保护贡献科学智慧。

中国科学院院士

2018 年 5 月 31 日

前　　言

　　谈起巴丹吉林沙漠，大多数人都很陌生，甚至不知道它坐落在中国境内，远不如大家对非洲撒哈拉沙漠的了解程度。15 年前，本书的作者要么只是听过这个沙漠的名字，要么根本不知道有这个沙漠，谁也没有预料到自己会与阿拉善高原上的巴丹吉林沙漠结缘。然而，只要您第一次进入这个沙漠，看到雄伟的沙山和明镜般的湖泊，就会被它深深地震撼，觉得全世界的人都应该来体验一下。2005 年，随着阿拉善沙漠国家地质公园的成立，巴丹吉林沙漠作为其中的一个重要景区逐渐被旅游爱好者所熟悉，入选中国最美沙漠之一。站在沙山之巅俯瞰壮美的湖泊，游客一般会问："这么多的水是从哪儿来的？"同样的问题其实也困扰着前来考察的一批又一批中外科学家。他们当然知道湖里的水是从地下涌出的，因为茫茫大漠没有河流向这里补水，问题的关键在于地下水又是从哪里来的。大家纷纷开动脑筋，有的认为是几万年前遗留的，还有人说是从青藏高原远道而来，众说纷纭，似乎各有各的道理。令人不解的是，沙漠中的地下水往往甘甜可口，而就在沙漠南部附近的阿拉善右旗行政中心（巴丹吉林镇）打出来的地下水却都是咸苦的。长期严重缺水的局面迫使当地政府来不及等科学家给个最终的说法，就已经在沙漠里建立了水源地，把可饮用的地下淡水抽取出来输送到 60km 外的城镇。随之，人们开始等待另一个问题的答案：在沙漠里规模化开采地下水，会有什么不良后果吗？

　　实际上，围绕巴丹吉林沙漠的未解之谜还有很多，必须开展大量的调查观测和深入的研究才能得到科学的解答。2010 年度国家自然科学基金重大研究计划"黑河流域生态-水文过程集成研究"启动，弄清楚黑河流域下游荒漠绿洲带与相邻的巴丹吉林沙漠之间的水文关系，是众多科学目标之一。为此，该重大研究计划批准设立"巴丹吉林沙漠地下水循环机理及其对沙漠湿地生态的支撑作用研究"作为重点支持项目（91125024），项目执行期限为 2012 年 1 月至 2015 年 12 月，由中国地质大学（北京）承担，主持人为国家"千人计划"特聘学者胡晓农教授，本书其他作者为参与该项目的骨干研究人员。通过这个项目的资助，研究者在巴丹吉林沙漠建立了沙丘-湖泊-地下水环境监测站，同时开展了沙漠腹地的区域水文地质勘探调查和地下水循环模式的深入研究。项目组还与北京大学、香港大学、中国科学院以及美国佛罗里达州立大学和康涅狄格大学的研究者开展联合观测调查，对一些焦点问题进行了合作研究。2012 ~2014 年，中国科学院地质与地球物理研究所承担了国家国防科技工业局（简称国防科工局）高放废物地质处置研究开发项目"内蒙阿拉善高放废物地质处置备选场址预选及评价研究"，委托中国地质大学（北京）对涉及巴丹吉林沙漠的阿拉善右旗地区进行了区域地下水系统调查研究。

　　本书就是在总结吸收上述科研工作成果的基础上完成的，共分8章。第1章主要介绍巴丹吉林沙漠科学研究的历史和现状，细述关于沙漠水分来源的三个典型假说，明确沙漠地下水研究方面存在的科学问题。第2章阐述巴丹吉林沙漠的地理、气候与地质背景特征，将沙漠湖泊的分布归纳在6个湖泊群之中，根据最新的基础地质研究指出巴丹吉林沙漠是银根—额济纳旗盆地的一部分。第3章从一般方法的角度研究讨论沙漠水文地质调查的方案，详细说明在巴丹吉林沙漠开展调查观测的各种技术手段及其针对的关键科学问题，介绍以往深部地质勘探与区域水化学调查得到的基本认识。第4章根据最新的调查观测成果阐述巴丹吉林沙漠区域尺度上的含水介质特征，进行详细的分类研究和水文地质单元划分，并且分析沙丘包气带的物质结构与水分特征，从水动力机理上辨析了深大断裂导水理论的缺陷。第5章专门针对巴丹吉林沙漠地下水来源问题，从山前侧向径流、沙丘包气带水、水体同位素和咸淡水分布四个角度提出新的认识和证据，肯定了邻近山区侧向径流与本地降水入渗对地下水的补给作用，强调对地下水补给的认识必须考虑较大的时空尺度。第6章构建巴丹吉林沙漠的地下水循环模式，开展多层结构含水层区域地下水流的数值模拟，在此基础上划分出11个相对独立的地下水流系统并进行水均衡分析，对沙漠地下水资源属性、演化趋势和可利用性也进行了研究。第7章系统性研究巴丹吉林沙漠地下水与湖泊的相互作用，分别建立封闭湖泊与半封闭湖泊的水均衡与盐分动态模型，定量解释湖水位和盐分多年变化机理，从三维空间角度分析湖泊群对地下水流场的扰动作用。第8章从古文献记载出发，回顾认识黑河流域与巴丹吉林沙漠水文关系的曲折历史，以最新的调查研究为基础，从含水层介质连续性和地下水动力学连续性上证明巴丹吉林沙漠与黑河流域下游盆地存在水力联系，评估发现巴丹吉林沙漠每年向黑河流域下游贡献的水量超过1亿m^3，并进一步提出黑河流域边界东移的新方案。书中对一些有争议的或公众关切的问题没有采取回避的态度，而是从专业的角度提出我们的分析和判断，力求科学严谨，做到既有理论依据又有数据资料支撑。尽管如此，某些结论可能还受到我们认识上局限性的影响，存在纰漏，欢迎广大同行批评指正。

　　全书的结构安排由王旭升设计，各章节由不同作者分工合作完成。其中：第1章由王旭升、胡晓农撰写；第2章由金晓媚、王旭升、胡晓农撰写；第3章由王旭升、金晓媚、钱荣毅撰写；第4章由王旭升、胡晓农、侯立柱撰写；第5章由胡晓农、王旭升、侯立柱撰写；第6~8章由王旭升、胡晓农撰写。书中的部分图件由博士生周燕怡、韩鹏飞、巩艳萍、吴秀杰协助绘制，硕士生姜赫男也对部分图表制作有贡献。

　　在执行国家自然科学基金项目"巴丹吉林沙漠地下水循环机理及其对沙漠湿地生态的

支撑作用研究"的过程中，我们的研究工作得到中国科学院院士程国栋研究员、国家"千人计划"特聘专家郑春苗教授、中国科学院肖洪浪研究员和李新研究员的特别关注与指导，这对完成本书起到了巨大的推动作用。中国科学院的李国敏研究员是国防科工局项目"内蒙阿拉善高放废物地质处置备选场址预选及评价研究"的负责人，对我们在阿拉善右旗沙漠地区的水文地质调查工作给予了大力支持，遗憾的是他在 2015 年突然去世，我们只能以本书告慰他的关心和付出。中国地质大学（北京）蒋小伟教授也通过全国优秀博士学位论文作者专项资金对我们的部分研究工作进行了资助。美国佛罗里达州立大学的王杨（Wang Yang）教授和康涅狄格大学的刘澜波（Liu Lanbo）教授分别在沙漠水体同位素与地球物理探测方面提供了协助与合作支持。香港大学的焦赳赳（Jiao J. Jimmy）教授、北京大学的刘杰副教授、中国科学院的周剑副研究员带领他们的团队与我们在巴丹吉林沙漠进行了联合调查观测，提出了很多建设性的意见，为本书的研究贡献了一部分宝贵的数据资料。在本书撰写过程中，德国柏林自由大学的 Dieter Jäkel 和 Jürgen Hofmann 两位先生慷慨地提供了他们早期研究巴丹吉林沙漠的部分资料。我们的研究工作还得到很多同行的指导和帮助，主要包括：中国地质大学（北京）的万力教授、胡伏生教授、王广才教授、曹文炳教授、梁四海副教授、郝春博副教授等；中国地质环境监测院的李文鹏研究员、李海涛教授级高级工程师；西北大学的康卫东教授；中国科学院地质与地球物理研究所的董艳辉副研究员；兰州大学的王乃昂教授；香港大学的罗新博士；荷兰 UNESCO-IHE 学院的周仰效（Zhou Yangxiao）教授；荷兰 Twente 大学的苏中波（Su Bob）教授和曾亦键（Zeng Yijian）博士。参与巴丹吉林沙漠野外调查与试验观测的还有大量研究生，包括博士生陈添斐、张竞、李建、周燕怡、韩鹏飞、巩艳萍、吴秀杰、谢洪宇、齐蕊等，硕士生钱静、许飞、贾凤超、卢会婷、欧阳波罗、宋斌、张德朋、柯珂、高萌萌、商洁、代建翔、郑瑞兰、张高强、董岩岩等，他们在艰苦的环境中付出了宝贵的体力和智力劳动。阿拉善右旗的王永芳先生以及当地很多牧民为我们在巴丹吉林沙漠的野外工作提供了热情周到的后勤保障服务。没有他们的帮助，我们这么多年的沙漠之旅是不可能安全顺利地进行的。此外，还有很多帮助和支持我们工作的人士，无法一一列举。

在此，作者诚挚地向以上所有为我们科研工作提供支持的机构和个人表示感谢！特别感谢程国栋院士在百忙之中为本书作序！同时也要感谢科学出版社李晓娟女士在书稿编辑和出版事宜方面的大力协助！

作　者

2018 年 4 月于北京

目　　录

| 第1章 | 神秘面纱、探秘队伍与科学假说

1.1 巴丹吉林沙漠的神秘面纱

《中国国家地理》在 2005 年举办了一次"中国最美的地方"评选活动,按照大山、湖泊、冰川、沙漠等类型分别评选最美的 5 ~ 10 个景点(刘亭文,2005)。其中,在 5 个最美的沙漠中,巴丹吉林沙漠腹地排第 1 名(董培勤和高东凤,2005)。从规模上来讲,巴丹吉林沙漠的面积还不到塔克拉玛干沙漠(我国最大的沙漠)的 1/6,何以会成为最美的沙漠呢?因为这里有极为高大的沙山,有星罗棋布的湖泊,还有徜徉在湖边湿地草滩的羊群,它们组成了巴丹吉林沙漠独特的壮美风景。笼罩在巴丹吉林沙漠壮美风景背后的,是它的神秘面纱:为什么有世界上相对高度最大的沙山?为什么有这么多的湖泊存在于如此干旱的沙漠里?这里的水是从哪里来的?诸如此类的问题增添了巴丹吉林沙漠的神秘感。

巴丹吉林沙漠密集分布复合型新月形沙丘,沙丘与洼地组合形成波浪状起伏的地貌。相对附近的洼地和湖泊,沙山一般高 200 ~ 300m(图 1-1),局部高度达到 400 ~ 500m。其中,位于沙漠腹地的必鲁图沙山最高,被称为沙漠中的"珠穆朗玛峰"。沙丘排列而成的沙垄总体走向为北东 30° ~ 40°,迎风坡较陡,最大坡度可达 27°,反映了当地气候带西北风的长期作用(朱震达等,1980)。这里的沙山为什么如此高大?地理学界对这个问题还没有形成统一的解答。不少学者认为沙山下部原本就有隆起的基底(王涛,1990),但证据不足。从地质背景、沙山形态与风场发育关系上分析,王涛(1990)认为高大沙山是在不同历史气候时期经历多次固定叠加形成的,而且与东部山脉对西北风的阻隔有关。

常年有水的湖泊在世界各地的沙漠中并不罕见,然而巴丹吉林沙漠的独特之处在于湖泊的数量多、分布具有一定的规则,而且很多湖泊具有较大的规模。在 20 世纪 70 年代,研究者统计的巴丹吉林沙漠湖泊数量为 144 个(朱震达等,1980)。近年来研究者利用遥感数据识别的湖泊为 78 ~ 109 个,冬春季较多,夏秋季较少(朱金峰等,2011;金晓媚等,2014)。这些湖泊集中在沙漠东南部的高大沙山之间,大小不一,少数面积超过 1km²。它们近似呈棋盘状分布,显然与沙丘链的排列有关系。这些湖泊是什么时候开始出现在巴丹吉林沙漠的?与沙山的形成是什么关系?湖泊的水是从哪里来的?最终湖泊会不会全部消失?这些问题目前在科学界没有公认的解答。

巴丹吉林沙漠的湖泊大部分为盐湖,即湖水的溶解性总固体(TDS)大于 35g/L,只有极少数小型湖泊是微咸水湖或淡水湖。这说明该沙漠中的湖泊大多数处于长期的封闭状态,没有地表水的流入和流出,在蒸发积盐作用下演变成盐湖。这些盐湖在某个历史时期

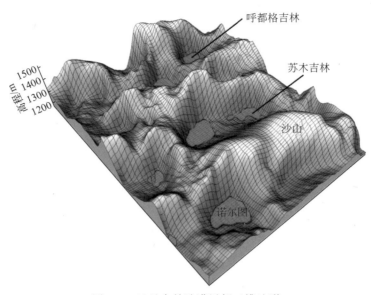

图 1-1　巴丹吉林沙漠局部三维地形

诺尔图、苏木吉林和呼都格吉林为湖泊名称

是不是淡水湖？经历多长时间变成盐湖？这也属于未解之谜。而且，为什么有些湖中的水又是微咸水或淡水呢？它们会不会演变为盐湖？例如，作为巴丹吉林沙漠地质公园的一个著名景点，巴丹东湖 TDS 约为 1.8g/L（杨小平，2002），属于微咸水湖，水草茂盛，还有鱼群生长。一旦将来巴丹东湖变得越来越咸，类似风景也会逐渐消失。更加奇怪的是，就在离巴丹东湖不到 200m 远的巴丹西湖，其湖水 TDS 接近 400g/L（杨小平，2002）。为什么相隔如此之近的两个湖泊盐分浓度却相差如此之大？巴丹东湖会不会最终变成和巴丹西湖一样的盐湖？对于这些问题，人们目前还没有找到明确的答案。

如果没有淡水，沙漠和盐湖只会是死亡之海，不会有羊群和骆驼，更不会有牧民生活在那里。实际上，在巴丹吉林沙漠的很多湖泊附近，都有牧民长期居住从事畜牧业（现今多从事沙漠旅游服务）。牧民在湖边凿井，获取淡水用于日常所需。当地有可饮用的井水，说明存在于湖岸的地下水为淡水。除此之外，人们也可以在湖边的草滩上发现一些甘甜的泉水，从泉口源源不断地流出地下淡水，为牲畜和野生动物提供了饮用水源。在苏木吉林（又被称为苏敏吉林），还有一座修建于 1755 年的古庙坐落在湖岸，清朝时曾有数十名喇嘛在此诵经，生活用水靠的就是紧贴湖边的一口淡水井。该井中水面比湖面高，地下水至今尚可自然涌出，流到湖中。在这 200 多年里，苏木吉林的盐湖水并没有侵蚀井中的地下淡水，地下水也没有停止涌出，可见地下水的来源和环境条件都是相当稳定的。从现象上来讲，这些地下水应当隐藏在高大的沙山下，向着湖泊持续流动，抵抗着沙漠湖泊的巨大蒸发量，成为支持沙漠生态系统不可替代的基础资源。那么，沙山之中的地下水又来自于哪里？会不会流干？会不会变成咸水？这些问题，可能是巴丹吉林沙漠最为隐秘、最难以解决的问题。

1.2 科学考察研究的先锋队

巴丹吉林沙漠的壮美和神奇吸引了中外很多的科学家前来进行探险考察和观测研究。在 20 世纪 60 年代之前，受各种社会条件的限制，对巴丹吉林沙漠有组织的科学调查活动稀少，只有一些以外国人为主的考古探险发生在沙漠边缘地区。此后，国家组织了多次内蒙古阿拉善地区的地质和水文地质调查。1980 年以来，国外学者也纷纷来到阿拉善，积极参与巴丹吉林沙漠的科学探险考察活动。早期的沙漠考察行动依赖骆驼作为交通运输工具，后勤保障困难，观测手段比较简单。在 21 世纪初，越野车开始大量使用，将一些先进的、体量较大的探测设备带入沙漠，有力地促进了对巴丹吉林沙漠的调查观测研究。

我国对巴丹吉林沙漠有组织的科学调查始于 20 世纪 50 年代末。1959 年，中国科学院组织成立治沙队，在我国西北荒漠化地区进行了广泛的科学考察。其中一支队伍跋涉 1700 多千米，对额济纳旗和巴丹吉林沙漠等地区进行综合考察，完成了《内蒙西部戈壁及巴丹吉林沙漠考察》报告（于守忠等，1962）。这份报告全面说明了巴丹吉林沙漠的区域地质、地貌、土壤、植被、沙丘、湖泊和地下水等方面的情况，甚至还观测到沙漠地表每天都有凝结水产生，产量可以达到 0.009g/cm² （于守忠等，1962），即水分凝结强度约为 0.1mm/d，而且发现在沙丘迎风坡下部 15～20cm 深度出现湿沙层。这次考察还采集 15 个土样进行了砂粒级配比例分析，表明巴丹吉林沙漠沉积物以细砂为主。治沙队后继的考察活动持续到 20 世纪 60 年代初，积累了巴丹吉林沙漠地理特征方面的大量资料。此后十多年，地理学家一直在努力消化这些资料，并发表了一些研究成果。例如，初步确定巴丹吉林沙漠有名称的湖泊是 91 个 （于守忠等，1962；谭见安，1964），湖泊总数达到一百多个但具体数目不清。直到 1974 年，在朱震达和吴正所著的《中国沙漠概论》一书中，才首次披露巴丹吉林沙漠有湖泊 144 个。在《中国沙漠概论（修订版）》（朱震达等，1980）中，补充圈划了巴丹吉林庙附近的沙山和湖盆地貌分带特征图，如图 1-2 所示。

1960～1980 年，地质部门陆续在巴丹吉林沙漠及其周边地区开展了 1∶50 万、1∶20 万比例尺的综合地质和水文地质普查工作。1960 年，以服务沙漠治理为目标，地质部召集水文地质工程地质局第一大队、水文地质工程地质研究所和北京地质学院［现中国地质大学（北京）］的专业人员，组建水文地质普查队，在内蒙古自治区的西部进行野外调查，完成了《内蒙古高原西部综合地质-水文地质普查报告书（1∶50 万）》①。这次调查的范围涉及阿拉善左旗、阿拉善右旗、额济纳旗，以及甘肃部分地区，包括巴丹吉林沙漠全部。该报告将巴丹吉林沙漠的水文地质条件总结为双层结构，即上部的风成细砂潜水含水层与下部的更新统或古近系-新近系半胶结砂岩承压含水层，而且认为承压水与潜水被湖积层隔开。值得一提的是，该报告对沙漠地区植被与地下水的关系进行了专门的分析，取得的主要认识见表 1-1。这对理解我国干旱区地下水的生态意义具有重要指导作

---

① 来源于《内蒙古高原西部综合地质-水文地质普查报告书（1∶50 万）》（1961）。

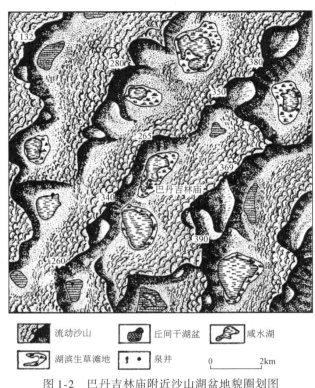

图 1-2　巴丹吉林庙附近沙山湖盆地貌圈划图

引自朱震达等（1980），图名有变更

用。此后十多年间，地质部门又对巴丹吉林沙漠及周边地区进行了 1∶20 万比例尺的地质普查，但对巴丹吉林沙漠水文地质方面的调查涉及较少。20 世纪 70 年代，地质专业部门先后完成雅布赖盐场幅、因格井幅、拐子湖南幅、努尔盖幅、务桃亥幅、特罗西滩幅、额济纳旗幅等图幅的 1∶20 万比例尺水文地质普查，补充了一些勘探工作，绘制出了各个图幅的水文地质图。其中，雅布赖盐场幅、务桃亥—特罗西滩幅的调查报告和图件对认识巴丹吉林沙漠南部的地下水和湖泊特征具有重要的意义。通过综合区域水文地质调查成果，相关部门完成了甘肃北山—内蒙古阿拉善地区水文地质编图（1∶50 万），并撰写了编图报告①。根据这个时期调查得到的认识，雅布赖山等东部和南部的山脉对巴丹吉林沙漠的地下水具有侧向径流补给作用，而沙漠降水入渗和凝结水也对地下水具有垂向补给作用，沙漠湖泊对区域地下水的排泄具有一定的控制作用。

_____

① 来源于《甘肃北山—内蒙阿拉善地区水文地质编图报告（1∶50 万）》（1983）。

表 1-1　内蒙古西部典型植被与地下水的关系

植物名称	地下水埋深/m	地下水 TDS/（g/L）	特点
芦苇	<3	1~3	在沙丘凹地可指示地下水
白刺	2~5	1~3	主根系深度可达潜水面
芨芨草	1~3	<3	喜盐，但不耐受重盐渍化土壤
梭梭	3~10	1~5	大面积天然梭梭林可指示地下水
红柳	<4	1~3	一般生长于黏性土层
梧桐树	2~5	1~3	喜碱，一般生长于砂质黏性土壤
寸草	<1	<1	对地下水溢出带具有指示意义
胡杨	1~6	1~3	一般生长在亚黏土、砂土层上
沙枣	<4	1~3	
苏枸杞	3~10	1~3	

从 20 世纪 80 年代中期开始，学术界对巴丹吉林沙漠腹地的地理、水文和地质考察研究活动逐渐增多，并加入了一些外国专家。中国科学院兰州沙漠研究所在 1988~1993 年多次组织针对巴丹吉林沙漠的调查观测活动，在高大沙山形成演变、地貌量化特征和第四纪气候变化方面取得了新的认识和发现（王涛，1990；杨小平，1992；高全洲，1993；董光荣等，1995）。其中，1988 年、1993 年的沙漠科考邀请了德国的科学家参与，合作编制完成《巴丹吉林风沙地貌图（1∶50 万）》和《巴丹吉林高大沙山典型区景观图（1∶10 万）》（冯毓荪，1993；陆锦华和郭迎胜，1995）。实际上，按照地理学家 Jäkel 的描述，在 1988~1995 年中国和德国联合进行了 6 次针对巴丹吉林沙漠及其周边地区的科考探险（Jäkel，1996）。这些探险活动收集了巴丹吉林沙漠沉积物、湖水、地下水乃至微生物方面的资料，德国学者在此基础上做出了一些有特色的研究。例如，他们认为不定期强降雨形成的湿砂层具有稳定沙丘的作用，干–湿砂层的反复叠加造成了高大的沙山（Jäkel，1996）；他们在高出湖面 5~7m 的斜坡上发现古湖沉积物及其淡水螺遗迹，其 ^{14}C 年龄达到 6000~8000 年（Hofmann，1996）；他们对诺尔图湖水中泉华形成的钙质小岛进行了研究（Arp et al.，1998），发现钙质沉淀的形成与细菌的活动有关（图 1-3）；他们与中国研究者共同撰文指出巴丹吉林沙漠地下水的氢氧同位素（D–^{18}O）存在异常特征（Geyh 和顾慰祖，1998）。1997~1999 年，顾慰祖等中德科学家又对巴丹吉林沙漠进行了 3 次穿越考察，沿途还观测了沙山上深度 2m 以内的砂土水分含量（顾慰祖等，2004）。这些中外联合科考似乎提高了欧洲人来巴丹吉林沙漠探险的热情。阿拉善的旅游部门甚至宣传德国探险家包曼（Baumann）在 1996 年写的一本叫《巴丹吉林沙漠》的书。实际上，Baumann 在 1994~2000 年多次到阿拉善体验沙漠探险（见他个人网站 http：//www.bruno-baumann.de），2001 年才根据探险经历出版了德文的《大戈壁》一书（英文名为 *Gobi—Through the Land without Water*）。

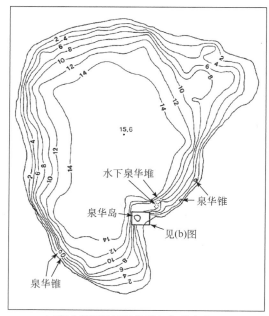

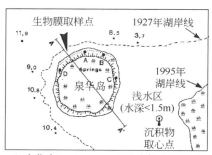

(b)泉华岛(spring mound)及取样点平面图

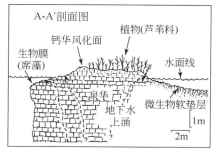

(c)泉华岛剖面示意图

(a)湖水等深线图及泉华(tufa)分布点

图 1-3 诺尔图钙质泉华岛

推测 1927 年的地震导致了湖岸线的坍塌滑移。其中, 1927 年地震, 指的是 1927 年 5 月 23 日发生在甘肃武威的 8 级大地震, 巴丹吉林沙漠东南部的湖泊群距离震中古源县约 250km。译自 Arp 等 (1998)

　　2000 年以来, 随着沙漠交通条件的改善, 越野车逐渐成为主要的交通和运输工具, 进行巴丹吉林沙漠科学调查研究的队伍越来越多, 先进观测分析手段的使用也越来越广泛。中国科学院地质与地球物理研究所的杨小平与德国的 Jäkel、Geyh 等合作, 在沙丘不同高度采集钙质胶结物进行^{14}C 年龄测定, 还原出近 3 万年来的 4 个湿润时期和高水位面 (杨小平, 2000); 还大量采集湖水和井水样品进行测试, 包括地下水氚同位素 (^{3}H) 的测试, 与澳大利亚的 Williams 合作并分析了巴丹吉林沙漠湖泊和地下水的水化学特征, 并将其与湖泊在全新世的演变结合起来进行研究 (杨小平, 2002; Yang and Williams, 2003)。兰州大学的马金珠等与英国地质调查局 Edmunds 合作, 采用手摇钻孔器采集沙丘包气带样品 (最大取样深度约 22m) 进行氯离子和水分含量测定, 根据氯离子质量平衡法推测了巴丹吉林沙漠地下水在历史时期的降水入渗补给量 (马金珠等, 2004; Ma and Edmunds, 2006)。英国牛津大学的 Gates 也与马金珠等合作, 开展了巴丹吉林沙漠包气带和水体化学特征的调查研究 (Gates et al., 2008a, 2008b)。2003 ~ 2004 年, 河海大学的陈建生等组织队伍在巴丹吉林沙漠进行调查, 并与澳大利亚、英国等国家的科学家合作, 利用水体同位素和沉积物地球化学信息推测巴丹吉林沙漠地下水来源于 500km 外的祁连山断裂水 (Chen et al., 2004; 陈建生等, 2006)。Chen 等 (2004) 的成果发表在著名的自然科学期刊 Nature 上, 在地理、地质等行业产生轰动效应, 也引发了关于巴丹吉林沙漠科学问题的争议 (张虎才和明庆忠, 2006; 黄天明和庞忠和, 2007; 刘建刚, 2010)。2004 ~ 2008

年，中国地质大学（北京）田明中带领队伍大范围考察研究阿拉善地区的沙漠地质地貌特征，对巴丹吉林沙漠做了特色景观调研（田明中等，2005），收集整理大量阿拉善沙漠科学研究文献（田明中等，2009），开展沙漠地质公园的规划设计研究，为阿拉善沙漠国家地质公园 2009 年成功申报联合国教育、科学及文化组织世界地质公园做出了贡献。兰州大学的王乃昂等联合甘肃省治沙研究所、宁夏大学相关研究人员，在 2009 年、2010 年和 2011 年连续开展了巴丹吉林沙漠的野外调查，综合考察了风沙地貌、湖泊水文、地理和古文化遗迹方面的情况，统计出湖泊数量为 119 个[①]。2008 ~ 2009 年，中国科学院寒区旱区环境与工程研究所启动"巴丹吉林沙漠陆-气相互作用观测试验"，多次在巴丹吉林沙漠的诺尔图、伊和吉格德湖附近布置便携式的气象站、涡度仪和土壤水监测设备，连续监测数月环境因素的变化，并与中国地质大学（北京）以及荷兰研究者合作，在当地陆面过程特征和包气带水分运移的研究方面取得重要进展（Zeng et al.，2009；王欣等，2011；马迪等，2012；Wen et al.，2014）。2009 年，王乃昂等在苏木吉林湖附近的沙丘上设置自动气象站，开始对巴丹吉林沙漠腹地的气象环境进行长期监测（王乃昂等，2013）。兰州大学的研究团队在湖泊群地区开展了大量环境变化、包气带水、沉积物特征、湖泊水文和水化学方面的调查观测与研究，有力地提高了对巴丹吉林沙漠的认知水平（马金珠等，2011；陆莹等，2011；白旸等，2011；陈立等，2012；吴月等，2014；王乃昂等，2016）。2010年以来，陕西师范大学、北京大学、香港大学等机构的研究者也纷纷到巴丹吉林沙漠开展水问题的调查观测（赵景波等，2011；Jiao et al.，2015；Liu et al.，2016；Luo et al.，2016），使沙漠探秘队伍进一步壮大。

钻探是研究地下水储存条件的必要手段，但是巴丹吉林沙漠的交通十分困难，以往钻探设备无法畅通运输到沙漠的腹地。在 2011 年之前，广大的巴丹吉林沙漠一直属于水文地质钻探的空白区。随着越野车的广泛使用，沙漠运输条件不断得到改善，逐渐具备了进行钻探调查的能力。2011 年，兰州大学将钻探设备输运到巴丹吉林沙漠的西诺尔图附近，通过 4 个月的施工，成功进行了深度达到 310m 的钻探，取得了该沙漠第四系沉积物取样分析的突破性进展（郭峰等，2014）。2013 年，中国地质大学（北京）将钻探设备运输到巴丹吉林沙漠更远的中北部地区，进行了 4 个钻孔的勘探工作，孔深 28 ~ 84m（张竞等，2015a），填补了巴丹吉林沙漠中部和北部水文地质勘探的空白。2014 年以来，中原油田、中国地质调查局等在巴丹吉林沙漠进行了更大规模的油气勘探或地下水资源勘探，未来该沙漠的地层分布和地下水分布条件必将更加清楚地得到探测揭示。

1.3 关于沙漠水分来源的若干假说

巴丹吉林沙漠最引人入胜的景观是密集分布的湖泊，而湖泊必须有水分来源才能长期维持。现有研究已经明确湖泊的水分来源于地下水，但是对地下水的来源还存在争议。沙

---

① 王乃昂，董春雨，陈红宝，等.2011.巴丹吉林沙漠湖泊水循环初步研究.中国自然资源学会 2011 年学术年会论文集（下册）：741-742.

漠的水分来源问题，本质上就是沙漠地下水的来源问题：地下水从哪里来？怎么到达湖泊群的？关于这些问题，研究者从不同的角度提出了一些推测，形成若干科学假说。这些推测指出了巴丹吉林沙漠水分的某种可能来源，提供了若干间接的佐证资料，但尚未得到充分的证实，相互之间又存在矛盾冲突，因此，目前只能以假说对待。Dong 等（2013）和张竞等（2015a）对现有假说的内容、依据、推测方法和疑点进行了梳理。本书在此基础上进一步归纳关于巴丹吉林沙漠水分来源的代表性假说，并就论点和论证方法进行初步的评述。

1.3.1　远距离断裂导水

远距离断裂导水是在巴丹吉林沙漠水分来源方面最引人注目的一种假说。该假说认为：巴丹吉林沙漠的地下水并不是本地形成的，而是起源于距离很远的山区地下水或地表水，通过大型断裂带导水输送到沙漠腹地。不同的研究者提出的断裂导水方式及其推论也有很大的差别。

河海大学的陈建生及其合作者提出的深大断裂导水假说，把巴丹吉林沙漠的水源指向了祁连山甚至西藏地区（2006）。Chen 等（2004）在 *Nature* 上发文，以祁连山雪水与巴丹吉林沙漠地下水的 D–^{18}O 数据点在同一条趋势线上为主要依据，判断祁连山雪水融化渗漏进入祁连山的深大断裂，然后经过多个断裂带的输运，最终到达巴丹吉林沙漠。陈建生等（2006）进一步明确了这种深大断裂输水路径，即图 1-4 中的 F1、F2 和 F3。其中，F1 为切割祁连山的深大断裂，F2 被称为日喀则—狼山大断裂，F3 是连接阿拉善东西部的隐伏构造断裂。在进一步的讨论中，他们认为日喀则—狼山大断裂向南延伸到了青藏高原，并将鄂陵湖与扎陵湖渗漏的水量输送到阿拉善地区，其输水量达到 $20\times10^8\,m^3/a$，供给腾格里沙漠、巴丹吉林沙漠和其他下游地区。其中由 F3 输送进入巴丹吉林沙漠的水量为 $5\times10^8\,m^3/a$（Chen et al.，2004）。根据这个假说，在巴丹吉林沙漠，地下水顺着深大断裂自东向西进入沙漠南部腹地，然后一部分向南补给湖泊分布区，另一部分向北流到古日乃湖和沙漠北部地区。

深大断裂远距离导水的另一种假说是丁宏伟和王贵玲（2007）提出的，他们认为黑河渗漏的水先进入阿尔金断裂再流向巴丹吉林沙漠。在图 1-4 中，F4 就是他们认为的阿尔金大断裂，它从黑河经过的正义峡附近向东延伸超过 200km，进入巴丹吉林沙漠南部，并在湖泊分布区分裂成多条隐伏断裂（F5）。他们推测由阿尔金大断裂输送到巴丹吉林沙漠的水量达到 $2.86\times10^8\,m^3/a$。按照这一假说，巴丹吉林沙漠南部的地下水应该自西向东流动。

与上述深大断裂导水假说不同，仵彦卿等（2010）提出了一种弱化版的断裂导水假说。早在 2004 年，仵彦卿等通过 EH4 电磁探测发现在黑河下游的哨马营地区有一条东西向延伸的隐伏断裂（即图 1-4 中的 F6），以古河道的形式隐伏在深度 100m 以下的第四系地层中。该断裂接受黑河在哨马营—鼎新段的渗漏水量，达到 $1.76\times10^8\,m^3/a$（仵彦卿等，2004），然后进一步向东延伸超过 100km，经古日乃湖地区进入巴丹吉林沙漠，成为沙漠

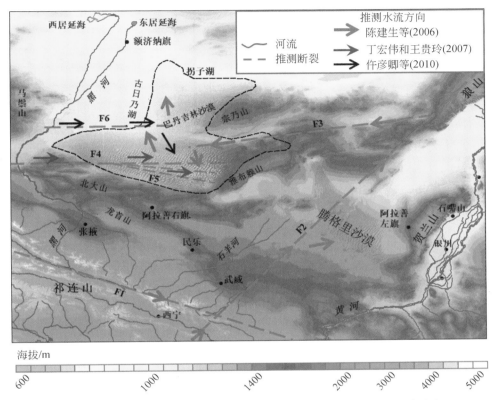

图 1-4　远距离断裂导水假说指示的巴丹吉林沙漠水分来源和地下水流向

F1 ~ F6 为不同研究者提出的导水断裂。根据陈建生等（2006）、丁宏伟和王贵玲（2007）、仵彦卿等（2010）的文献内容绘制

南部湖泊区的水源（仵彦卿等，2010）。按照这一假说，在巴丹吉林沙漠南部，地下水应该从古日乃湖向南部和东部流动，最终补给湖泊群。

各种远距离断裂导水假说的共同点在于它们提供的源头区与巴丹吉林沙漠湖泊群相距都超过 100km，而且水分输送的途径都是断裂。不同假说选择的断裂导水路径不同，导致对巴丹吉林沙漠地下水流向的判断也各不相同，甚至产生相反的判断。尽管如此，各种假说推测的断裂输水量都很大，向巴丹吉林沙漠输送的水量为 $1 \times 10^8 \sim 5 \times 10^8 \, \mathrm{m^3/a}$，超过祁连山北侧大堵麻河、丰乐河等河流的多年平均径流量。问题在于，上述任何一种假说都只提供了极少数间接的迹象，而缺乏关于断裂本身延伸方向、长度、深度、连接关系、填充物岩性乃至地下水流速的可靠证据。图 1-4 中的断裂在地质构造上是否存在？是否能够延伸到巴丹吉林沙漠？这些都仍然是地质学上的疑点，更不用说是否真的有那么大的水量在断裂中流动而未曾被发现。

1.3.2 以当地大气降水入渗为主

在一般意义上，地下水归根结底都来自于大气降水，只是某些特殊地层的水分可能来自于古海水封存或岩浆岩侵入释放的水。如果一个地区的地下水与当地大气降水无关，那么就很可能是邻近地区的大气降水形成地下水之后流过来的。因此，判断地下水来源时优先考虑当地大气降水的作用，是一种符合逻辑的选择。从而，不少研究者认为巴丹吉林沙漠的地下水主要由沙漠内部的降水入渗补给形成。但是，由于同样缺乏直接的、可靠的证据，这种认识目前也只能称为假说。

当地大气降水入渗补给地下水的程度，在水文地质学中用入渗系数（α_g）来衡量，即

$$\alpha_g = \frac{R_g}{P_a} \tag{1-1}$$

式中，P_a 为当地多年平均状态下的降水强度（mm/a）；R_g 为地下水获得入渗补给的强度（mm/a）。如果 $\alpha_g = 0$，就意味着不存在当地大气降水形成的地下水补给。那么，在巴丹吉林沙漠，入渗系数能够达到多少呢？根据早期研究者的估计[①]，阿拉善沙漠地区的入渗系数至少可以达到10%。如果按平均降水量100mm/a计算，则沙漠湖泊区的入渗补给量至少可以达到10mm/a。王涛（1990）、Hofmann（1999）给出了更加乐观的估计，最大估计值达到50mm/a。少数研究者认为沙漠凝结水也可能构成对地下水的补给，但凝结水量本身极难确定，而且目前无法证实凝结水能够入渗穿越沙漠的厚层包气带进入地下水，因此本书对此不予考虑。

当地大气降水即使能够有效地形成入渗补给，也不意味着就一定能够成为地下水的主要补给方式（地下水可能有多种补给来源）。在巴丹吉林沙漠的南部，入渗补给只有在总量上与湖泊的总蒸发耗水量平衡，才可作为主要的地下水来源。从定量的角度，可以表示为

$$r_p = \frac{R_g A_{basin}}{(E_0 - P_a) A_{lake}} \tag{1-2}$$

式中，r_p 为地下水入渗补给对湖泊水量消耗的贡献率；E_0 为多年平均状态下的湖面蒸发强度（mm/a）；A_{basin} 和 A_{lake} 分别为沙漠南部汇水盆地和湖泊的总面积（km^2）。对于 E_0、A_{basin} 和 A_{lake}，不同研究者给出的数值相差较大：E_0 的估计值在 1000mm/a（Yang et al.，2010）~ 4000mm/a（Chen et al.，2004）；A_{lake} 的估计值为 16~28km^2（熊波等，2009；Yang et al.，2010；朱金锋等，2011；金晓媚等，2014；王旭升等，2014）；A_{basin} 的估计值取决于如何圈闭巴丹吉林沙漠南部大沙丘–湖泊区的范围，为 2500km^2（Yang et al.，2010）~ 30 000km^2（马延东等，2016）。马延东等（2016）似乎把整个沙漠南部全部算作汇水盆地

---

① 来源于《区域水文地质普查报告（1∶20万）—雅布赖盐场幅》（1981）、《内蒙古高原西部综合地质–水文地质普查报告书（1∶50万）》（1961）、《中华人民共和国区域水文地质普查报告（1∶20万）—努尔盖公社幅》（1981）。

了，不太合理。考虑到湖泊绝大多数限定在东西长 100km、南北宽 50km 的矩形区，A_{basin} 的最大值取 5000km^2 更合适。据此，汇水区的面积为湖泊总面积的 89～313 倍，要想使式（1-2）中的 r_p 达到 100%，则 R_g 需要达到 2.9～43.7mm/a。如果 E_0 超过 2000mm/a，则保守估计 R_g 超过 20mm/a 才能使降水入渗成为主要的水源。如果实际的湖面蒸发强度低于 1000mm/a，则似乎只要 10mm/a 的入渗补给量就足以平衡湖泊的水分消耗。

从沙漠现今极为干旱的气候条件来讲，相当一部分研究者（马金珠等，2004；陈建生等，2006；Gates et al.，2008a，2008b；马宁等，2014）不认可大气降水入渗补给强度能够达到 10mm/a 以上。不过，在某些地质历史时期，巴丹吉林沙漠的气候环境可能偏于湿润，足以产生大量的地下水入渗补给，并以古水源的形式影响现今湖泊的状态演变。研究者早就在沙山上发现了反映湿润环境的沉积物标记（Hofmann，1996）。杨小平（2000）根据沙山不同高度上采集的钙质胶结物 ^{14}C 年龄，判断 3 万年以来巴丹吉林沙漠有 4 个雨量较大的湿润期，发育形成很高的古湖面。历史上的高水位期应该意味着同期大气降水入渗补给也很强，形成很高的地下水位。以此推测，则可能现今的地下水体是在历史上的湿润期入渗补给形成，虽然经历了气候干旱化的长期耗损，尚残留一定的储存量缓慢释放以维持现有的湖泊耗水。如果未来 500～1000 年内继续保持现今的干旱气候，则可能导致地下水不断衰退、湖泊不断干涸，直到沙漠里面见不到任何地表水。然而，只要现今状态下 R_g 的实际值能够达到 10～50mm/a，地下水补给和湖泊蒸发排泄的平衡点就能够维持，不会出现湖泊严重退缩的情况。这是一个尚有很大不确定性的问题。

马延东等（2016）、赵景波等（2017）为沙漠当地大气降水入渗补给地下水提出新的证据。他们在某些沙山的中部甚至更高处进行调查观测，发现存在由局部弱透水层顶托作用形成的渗出带乃至地表径流，指示出现代大气降水可以渗入包气带深部，并在局部地带产生侧向径流。

1.3.3　以邻近山区侧向径流为主

在巴丹吉林沙漠南部，气候干燥，蒸发能力是降水量的 10 倍以上。而且，实地调查发现，沙山的表面有一个干沙层，是降水下渗的阻碍因素。在这种情况下，如果大气降水不能穿过厚层包气带下渗形成对地下水的有效补给，或者即使能够下渗，但补给强度远低于 10mm/a，则湖泊盆地需要其他水源才能抗衡强烈的蒸发消耗。按照远距离断裂导水假说（陈建生等，2006；丁宏伟和王贵玲，2007；仵彦卿等，2010），沙漠外来水源可能是祁连山雪水或西部黑河渗漏的地表水，但从地质构造和水动力学条件上解释起来有困难。除此之外，还有一种可能性，就是东部和南部与沙漠相邻的山区为湖泊群提供了侧向径流补给，以地下水横向流动为主要形式，可能某些时期也有山洪形成的地表水。鉴于此，部分研究者认为巴丹吉林沙漠的地下水主要来源于邻近山区，并提出了相关的假说性模型。

利用包气带氯离子质量平衡（CMB）模型，马金珠等（2004）推算出 1000 年来巴丹吉林沙漠降水入渗形成的补给量低于 2.6mm/a，平均值只有 1.3mm/a。采用更多包气带氯离子含量剖面数据进行的 CMB 模型推算，进一步表明 2000 年以来入渗补给强度都低于

4.0mm/a（Ma and Edmunds，2006；Gates et al.，2008a；Stone and Edmunds，2016）。这意味着当地大气降水不是沙漠地下水的主要来源。为此，Ma 和 Edmunds（2006）综合 CMB 模型结果和水体同位素信息分析认为，巴丹吉林沙漠湖泊群的水源主要来自于雅布赖山的侧向径流，而且山区降水入渗也主要发生在历史上的湿润时期。Gates 等（2008b）为这一假说绘制了剖面模型，如图 1-5 所示。他们相信，在沙漠东南部的雅布赖山存在大量的降水入渗补给到山前粗颗粒堆积物中，而山前堆积物构成的含水层与沙漠的第四系含水层连通在一起，在水力梯度的作用下，地下水从山前地带通过一定深度的径流作用进入沙漠的纵深地区，补给到湖泊中。然而，他们还不清楚山区降水入渗的强度及雅布赖山花岗岩山体与白垩系砂岩的接触关系。黄天明和庞忠和（2007）也支持这一假说，并认为南部的北山、东部的宗乃山都是侧向径流补给源区，而且地下水可以一直流到古日乃湖地区。然而，他们没有计算雅布赖山向沙漠提供的侧向径流量有多少，因此并不能直接判断山区来水量是否足以维持湖泊的蒸发耗水。这个假说主要基于包气带水或地下水的水化学信息，缺乏可靠的水动力学依据。

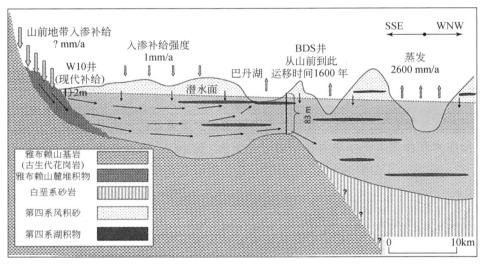

图 1-5　巴丹吉林沙漠南部地下水主要来源于雅布赖山的假说模式图
译自 Gates 等（2008b）

其他研究者也从不同角度对侧向径流的可能途径和贡献程度进行了探讨。陈立等（2012）在分析巴丹吉林沙漠湖泊和地下水的水化学分带特征时，发现雅布赖山的山前、沙漠的南缘和西南缘 3 个可能的侧向径流带，其中巴丹吉林沙漠南缘接受的地下水补给最显著，并认为黑河流域中游对沙漠南缘地下水有贡献。这一假说也没有水动力学上的论证。同样利用水化学信息分析，邵天杰（2012）也同意雅布赖山前侧向径流对巴丹吉林沙漠的水分有贡献，但并不认为与当地大气降水入渗相比有绝对的优势。郭永海等（2012）认为需要区别对待不同的湖泊，多数湖泊以降水入渗水源为主，少数则以山前侧向径流水源为主，但他们没有做具体的分析。

上述假说多从水化学特征上来论证邻近山区侧向径流的存在性。水化学信息具有多解性,这种论证方法会降低假说的可靠性,导致争议。

1.4 沙漠地下水研究亟待解决的科学问题

巴丹吉林沙漠的水分来源问题,实际就是地下水的来源问题。这意味着对地下水开展研究是揭开巴丹吉林沙漠神秘面纱的关键途径。调查研究特定区域的地下水,属于水文地质学的传统任务。

在巴丹吉林沙漠这样的地区,需要从水文地质学的角度解决以下四个方面的科学问题。

1)地下水具有什么样的赋存空间?根据水文地质学理论,地下水赋存于各种类型(孔隙、裂隙、岩溶介质)的含水层中,而含水层以一定的空间形态埋藏于地下。巴丹吉林沙漠的地下水赋存在什么样的含水层中?含水层有多大的厚度?渗透性有多强?这些是研究沙漠地下水状态首先要解决的问题。

2)地下水具有什么样的流动特征?含水层中的地下水一般不是静止的,而是朝着某个方向流动。巴丹吉林沙漠的地下水是如何流动的?怎么进行流动方向的判断?会不会流到黑河流域的下游?渗流场有没有显著的三维特征?这是从动力学上必须回答的问题。

3)地下水具有什么样的循环模式?只有在补给来源和排泄去向的共同驱动下,地下水才会流动。这种补给、径流和排泄条件的组合,构成地下水循环模式。为了揭示巴丹吉林沙漠的地下水循环模式,就必须弄清楚地下水的补给来源、排泄途径,并进行适当的定量化判断,以确定地下水补给与排泄是否能够达到平衡以维持地下水状态的稳定性。

4)地下水具有什么样的资源属性?是否可以被开采利用?巴丹吉林沙漠的地下淡水可以作为饮用水源,但目前人们对沙漠中地下淡水的空间分布范围不清楚,也不清楚这些地下水具有多大的开采潜力。如果在巴丹吉林沙漠开辟水源地,是否会对湖泊生态环境造成不利的影响?这个问题对沙漠水资源的管理非常重要。

第2章 | 区域地理、气候与地质背景

2.1 自然地理特征

2.1.1 地理位置

巴丹吉林沙漠属于中亚大戈壁的西部部分，位于内蒙古自治区阿拉善盟境内。该沙漠主体部分的经纬度坐标为39°20′~41°40′N、100°00′~103°30′E（图2-1），即拐子湖以南、古日乃湖以东、北大山以北、雅布赖山和宗乃山以西，但其外延可向北扩展到额济纳平原南部，向东可扩展至塔木素一带，与阿拉善东部的腾格里沙漠形成连接之势。由于对沙漠外延范围的认识不同，存在巴丹吉林沙漠面积的多种统计数字。在《中国沙漠概论》（朱

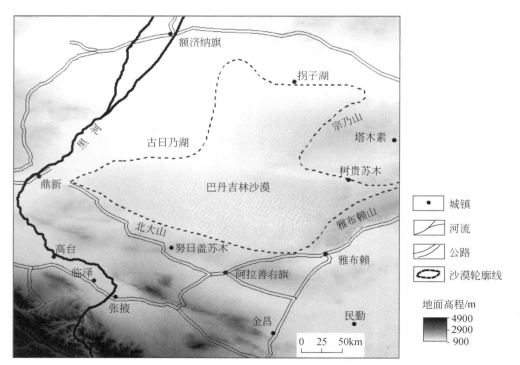

图 2-1　巴丹吉林沙漠交通位置图

震达等，1980）中，其覆盖面积为 $4.4 \times 10^4 km^2$，属于我国第三大沙漠。王涛（1990）根据 1989 年的考察结果给出巴丹吉林沙漠的面积为 $4.9 \times 10^4 km^2$，超过古尔班通古特沙漠的面积，成为我国第二大沙漠。朱金峰等（2010）综合利用遥感数据分析手段提出巴丹吉林沙漠的面积达到 $5.2 \times 10^4 km^2$。

该沙漠中的湖泊大部分位于东南部，靠近雅布赖山。沙漠湖泊观光旅游的交通集散地是阿拉善右旗的行政中心，以往被称为额肯呼都格镇，2011 年为促进旅游业发展改名为巴丹吉林镇。该镇与甘肃的金昌、张掖等城市有便捷的公路交通。

2.1.2 地形地貌

作为阿拉善高原的一部分，巴丹吉林沙漠及其周边地区的地形地貌较为多样。总体上，该区域的南部地势高，海拔 1500 ~ 2300m，北部地势低，海拔 930 ~ 1200m，东部的宗乃山地区海拔也可以达到 2000 ~ 2200m。沙漠腹地的海拔一般为 1100 ~ 1500m，但由于沙山高大，局部的地形起伏十分显著。

巴丹吉林沙漠的高大沙山均为流动沙丘，只有东南部的伊克力敖包等少数高地为基岩隆起形成的山丘。沙丘的形态类型比较复杂，包括新月形沙丘和沙丘链、纵向沙丘、格状沙丘、新月形沙垄及灌丛沙堆、金字塔沙丘和复合型沙山等。在沙漠中部广泛发育复合型沙山，沙山的相对高度一般为 200 ~ 300m，极少数接近 500m。这些沙山一般呈 NE 向延伸串联，单座沙山长度可达 5 ~ 10km，宽度可达 1 ~ 3km，其迎风坡和背风坡地貌特征有显著差异。迎风坡一般在沙山西北侧，水平跨度大，坡度从下部的 12°~15° 增加到上部的 20°~27°，斜坡上分布有大量叠置沙丘，受当地主风向控制，主要沿着 NE 30°~40° 方向排列（朱震达等，1980）。背风坡的水平跨度小，形态略为平直，坡度接近 30°。实际上，完全平直的背风坡一般只在沙山顶峰的东南侧局部发育，其两翼的背风坡往往也由叠置沙丘构成。沙漠西部多发育链状沙山，一般相对高度低于 100m，延伸长度小于 5km，迎风坡上的叠置沙丘也不明显。在沙漠南部及东部边缘大量发育金字塔型沙山，多呈孤立状态分布，相对高度一般小于 100m。

高大的沙丘链和格状沙丘相间分布，在沙漠腹地形成了走廊型或盆地型的洼地，有些洼地的底部切割地下水形成湖泊。规模巨大的沙丘–湖盆地貌，造就了巴丹吉林沙漠的独特景观。随着相对高度及与湖泊之间的距离变化，植被覆盖也发生变化，有喜湿耐盐的草本植物，也有耐旱的荒漠灌丛，呈现分带特征（图2-2）。白刺、沙拐枣、梭梭和沙蒿是沙漠中常见的植物，洼地湖泊附近还往往生长芦苇和芨芨草。湖畔草甸以及在沙山上雨季才形成的稀疏草甸是放牧羊群的场所。植被分带与地下水埋深有一定的关系（表1-1），荒漠植被除了蒸腾需水少、耐旱能力强之外，其根系往往十分发达，向下能够生长到有较大埋深的地下水位附近。

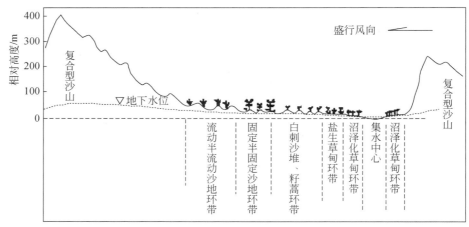

图 2-2　巴丹吉林沙漠中沙丘–湖盆地貌分带特征图

引自谭见安（1964），略有修改

　　沙漠湖盆在形态上表现为封闭性，从而在平面图上展示出一系列圈闭的等高线。图 2-3 给出了呼和吉林和诺尔图（与图 1-3 所述为同一个湖泊）的等高线圈闭形态。可以看出湖盆的西侧和北侧等高线较为密集，这是背风坡的特征。湖泊的轮廓实际上也在一条等高线上，与湖面高程相对应。当湖水位升高或下降时，湖面的形态与面积就会受到这些圈闭等高线的控制。郑瑞兰等（2016）研究等高线圈闭面积与高程的关系，发现一些湖泊盆地近似满足以下经验公式：

$$z - z_0 = cA^n \qquad\qquad (2\text{-}1)$$

式中，z 为等高线的高程（m）；z_0 为一个洼地底部（湖底）高程（m）；A 为等高线的圈闭面积（km^2）；c 和 n 均为参数。而对于更多的湖盆，需要使用一个多项式来描述，即

$$z - z_0 = a_1 A + a_2 A^2 + a_3 A^3 + \cdots + a_n A^n, \quad a_1 \geqslant 0 \qquad (2\text{-}2)$$

式中，n 为阶数；a_1，a_2，a_3，$\cdots$，a_n 为多项式的系数。对于多数湖盆，$n=3$ 时可以达到高精度拟合（郑瑞兰等，2016）。随着离开洼地的底部越远，高度增加，往往坡度也越来越大，存在"越来越陡"的现象，这与式（2-1）所示幂函数旋转面的形态具有类似规律。

　　在巴丹吉林沙漠的南部和西北部边缘，局部发育风蚀雅丹地貌。南部零星分布，规模较小，多为古湖泊干涸后风力剥蚀形成，呈柱状或垄状，高 2~4m，上部有单个或多个钙质胶结层。在西部的古日乃湖附近和北部的拐子湖附近，沙漠边缘雅丹地貌的规模略大，其宽度可达到 2~10km，雅丹个体呈垄岗或残丘状，矮者 1m 左右，高者超过 10m，其顶部普遍发育钙质胶结层，底部主要为黄色粉砂，可见钙质根管。

　　沙漠西部和北部的古日乃湖和拐子湖等地属于平原，分布有大量盐碱地，芦苇生长密集，局部出露水面。拐子湖平原呈东西向长度约 100km、南北向宽度约 6km 的走廊地貌形态，其北部为戈壁，南部通过二级台地过渡为沙漠地貌。前人考察曾发现拐子湖南缘有大量的泉眼涌出低矿化度的地下水（谭见安，1964）。古日乃湖平原呈南北向延伸，长度约

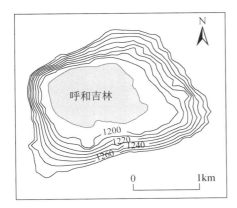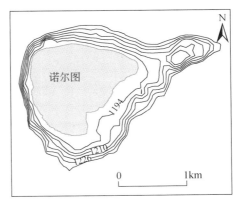

图 2-3 典型湖泊盆地的等高线形态

等值线数字表示高程（m）

180km，宽度可达 10km，其西部为戈壁滩，东部也通过台地过渡为沙漠地貌。更北部的额济纳平原属于黑河下游的冲洪积细土平原，地形开阔，河岸生长大片胡杨林。

巴丹吉林沙漠的南部和东部边界受到宽阔山体地貌的控制，从沙漠到山区的过渡带往往形成荒漠化草原，局部发育丘陵地貌。有大量常年呈干涸状的洪水沟从雅布赖山和北大山向沙漠延伸，只在特大暴雨时期形成洪水补给到沙漠边缘。

2.1.3 社会经济情况

巴丹吉林沙漠北部属于阿拉善盟额济纳旗管辖。额济纳旗与蒙古国接壤，常住人口约 3.4 万人，以汉族和蒙古族为主。其中，在拐子湖和古日乃湖的常住牧民都不足 500 人。巴丹吉林沙漠南部属于阿拉善右旗管辖，总人口不足 3 万人，而且大部分集中在巴丹吉林镇、雅布赖镇等地区。宗乃山、塔木素、树贵苏木、格日勒图和雅布赖山西部等地有散居牧民，人口也不到 2000 人。巴丹吉林沙漠的湖泊分布区内只有 40 多户牧民，约 100 人，以蒙古族为主，社区中心是巴丹吉林嘎查，位于苏木吉林湖盆的东岸。近 10 年来，牧民大多迁居到沙漠外的城镇，只在个别季节因放牧或旅游需要而住进沙漠。

额济纳旗和阿拉善右旗的传统产业均为畜牧业，额济纳旗受到黑河水流润泽，有少量的农业，阿拉善右旗靠近大山，有一部分采矿业，如北大山的铁矿和黑山头南部的煤矿。目前，旅游业是当地的支柱产业。2005 年，阿拉善盟将巴丹吉林沙漠、腾格里沙漠等组合在一起成功申报为阿拉善沙漠国家地质公园。2009 年，阿拉善沙漠国家地质公园被纳入世界地质公园名录，吸引了中外大量游客前来观光探险。仅巴丹吉林沙漠景区，每年平均接待的游客就可以达到 2 万人，旅游旺季为 5 月和 10 月。

巴丹吉林沙漠及其周边的盐湖出产盐矿和芒硝，如雅布赖盐场曾是一个规模较大的国营产盐基地。盐湖中还生长卤虫和嗜盐藻类，卤虫卵具有很高的经济价值，不少牧民将盐湖出租给专业户捞取卤虫卵。沙漠中特有的梭梭林出产肉苁蓉、锁阳等具有药用价值的植沙生物，成为具有一定销售规模的土特产。近年勘探发现，巴丹吉林沙漠蕴藏可观的地质资源，预计未来 20～50 年，研究区的能源矿产开发会达到一个全新的高度，同时也面临严峻的环境保护问题。

2.2 气候条件和气象特征

2.2.1 气候梯度

巴丹吉林沙漠处于全球西风环流带内，具有温带大陆性荒漠草原气候，东南季风所带来的水汽很少能够光顾此地，因此，总体上表现出日照充足、降水稀少、蒸发强烈、昼夜温差大的气候特点。由于沙漠跨越的范围很大，气候条件也存在南部与北部、东部与西部的差异。

在沙漠腹地没有永久性的气象观测站，直到 2004 年以后才陆续安装用于科研的自动气象站，而且也局限在沙漠的东南部。因此，对于沙漠本身的气象要素存在什么样的时空变化，并没有多少直接的数据资料。然而，从 20 世纪 50 年代末开始，沙漠周边的额济纳旗、阿拉善右旗、拐子湖等地建设了符合国家标准的气象站。向南还有远处河西走廊的一些城镇气象站，如张掖、高台等。另外，东部远处还有民勤气象站。这些气象站能够为研究巴丹吉林沙漠的气候梯度提供重要气象资料。一些主要站点的多年平均气象要素值见表 2-1。其中蒸发量是小型蒸发皿的观测结果。

表 2-1　巴丹吉林沙漠周边气象站的多年平均气象要素值

气象站	降水量/mm	蒸发量/mm	气温/℃	相对湿度/%	风速/（m/s）	资料年限
额济纳旗	35.3	3755	8.87	35	4.0	1957～2000 年
拐子湖	42.9	4114	9.21	35	3.5	1959～1979 年
阿拉善右旗	115.3	3452	8.72	37	3.6	1978～2000 年
张掖	130.4	2003	7.31	52	2.0	1971～2000 年
民勤	127.7	2623	8.34	45	2.7	1960～2009 年

显然，多年平均降水量呈现南部和东部大于北部和西部的总体特征，与蒸发量和风速的宏观变化特征恰好相反。实际上，气象要素的空间变化不仅存在纬度和经度效应，还存在一定的高程效应。时洪清等考虑高程效应，对雅布赖山和宗乃山的降水量、蒸发量进行推算，绘制了北山—阿拉善地区的降水量和蒸发量等值线图①，其中关于巴丹吉林沙漠的部分如图 2-4 所示。可以看出，巴丹吉林沙漠的多年平均降水量为 50～100mm，自东向西

---

① 来源于《甘肃北山—内蒙阿拉善地区水文地质编图报告（1∶50 万）》（1983）。

递减，而多年平均蒸发量达到 3500 ~ 4000mm，自东向西递增。气象站观测到的蒸发量局限于蒸发皿（小型蒸发皿的标准直径为 20cm，称为 $\Phi 20$ 型蒸发皿）的尺度，自然状态下宽阔水面的蒸发强度显著小于蒸发皿的观测值。相对而言，大型蒸发皿（如 E601 型的标准直径为 61.8cm，使器口面积达到 3000cm^2）的数据更加符合实际一些，但仍然偏大。为了得到符合实际的水面蒸发量，需要对蒸发皿数据进行折算。折算之后的数据可作为潜在蒸散量计算气候干旱指数，即

$$\phi_c = \frac{E_0}{P_a} = \frac{\alpha_e E_{pan}}{P_a} \tag{2-3}$$

式中，ϕ_c 为干旱指数；E_0 为实际水面蒸发量或蒸发潜力；E_{pan} 为蒸发皿观测到的蒸发量；α_e 为蒸发皿折算系数。根据经验，内蒙古地区小型蒸发皿的折算系数为 0.5 ~ 0.6，而大型蒸发皿的折算系数为 0.7 ~ 0.9（施成熙等，1986），随观测季节变化。以此计算，则巴丹吉林沙漠的干旱指数超过 10，在 17 ~ 48 变化，属于极端干旱。然而，上述折算系数对沙漠地区来讲可能还是偏大的，从湖面蒸发的实测结果来看，小型蒸发皿的折算系数取 0.35 ~ 0.45（王旭升等，2014）更加合理一些。如果取 $\alpha_e = 0.4$，则 $\phi_c = 14 ~ 32$，仍然属于极端干旱。沙漠西侧的干旱指数约为东侧的 2.3 倍。这一气候梯度对湖泊、植被分布具有一定的控制作用。

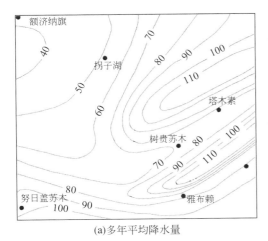
(a)多年平均降水量

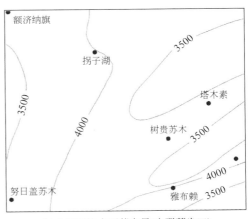
(b)多年平均水面蒸发量(小型蒸发皿)

图 2-4　现今气候要素空间分布特征

等值线上数字单位为 mm。

引自时洪清等（1983）①

2.2.2　气象要素变化特征

气象要素存在多种时间尺度上的变化，包括昼夜动态、季节性动态和年际动态等。研

---

① 时洪清、郝荫斌、李超奎 . 1983. 甘肃北山–内蒙阿拉善地区水文地质编图报告（1：50 万）.

究宏观区域主要关注季节性的周期动态与年际变化。本书作者收集了巴丹吉林沙漠周边多个气象站的 2000~2012 年逐日气象数据，用于进行动态特征分析。其中，具有控制性的站点为拐子湖、高台和阿拉善右旗。

关于季节性动态的周期特征，如图 2-5 所示。气温表现出比较平滑的波动 [图 2-5（a）]，其平均值在 1 月、12 月降低到 −13~−7℃，在 7 月升高至最大值，达到 25~33℃。拐子湖的气温振幅最大，说明巴丹吉林沙漠西北部具有更强的大陆性气候，温度调节能力较弱。一般而言，在 3~11 月平均气温高于 0℃，但由于昼夜温度起伏较大，无霜期只有 140~163 天，1 月、2 月和 12 月均为冻结期。平均气温并不能代表地面温度，夏季沙漠表面温度在白天可以超过 70℃，夜间也能降低到 20℃ 以下。大气降水的季节性分配情况见图 2-5（b），与气温的平稳波动相比，其变化不太规则。总体而言，降水主要集中在 6~9 月气温比较高的时期，但峰值月份出现在 7 月和 9 月，在 8 月反而有所下降。降水量在 2 月降到

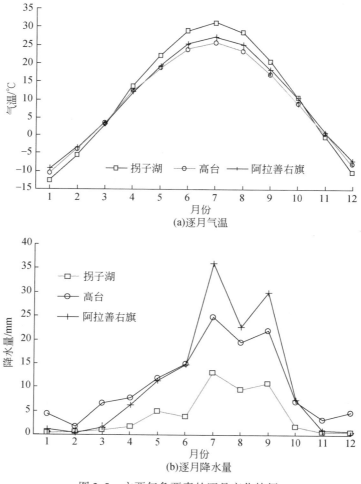

图 2-5　主要气象要素的逐月变化特征

气象数据为 2000~2012 年平均值

最小值，不足 3mm，而在 1 月、11 月和 12 月降水量也均不足 5mm。这是 2000~2012 年 3 个主要气象站点的共同特征，反映了巴丹吉林沙漠地区降水的不规则季节性变化。实际上，沙漠夏季降水常以阵雨和暴雨的形式发生，单次降雨持续的时间往往不足 1h，表现出较强的随机性。从站点之间的数据对比来看，阿拉善右旗在 7~9 月的降水量总计超过 80mm（约占全年降水量的 66% 以上），拐子湖在同一时期的降水量略低于 35mm（约占全年降水量的 80%），说明巴丹吉林沙漠南部和北部夏季降水强度存在显著差异。高台地区的夏季降水量也低于阿拉善右旗，但冬季和春季的降水量明显高于另外 2 个站点，说明河西走廊气候的控制因素确实与巴丹吉林沙漠存在较大差异。其他气象要素也存在强烈的季节性变化，如平均风速在 4~6 月达到最大，而蒸发量在 6~7 月达到最大，与气温和降水的季节性变化特征既有共性又有差异。

2000~2012 年的数据中，也表现出了气象要素的年际变化趋势，如图 2-6 所示。3 个站点总体年平均气温表现较为稳定，这 13 年期间的变化幅度均小于 2℃，但是不同站点存在不同的增温或降温趋势［图 2-6（a）］。高台的多年平均气温呈现微弱的逐渐上升趋势，这可能与近 50 年来全球升温的背景趋势是一致的。阿拉善右旗的多年平均气温变化比较平稳，但年际变化的振荡幅度有所增加。拐子湖的多年平均气温则呈现微弱的下降趋势，

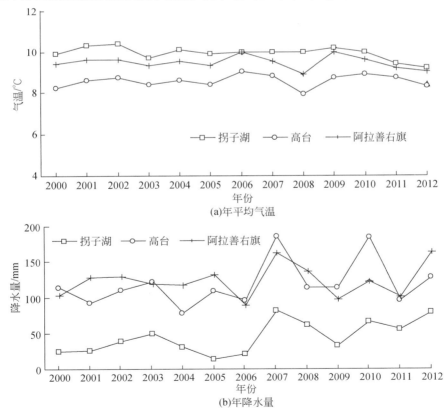

(a)年平均气温

(b)年降水量

图 2-6　主要气象要素的年际变化趋势

其成因尚不清楚。不过，可以看出2010～2012年3个气象站点观测到的平均气温都呈现明显的下降趋势。与之相比较，则3个气象站点的多年平均降水量在2000～2012年存在总体上升趋势［图2-6（b）］。降水量增加趋势显著的是拐子湖地区，在2006年之前的年降水量均不足50mm，但2007～2012年的多年平均降水量接近65mm，个别年份的降水量接近80mm。阿拉善右旗和高台的多年平均降水量增加幅度相对较弱，但在2006年之后年际变化的振荡幅度明显增加，个别年份的降水量能够达到150mm以上。

从更大的时间尺度来看，受全球变暖的影响，我国西北地区近50年来的气温存在显著升高趋势，平均增温速率在0.03℃/a以上，超过全国平均水平（张雪芹等，2010）。2000年以来升温速率有所减缓，但并没有改变长期的升温趋势。西北地区的降水量存在10年以上周期的波动，而1987年以来出现了显著的趋势性增加，似乎发生从暖干向暖湿的重大气候转型（施雅风等，2002）。这可能是全球变暖导致夏季风活动性加强的结果。蒸发量的变化情况则与此相反，近50年来我国北方蒸发皿观测的水面蒸发量呈逐渐下降趋势（谢贤群和王菱，2007）。这种降水量的增加趋势和蒸发潜力的下降趋势，有利于缓解沙漠地区的极端干旱状态。

2.3 地表水分布特征

巴丹吉林沙漠及其周边地区存在的地表水，包括河流与湖泊。河流分布在巴丹吉林沙漠西部的黑河流域，而湖泊则在沙漠内部及周边地区均有分布。

2.3.1 邻区河流水系

在巴丹吉林沙漠东侧的雅布赖山有少量水系发育，但属于季节性的洪水沟，如红柳沟。这些洪水沟的水流方向多为向南、向东，少数向西北延伸到沙漠。北大山也有一些向北延伸到沙漠的洪水沟。宗乃山地表径流稀少。

在巴丹吉林沙漠的西部，是额济纳旗盆地，属于黑河流域下游。发源于祁连山的黑河在流经河西走廊的张掖、临泽、高台等地区之后，从正义峡进入下游盆地。黑河在过狼心山断面后，靠近额济纳平原时分为西支和东支（图2-1），古称弱水。西支流入西居延海（嘎顺诺尔），东支流入东居延海（索果诺尔）。西居延海早在20世纪60年代就已干涸，东居延海在20世纪90年代也干涸了。2001年，黑河流域水量统一调度工程开始实施。根据国务院制定的《黑河干流水量分配方案》，在祁连山出山口莺落峡黑河年径流量为$15.8×10^8 m^3$时，保证向下游输送水量$9.5×10^8 m^3$。随着正义峡河道流量的逐渐增加和稳定，额济纳旗北部的地下水位逐渐抬升，东居延海也从2003年开始成为常年有水湖泊。不过，西居延海仍然保持干涸状态。黑河流域上中下游的用水关系及其可持续性，需要从全流域水-生态-经济综合效益的角度加以考虑（肖洪浪和程国栋，2006）。根据黑河流域生态-水文过程集成研究进展（程国栋等，2014），恢复黑河流域下游绿洲生态到1987年水平应保证狼心山断面年径流量达到$5.9×10^8 m^3$，需要更加高效的流域水资源管理策略。黑河水不会直接流入古日乃湖和拐子湖地区，但是可能以地下径流的方式补给或影响这些地区。

2.3.2 湖泊分布特征

在巴丹吉林沙漠内部，湖泊主要分布在南部，即古日乃湖—宗乃山一线以南的区域。另外，巴丹吉林沙漠的外延覆盖区也包含一些较大的湖泊，如宗乃山与雅布赖山之间的走廊地带。综合前人调查资料和作者 2012 年以来的野外调查结果，可以把巴丹吉林沙漠的湖泊按照 6 个空间区块划分为不同的湖泊群，如图 2-7 所示。

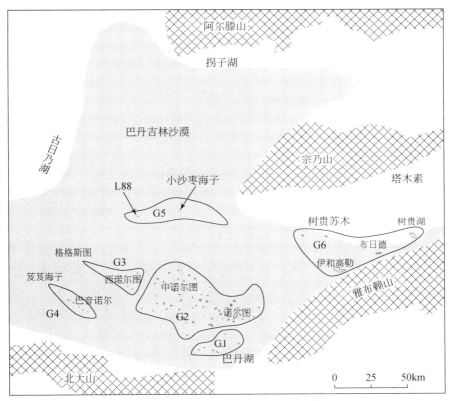

图 2-7　巴丹吉林沙漠的湖泊群分布特征

G1～G6 为湖泊群的编号

G1 湖泊群位于巴丹吉林沙漠东南侧，在伊克力敖包山丘以南的地区（图 2-8），分布有绍白吉林、巴丹湖、宝日陶勒盖等二十多个湖泊。这些湖泊往往成对出现在某个沙丘的两侧，面积均小于 $0.1 km^2$，湖水也很浅，有些发生季节性干涸。有少数湖泊为淡水或微咸水。巴丹湖由西湖和东湖组成，其中东湖为微咸水湖，是地质公园入口附近的重点景观湖泊。

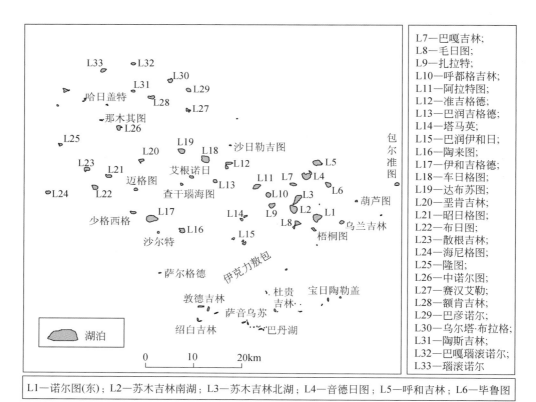

图 2-8　巴丹吉林沙漠南部 G1 和 G2 湖泊群的主要湖泊位置和名称

L1—诺尔图(东)；L2—苏木吉林南湖；L3—苏木吉林北湖；L4—音德日图；L5—呼和吉林；L6—毕鲁图

L7—巴嘎吉林；
L8—毛日图；
L9—扎拉特；
L10—呼都格吉林；
L11—阿拉特图；
L12—准吉格德；
L13—巴润吉格德；
L14—塔马英；
L15—巴润伊和日；
L16—陶来图；
L17—伊和吉格德；
L18—车日格图；
L19—达布苏图；
L20—歪肯吉林；
L21—昭日格图；
L22—布日图；
L23—散根吉林；
L24—海尼格图；
L25—隆图；
L26—中诺尔图；
L27—赛汉艾勒；
L28—额肯吉林；
L29—巴彦诺尔；
L30—乌尔塔·布拉格；
L31—陶斯吉林；
L32—巴嘎瑙滚诺尔；
L33—瑙滚诺尔；

G2 湖泊群位于伊克力敖包山丘以北，面积约 2000km²，所包含的湖泊有七十多个，既有面积超过 1.0km² 的大型湖泊，也有微小的季节性出水湖泊，以 1~4km 的间距近似呈棋盘状分布。面积比较大的湖泊是诺尔图（又称为东诺尔图，面积 1.5km²，最大水深约16m）、苏木吉林南湖（面积 1.2km²，最大水深约 11m）、呼和吉林（面积 1.0km²，最大水深约 10m）和音德日图（面积 0.9km²，最大水深约 8m）。主要湖泊的位置和名称如图2-8 所示。其中，苏木吉林北湖又被称为庙海子，其东岸定居点是巴丹吉林沙漠牧民的社区中心，也是沙漠腹地的一个重点旅游观光地点。中诺尔图位于 G2 湖泊群的北部，也是一个重要的旅游观光地点。

G3 湖泊群位于巴丹吉林沙漠中北部的格格斯图、西诺尔图一带，面积较小，只有不到 10 个常年有水的湖泊。在该湖泊群的西南侧，有格日勒图、毛日勒图、达布斯图和西诺尔图等湖泊，它们沿着一条 NW 向的轨线呈串珠状分布，间距 2.5 ~ 3.5km，在其两端延伸方向上还有不少干涸的古湖洼地。这些湖泊的面积较小（低于 0.5km²），水深也不超过 10m。

G4 湖泊群位于巴丹吉林沙漠西南部的茇茇海子、巴音诺尔一带。该湖泊群目前只包含巴音诺尔、哈布特诺尔 2 个常年有水的湖泊，其他诸如乌兰吉林、萨尔乌苏特、达吉、深井海子和茇茇海子等基本上处于干涸状态。与 G3 西南侧的湖泊类似，它们也呈串珠状沿着一条 NW 向的轨线分布。

G5 湖泊群位于人迹罕至的巴丹吉林沙漠南部和北部的过渡带，靠近宗乃山。小沙枣海子是一个处于牧民放牧区的常年有水湖泊，属于咸水湖，面积约有 16 000m²，最大水深不足 1.5m，浅水区生长芦苇。L88 是作者在野外调查期间发现的一个面积不到 3000m²、最大水深不足 1.0m 的微型淡水湖。此外，根据以往调查资料，该区域的北部和东南部还有少量可能是季节性出露的微小湖泊。

G6 湖泊群位于巴丹吉林沙漠东部的外延区，夹在雅布赖山和宗乃山之间，湖泊零星分布。在雅布赖山北侧的山前倾斜平原，有 3 个面积很大的湖泊，即伊和高勒（黄草滩湖）、布日德和树贵湖。它们的面积均超过 1.0km²，其中树贵湖的天然面积近 7.13km²，伊和高勒面积接近 3.3km²，布日德的东西方向长度超过 3km。树贵湖目前已经被盐碱采矿活动所干扰，接近干涸状态。这些湖泊沿着 NE 方向呈串珠状分布，显然受到雅布赖山的控制。在地势更低的树贵苏木地区，还有一些小型的湖泊，季节性变化强烈。

2.4　阿拉善地层与地质构造

巴丹吉林沙漠所在的阿拉善地区，地质条件具有一定的特殊性。它处在一个古老而相对独立的地质体上，称为阿拉善地块，与周边的塔里木板块、西伯利亚板块和华北板块等构造单元相互作用（吴泰然和何国琦，1993）。板块构造运动产生造山带和沉积盆地，在巴丹吉林沙漠及周边地区形成不同时代的沉积地层，也产生了花岗岩山体隆起、深大断裂活动等现象，影响沙漠的形成演变。整个阿拉善高原的面积很大，其南部和北部在地质条件上存在一些差异，以下对地层和地质构造的分析阐述以阿拉善北部为主。

2.4.1　元古宇至中生界地层

阿拉善地区各个时代的地层比较齐全，其中元古界至中生界的地层包括前震旦系、震旦系、石炭系、二叠系、侏罗系、白垩系。根据以往地质调查资料[①]，现将这些地层的时代划分、主要岩性结构和出露地带总结在表 2-2 中。

分布在北大山、雅布赖山深处的前震旦系（AnZ）片麻岩受到构造运动的强烈影响，发育褶皱和岩脉，容易形成构造节理，易于风化，有利于赋存基岩裂隙水。震旦系（Z）、寒武系（∈）、奥陶系（O）和志留系（S）在巴丹吉林沙漠周边地区出露较少。泥盆系（D）主要在拐子湖以北的地区出露。其他地层主要出露在宗乃山、雅布赖山、北大山等山体的边缘地带。二叠系（P）地层总厚度可达 2000~6000m，含有浅海相碎屑岩和火山岩，褶皱复杂，其中灰岩、火山岩一般出露地势较高，而且裂隙比较发育，往往有利于地下水的形成和赋存。侏罗系（J）在山区广泛出露，总厚度可达 3000~5000m，具有砂岩

---

① 时洪清，郝荫斌，李超奎.1983. 甘肃北山—内蒙阿拉善地区水文地质编图报告（1∶50 万）；孙德钦，田荣和、李忠学，等.1961. 内蒙古高原西部综合地质–水文地质普查报告书（1∶50 万）.

和泥岩互层结构，局部夹火山岩、煤层和石膏。

表 2-2　阿拉善地区元古宇至中生界地层表

宇/界	系	统	地层岩性结构	出露分布范围
中生界	白垩系（K）	上统	上部为紫色、棕红色及杂色砾岩、砂岩、泥岩互层；下部为紫色、绿色、灰白色砾岩、砾状砂岩及部分泥岩	主要分布于拐子湖、雅干地带，零星分布于北大山和宗乃山地区
		下统	上部为黑色碳质页岩，棕红色泥岩及砂质泥岩；下部为紫红色砾岩、砾状砂岩，砾岩成分为砂岩、花岗岩、石英岩碎屑，泥质胶结，较松散	主要出露在宗乃山南北两侧、北大山西部、雅布赖山的红柳沟以西、黑山头及敦德乌兰一带
	侏罗系（J）	上统、中统	上统为紫红、砖红、灰绿色粉砂岩、粉砂质泥岩、含砾长石砂砾灰钙质泥岩等，局部夹煤层和火山岩；中统为灰绿色钙质、泥质粉砂岩、粉砂质泥岩与灰褐色砾岩、含砾长石砂岩互层	出露于雅布赖山的大、小芨芨沟，红柳沟及敦德乌兰一带
		下统	上部为绿色页岩、砾岩夹杂粉砂岩、砂砾岩；中部灰黑色页岩夹煤层；下部灰白色含砾粗砂岩夹细砂岩及泥岩页岩	零星出露于北大山东部
	三叠系（T）		岩性为钙质硬砂岩、含砾砂岩和砾岩，呈紫红色、灰绿色、灰黄色，砾石成分包括花岗岩、灰岩、火山岩等	分布于珠斯楞海尔罕以东、乌力牙斯一带
古生界	二叠系（P）	上统	上部由深灰、灰黑色泥质粉砂岩、长石石英砂岩、砂质页岩，碳质页岩等，底部夹砂岩和生物碎屑岩；下部以灰色厚层状砾岩，含砾粗砂岩为主，夹酸性、基性火山岩	主要分布在阿尔腾山，在雅布赖山及北大山等地也有分布
		下统	上部为灰绿、深灰、浅黄色钙质晶屑凝灰质粉砂岩、钙质砂岩、灰岩；下部则以灰、深灰、褐灰色硬质长石石英砂岩、砂质页岩、生物碎屑岩为主，夹少量火山碎屑岩	主要分布于阿尔腾山，宗乃山也有分布
	石炭系（C）	上统	岩性主要为硬砂岩，浅灰绿色、灰色等，成分为石英、长石、黑白云母、绢云母及其他碎屑物质	分布在研究区北部的阿尔腾山、宗乃山两侧及北大山
		下统	上部主要为绢云母片岩，片理发育，内有方解石细脉穿插；下部为石英岩，灰黑色，呈板状夹有碳质及泥质页岩	分布于阿尔腾山中部
	泥盆系（D）		岩性为玄武岩、安山岩、流纹质凝灰岩，夹若干灰岩、大理岩透镜体或灰、浅灰、灰绿色砂岩，凝灰砂岩，钙质长石石英砂岩夹灰岩和生物碎屑岩，硅质灰岩	出露于雅干及拐子湖地区
	志留系（S）	上统	岩性为灰、灰绿色钙质砂岩、绢云母石英砂岩，钙质粉砂岩	分布在珠斯楞海尔罕西
	奥陶系（O）	上统	岩性为灰、灰绿，紫红色钙质砂岩绢云母石英砂岩、砾岩，含砾硬砂岩夹少量片状泥灰岩、硅质灰岩透镜体	分布在珠斯楞海尔罕西
	寒武系（∈）		上部为灰、深灰、灰白色硅质条带状结晶灰岩、泥质灰岩、白云岩等；下部以灰、灰白色白云质灰岩、泥质灰岩为主	分布在珠斯楞海尔罕西至单面山一带

续表

宇/界	系	统	地层岩性结构	出露分布范围
元古宇	震旦系（Z）		上统主要为灰岩、凝灰岩和安山岩，下统主要为硅质灰岩和千枚岩	出露于龙首山、雅干北部等地区
	前震旦系（AnZ）		主要为深变质片麻岩系，其次为各种片麻岩、薄层大理岩等	主要分布在北大山、雅布赖山等地

白垩系（K）在宗乃山南北两侧、北大山西部、雅布赖山的红柳沟以西地区均有大面积出露，以下白垩统（K₁）为主，与下伏地层为不整合接触关系，一般自下而上划分为巴音戈壁组（K₁b）、苏红图组（K₁s）和银根组（K₁y），总厚度可达 2000m 以上。出露于宗乃山南北两侧的 K₁ 地层表现出内陆湖相沉积特征，具有下细上粗的碎屑结构，由山前到湖盆中心粒度从粗变细，颜色由灰白、棕红向灰绿过渡。雅布赖山出露的 K₁ 地层下部主要为紫红色粉砂岩、含砾长石砂岩等，底部夹白云质泥灰岩、泥质白云岩及石膏质泥岩等，上部为灰色砂砾岩夹粉砂岩。上白垩统乌兰苏海组（K₂w）主要出露于拐子湖、雅干地带，零星出露于北大山和宗乃山地区，其上部为棕红色或杂色砂砾岩、泥岩互层，下部为杂色砾岩、砾状砂岩夹少量泥岩，总厚度可达 1000m 以上。

2.4.2 新生界地层

新生界地层包括传统分类中的古近系–新近系和第四系地层。按照新的国际地层时代划分方案，原有称谓"下第三系"和"上第三系"被古近系（E）和新近系（N）代替。

（1）古近系和新近系地层（N–E）

对于阿拉善地区的古近系和新近系地层，地质学界存在不同的认识。一般认为阿拉善地区缺失古近系地层，而新近系地层广泛存在，也有研究者认为阿拉善局部地区可能存在古近系乌兰乌珠尔组地层（王培玉和王伴月，1998）。本书暂且按照前一说法进行阐述。

新近系（N）地层与下伏白垩系（K）地层呈不整合接触关系，岩性以砂岩为主，产状近水平。其顶部主要发育灰白色或杂色砂砾岩，钙质胶结但呈弱固结状态、易碎。其中粗砂岩的碎屑以石英颗粒为主，钙质胶结较为致密。中部以泥岩、泥质砂岩互层为主，呈棕红色或灰绿色，钙质胶结程度较差，夹有板状石膏。下部为厚层泥岩或砂岩互层。泥岩为棕红色，结构致密坚硬，发育裂隙。新近系地层厚度变化较大，在山区一般小于 40m，而在平原区可达 150m 以上。

（2）第四系松散沉积物（Q）

第四系地层按时代可划分为下更新统（Q₁）、中更新统（Q₂）、上更新统（Q₃）及全新统（Q₄），其成因类型多样，有风积、冲洪积、洪积、湖积及化学沉积等。

下更新统（Q₁）零星出露在山前倾斜平原、岗状台地以及山区沟谷的高台地上，主要表现为洪积砂砾石层，到平原区转为砂层和粉砂层、亚黏土层互层结构。该层厚度变化很大，在平原区厚度可达 100m 以上。

中更新统（Q_2）主要出露于额济纳旗、古日乃湖等地。在沙漠的风蚀洼地也有Q_2地层零星出露，多呈桌状或残丘状分布，形成丹霞地貌景观。其岩性以冲洪积、湖积砂为主，含黄色或绿色中粗砂、中细砂、粉细砂与钙质砂岩，夹亚黏土层，在靠近盆地边缘处也出现粗砂和砂砾石，具有水平层理，局部含有碳酸盐沉积物，总厚度10～110m。

上更新统（Q_3）成因更加多样化。洪积（Q_3^{pl}）层多出露在山前倾斜平原和山间洼地，以砂砾碎石为主，厚度10～50m，透水性强。冲洪积层（Q_3^{al+pl}）主要分布在额济纳平原，为砂砾石层、砂层，局部夹亚砂土，厚度3～15m。湖积层（Q_3^l）主要出露在拐子湖、雅布赖盐场，在巴丹吉林沙漠腹地也有出露，为灰白、灰绿色粉细砂及亚砂土，结构疏松但能够形成残留台地或丹霞地貌，表层可见蜂窝状碳酸盐沉积，底部含有芦苇根管化石，总厚度10～80m。沙漠腹地存在上更新统的风积砂（Q_3^{eol}）。

全新统（Q_4）广泛覆盖在沙漠、沟谷及洼地中，厚度、岩性、岩相变化都很大，成因类型复杂。风积砂（Q_4^{eol}）主要分布在巴丹吉林沙漠，基本上为细砂，西北略粗、东南略细，显示物质从西北向东南搬运的特点。其矿物成分以石英为主，长石次之，具有明显的风成层理，最大厚度可达400m。湖积物（Q_4^{l-ch}）主要分布在拐子湖、古日乃湖及巴丹吉林沙漠的大型洼地，岩性主要为青灰色、黄色亚砂土、亚黏土、细砂和少量砂砾石，厚度一般小于10m，局部有食盐、芒硝、天然碱等矿物沉积，为湖泊干涸过程的产物。冲洪积物（Q_4^{al-pl}）主要分布在山区沟谷，厚度一般小于5m，岩性为粗砂及砂砾石，松散堆积，孔隙度大，透水性很强。

2.4.3 花岗岩分布特征

阿拉善地区分布多种类型的岩浆岩。绝大多数岩浆岩为白垩纪之前侵入形成（吕梁期、加里东期、海西期、印支期）的花岗岩，主要分布在雅布赖山、宗乃山、北大山、龙首山等山区。古元古代吕梁期的侵入岩主要为花岗片麻岩和辉长石，分布于阿尔腾敖包山、宗乃山及小雅干等地。寒武纪—志留纪加里东期花岗岩在拐子湖北及雅干北部有较大面积出露。晚古生代海西期侵入的花岗岩主要分布于雅布赖山、宗乃山西段、阿尔腾山及北大山等地。晚二叠世—三叠纪印支期花岗岩仅在雅布赖山和宗乃山有零星分布，岩性为肉红色或玫瑰色中细粒花岗岩，侵入体的副矿物中普遍含有磷灰石，为地下水中的氟离子提供了物质来源。侏罗纪—早白垩世燕山期花岗岩规模较小，仅零星分布于雅干地区，一般呈岩株状产生，岩性为肉红色花岗岩。

雅布赖山的花岗岩主要为晚古生代海西期侵入，多为灰色及灰白色，粗粒结构、斑状结构及花岗结构。宗乃山含有海西期和印支期侵入岩，呈北东向展布，包括灰白、米黄色斜长花岗岩、黑灰色黑云母花岗岩等，以岩基形式侵入石炭系地层之中，发育闪长岩脉。北大山的花岗岩主要为加里东期侵入，属于肉红色中粗粒花岗岩，产状为岩株或岩枝。这些山区的花岗岩经历多次构造运动和长期风化作用，表层裂隙较发育且多被砂质填充，球状风化表现强烈。

2.4.4 区域构造单元和断裂

在大地构造上，阿拉善地块位于华北板块西缘与塔里木板块东缘结合部位。巴丹吉林沙漠所在地区由北至南存在三条重要的构造断裂带，即雅干断裂带、恩格尔乌苏断裂带和巴丹吉林断裂带（图2-9）。以这些断裂带为边界可以在阿拉善地块内划分出若干次级构造单元（吴泰然和何国琦，1993；王廷印等，1994）。一般认为阿拉善地块是一个比较稳定的地块，但地质历史时期存在强烈的岩浆活动，古生代及元古宙地层受到花岗岩侵入的影响而支离破碎，与花岗岩一起形成山体隆起。在二叠纪—石炭纪时期形成盆地，发育巨厚的浅海陆棚相和碳酸盐台地相沉积。中生代则表现为一系列的断陷活动，形成了较大范围的陆相沉积，伴随少量火山活动，巨厚的白垩系砂岩分布在断陷盆地中。新生代以来基本没有岩浆活动。阿拉善地块内部的新构造运动并不显著，但也可能发育了一些伸展和走滑构造（张进等，2007）。

油气资源勘探部门将阿拉善西北部发育的大型构造盆地称为银根—额济纳旗盆地（简称银额盆地），是一个断陷盆地，盆地内存在多个隆起带和凹陷（陈启林等，2006；张进等，2007；严云奎等，2011；卢进才等，2017）。主要的隆起带有宗乃山隆起带、绿园隆起带和特罗西滩隆起带等，在巴丹吉林沙漠及其附近的凹陷主要有芨芨海子凹陷（又称为陶勒特凹陷）、锡勒凹陷（又称为苏亥图凹陷）、拐子湖南凹陷和因格井凹陷等。

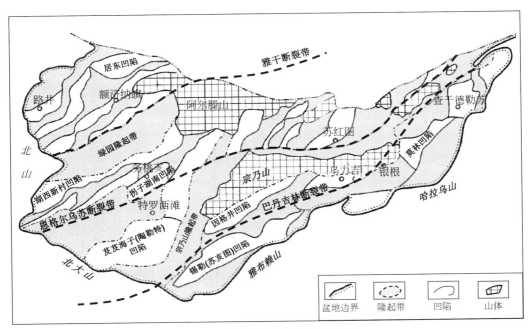

图 2-9　银额盆地构造单元分布图

引自陈启林等（2006），略有修改。图中断裂带根据吴泰然和何国琦（1993）的阐述粗略绘制

　　上述中生代盆地中隆起带和凹陷的发育受到三大断裂带的控制。沿着这些深大断裂有蛇绿岩呈条带状出露，表明这些断裂带是早期海–陆板块碰撞的产物，属于基底断裂（吴泰然和何国琦，1993）。最靠南部的是巴丹吉林断裂带，在宗乃山和雅布赖山之间延伸，走向 NE，总长度有可能大于 800km（王廷印等，1998）。该断裂带向东延伸到银根北部，并且在东部出露有蛇绿混杂岩带，向西隐伏进入巴丹吉林沙漠东南部，并可能继续向西进入北大山，与其他构造断裂相连。另一条穿越巴丹吉林沙漠的断裂带是恩格尔乌苏断裂带，也是总体走向为 NE 的深大断裂，在宗乃山北部则近似呈东西向。该断裂在东部地区的破碎带宽度可以达到 3km 并出露蛇绿混杂岩带，在拐子湖以南隐伏进入巴丹吉林沙漠，也可能终止于北大山的山前隐伏断裂，并且自新生代以来可能并不活动（张进等，2007）。雅干断裂在北部穿越额济纳旗盆地，向东进入蒙古国境内。该断裂带对居延海凹陷有一定的控制作用，但与巴丹吉林沙漠的关系不大。实际上，隆起带与凹陷之间的交界带都属于基底断裂，包括雅布赖山西北侧的山前断裂。这些断裂主要对中生界、古生界及更深部的沉积地层有影响，在新生代活动性一般不强（张进等，2007）。

第 3 章 | 沙漠水文地质调查研究方法

3.1 水文地质学的研究对象、理论和方法概述

水文地质学专门研究地下水的赋存、运动和演化规律及地下水资源开发与保护，是地质学、水文学、渗流力学、水化学交叉形成的一门学科。在长期的发展过程中，水文地质学形成了一套相对成熟的科学理论和研究方法，对地下水的具体调查观测工作具有指导作用。

3.1.1 含水介质

地下水赋存在各种各样的地层介质中，包括岩浆岩、变质岩和各个地质历史时代形成的沉积岩。然而，水文地质学并不把形成时代和岩石学类型作为地层的根本属性。考虑到地下水填充的是地层介质固体颗粒之间的空隙，在水文地质学中，按照空隙的不同特征把地层划分为孔隙含水层、裂隙含水层和岩溶含水层三大主要类型。

孔隙含水层的地层属性以第四系（Q）松散沉积物为主，地下水赋存和流动在砂粒、黏粒等固体颗粒堆积形成的孔隙中。在一般情况下，弱胶结的新近系（E）、古近系（N）沉积岩也可以归类为孔隙含水层。在我国西北大型盆地中（包括河西走廊），第四系孔隙含水层常常分布甚广、厚度甚大，第四系地层之下还往往分布有新近系或古近系的孔隙含水层。传统水文地质学只把渗透性较强的砂层、砂砾石层作为含水层，而把渗透性较弱的粉土层、黏土层作为相对隔水层及弱透水层。这只是从供水意义上做出的区分，在含水层介质类型上并没有本质区别。孔隙含水层多为层状结构，水平方向连续性强，既可以表现为具有自由水面的潜水含水层，也可以表现为由相对隔水层或弱透水层封闭的承压含水层。

裂隙含水层的地层属性以坚硬的碎屑岩类沉积岩、花岗岩、变质岩为主，地下水赋存和流动在岩体裂隙中，一般具有高度的离散性，连续性不如孔隙含水层。泥岩、页岩和黏土岩等岩石的裂隙发育程度低，即使有裂隙，闭合程度也较高，因此渗透性很弱，通常作为相对隔水层对待。砂岩及浅部的花岗岩、变质岩等较易发育导水裂隙。裂隙的特征随空间尺度而变化：岩石矿物尺度上的微小裂隙往往较为密集，类似于孔隙通道；岩块或岩体尺度上的构造节理、层面裂隙则相对稀疏，一般以 2 ~ 4 组优势产状的形式发育成裂隙网络，导致显著的各向异性；断层、断裂带等在更大尺度上形成不连续的裂隙导水通道。有些断层或断裂带中充填泥质或砂质的孔隙介质，可以作为孔隙含水介质。在基岩出露的山

区，表层的风化裂隙带往往渗透性较强，具有一定的连续性，可以构成潜水含水层。

很多裂隙含水层并不单纯以裂隙为地下水的赋存空间，而是裂隙与孔隙兼而有之，裂隙主要起到导水作用，孔隙主要起到储存作用。这种含水层可称为裂隙-孔隙含水层或孔隙-裂隙含水层。在我国北方的一些地区，白垩系（K）砂岩含水层胶结程度较低，砂岩孔隙不仅起到储存地下水的作用，也具有较强的导水作用，表现为孔隙-裂隙含水层。岩浆岩中的玄武岩等火山岩，柱状节理往往极为发育，构成优势导水通道，而岩石中还含有大量蜂窝状孔隙，能够增强岩体的渗透性与储水空间，表现为裂隙-孔隙含水层。

岩溶含水层的地层属性以沉积岩中的碳酸盐岩（如灰岩、白云岩）为主，地下水赋存和流动在由溶蚀作用形成的孔隙、裂隙和管道中。岩溶通道结构复杂、具有较强的离散性，而且随着时间的推移其结构形态也会发生变化。溶蚀作用越强烈的碳酸盐岩地层，渗透性也越大。以溶蚀裂隙为主要空隙类型的强岩溶含水层，一般具有较强水力连续性，可以表现为潜水含水层或承压含水层。我国南方的岩溶含水层通常出露较浅、溶蚀作用强烈，以不同层次的地下暗河和溶蚀裂隙网络为导水通道。北方的寒武系（Є）、奥陶系（O）灰岩则往往构成埋藏型的岩溶含水层。

在一个地区，不同性质的地层交叠分布，可以构成由多种含水层叠加的含水层系统。同一类型的多个含水层也可以构成含水层系统。传统水文地质学中，往往把宏观上具有明确边界的一个含水层系统视为水文地质单元（沈照理等，1985）。

3.1.2 地下水循环要素

在一般情况下，含水层中的地下水总是具有流动性，可以发生新老更替的循环再生过程。这种地下水循环过程包括补给、径流和排泄三个环节（图3-1），每个环节都可以通过一些定量的要素进行描述。

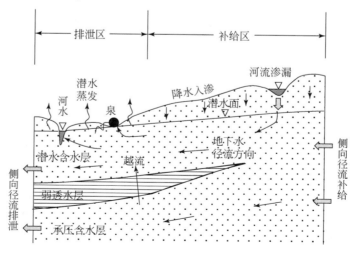

图 3-1 常见的地下水循环要素剖面示意图

在自然状态下，地下水补给最普遍的方式就是降水入渗，其次为河流渗漏或侧向径流补给。降水入渗形成的要素是入渗补给强度，用 R_g 表示，单位为 mm/a。地表开始发生的降水入渗到最终的地下水补给，是一个十分复杂的包气带过程，很难进行准确的定量评价。不过，在多年平均意义上，可以利用式（3-1）做出经验型的估计，即

$$R_g = \alpha_g P_a \tag{3-1}$$

式中，入渗系数的经验值一般为 $\alpha_g = 0.1 \sim 0.3$，但存在很大的不确定性。河流渗漏往往发生在山前冲洪积扇地区，地下水埋深很大，出山河水在向下游流动的过程中也穿过河床沉积物发生渗漏。单位长度河道形成的渗漏补给可以经验性地描述如下（Wang et al.，2010）：

$$q_1 = -\frac{dQ_r}{dL} = \xi Q_r^{\eta} \tag{3-2}$$

式中，q_1 为渗漏强度 $[L^2T^{-1}]$；Q_r 为河道断面流量 $[L^3T^{-1}]$；L 为指向下游方向的河道长度 $[L]$；ξ 和 η 为两个控制参数。在黑河流域的张掖盆地，黑河从莺落峡出山的年径流量有 15% ~ 30%（Wang et al.，2010）以渗漏的方式转化为地下水的补给量。当我们研究一个局部区域时，在研究区的边界可能存在侧向径流补给，即地下水顺着含水层从上游流向下游，穿过侧面边界补给研究区。这是一种发生在含水层系统内部的水量交换。

地下水排泄的方式很多，包括向河流、向湖泊、向泉水排泄形成地表水，也包括以蒸腾蒸发的方式（潜水蒸发）进入大气，还有发生在含水层系统内部的侧向径流排泄。人类对地下水的开采会加快地下水的排泄。在地表水文学中，把地下水向河流的排泄作为河川径流的组成部分，称为基流（黄锡荃，1993）。地下水排泄占河川径流总量的比例表示为

$$B_f = Q_b / Q_r \tag{3-3}$$

式中，B_f 为基流系数；Q_b 为基流量 $[L^3T^{-1}]$。在我国西北高原地区的一些流域，年径流量的基流系数可以高达 0.8 以上，即地表水的形成主要依赖于地下水排泄。地下水向湖泊、泉水、湿地的排泄方式与向河流排泄的方式是类似的，从区域尺度上看，属于集中式的地下水排泄。在干旱半干旱地区，埋藏较浅的地下水也能够发生分散式的潜水蒸发排泄。潜水蒸发与地下水埋深之间存在非线性关系，一般用阿维里扬诺夫公式表示为

$$E_g = E_{max} \left(1 - \frac{d}{d_{max}}\right)^n \tag{3-4}$$

式中，E_g 为潜水蒸发强度 $[LT^{-1}]$；d 为潜水面深度 $[L]$；E_{max} 为 $d=0$ 时的潜水蒸发强度 $[LT^{-1}]$；d_{max} 为发生潜水蒸发的极限埋深 $[L]$；n 为无量纲参数，常取 $n=2$。在干旱区，潜水蒸发对植被生态具有重要的支撑作用，但也可能导致土壤盐渍化。

地下水从补给区到排泄区的迁移过程为地下水的径流，即发生在含水层内部的水流运动。地下水径流发生在三维的含水层空间，表现在地下水流动方向和速率的时空变化。对于潜水含水层的地下水，一般认为主要发生水平方向（横向）的径流，并且从水位面高的地方流向水位面低的地方。因此，浅层地下水的等水位线图是判断地下水径流特征的基础资料。侧向径流补给与排泄，实质上是地下水横向流动在局部含水层的表现形式。潜水含水层的侧向径流量可以表示为

$$q_n = V_n (h - z_{bot}) \tag{3-5}$$

式中，n 为某个过水断面的法线方向；q_n 和 V_n 分别为垂直穿过该断面的单宽流量 ［L^2T^{-1}］与平均流速 ［LT^{-1}］；h 为用海拔表示的地下水位 ［L］；z_{bot} 为含水层底板的海拔 ［L］。对于承压含水层，式（3-5）可以改写为

$$q_n = V_n (z_{top} - z_{bot}) = V_n b \tag{3-6}$$

式中，z_{top} 为含水层顶板的海拔 ［L］；b 为含水层的厚度 ［L］。当含水层的厚度达到100m以上甚至超过1000m时，地下水垂向运动的影响将十分显著。穿过夹在两个强透水层之间的弱透水层的垂向水流运动，在水文地质学中称为越流。越流可以构成某个单一含水层的补给或排泄。在水文地质学中，常用包含等水头线和流线的流网图来反映地下水的径流过程。这种图件要么对应的是水平径流，要么对应的是剖面渗流，尚难在三维空间进行表达。

在多年平均状态下，地下水循环满足水均衡原理，即地下水的总补给量与总排泄量相等。这种水均衡可以定量表示为

$$Q_{rec} - Q_{dis} = 0 \tag{3-7}$$

式中，Q_{rec} 和 Q_{dis} 分别为地下水的总补给量 ［L^3T^{-1}］和总排泄量 ［L^3T^{-1}］。如果用地下水循环的各种要素来计算，则一般可以表示为

$$Q_{rec} = A_{rec} \alpha_g P_a + q_1 L_r + q_{in} D_{in} + \cdots \tag{3-8}$$

$$Q_{dis} = A_{dis} E_g + Q_b + Q_{lake} + Q_{spring} + q_{out} D_{out} + \cdots \tag{3-9}$$

式中，A_{rec} 和 A_{dis} 为补给区与排泄区的面积 ［L^2］；L_r 为渗漏河段的长度 ［L］；D_{in} 和 D_{out}分别为上游侧面与下游侧面的宽度 ［L］；q_{in} 和 q_{out} 分别为地下水侧向径流补给和排泄的单宽流量 ［L^2T^{-1}］；Q_{lake} 与 Q_{spring} 分别为地下水向湖泊与泉的排泄量 ［L^3T^{-1}］；$\alpha_g P_a$、E_g、q_1、q_{in} 和 q_{out} 都代表某个空间范围的要素平均值。

不管是在天然状态，还是在人类活动干扰的状态下，地下水循环实际上都是变动的，表现为季节性的、多年尺度乃至数百年、数千年尺度的趋势、波动或者振荡。在这种情况下，总补给量与总排泄量之间并不总是保持相等，需要在式（3-7）中考虑地下水储存量的变化，即

$$\frac{dS_g}{dt} = Q_{rec} - Q_{dis} \tag{3-10}$$

式中，S_g 为地下水的总储存量 ［L^3］；t 为时间 ［T］；Q_{rec} 和 Q_{dis} 为瞬时的总补给量与总排泄量。地下水的储存量涉及潜水面升降引起的孔隙水变化和含水层介质形变引起的水量变化，需要考虑更多的因素。

3.1.3　地下水动力学理论

不管是地下水循环的径流过程，还是含水层与外界的水量交换，都需要借助于地下水动力学理论才能进行准确的定量分析和计算。经典地下水动力学，是在水力学、渗流力学基础上发展起来、用于描述地下水运动的理论。

根据水力学，驱动水流运动的机械势能包括重力势能、压力势能和动能，用水头表示。地下水流速很小，动能在水头中的作用被忽略，因此，水头一般表示为

$$H(x,y,z,t)=z+\frac{p(x,y,z,t)}{\rho_{\mathrm{w}}g}\tag{3-11}$$

式中，x、y、z 为空间坐标 [L]；H 为水头 [L]；p 为地下水的压强 [ML^{-1}T^{-2}]；ρ_{w} 为地下水的密度 [ML^{-3}]；g 为重力加速度 [LT^{-2}]。水头的空间分布形成水力梯度，驱动地下水在介质通道内发生流动。地下水流速向量与水力梯度向量之间的关系采用 Darcy 定律描述如下（陈崇希等，2011）：

$$\begin{Bmatrix}V_x\\V_y\\V_z\end{Bmatrix}=[K]\begin{Bmatrix}I_x\\I_y\\I_z\end{Bmatrix}=-[K]\begin{Bmatrix}\partial H/\partial x\\\partial H/\partial y\\\partial H/\partial z\end{Bmatrix}\tag{3-12}$$

式中，V_x、V_y、V_z 为不同方向的 Darcy 流速 [LT^{-1}]（王旭升和万力，2011）；I_x、I_y、I_z 为不同方向的水力梯度 [–]；$[K]$ 为渗透张量。如果坐标轴的方向与渗透张量的三个主轴方向一致，则 Darcy 定律可以简单描述为

$$V_x=-K_{xx}\frac{\partial H}{\partial x},\quad V_y=-K_{yy}\frac{\partial H}{\partial y},\quad V_z=-K_{zz}\frac{\partial H}{\partial z}\tag{3-13}$$

式中，K_{xx}、K_{yy}、K_{zz} 为不同方向的渗透系数 [LT^{-1}]。在绝大多数情况下，以 x，y 坐标表示平面距离，以 z 表示铅直高度，因此 K_{zz} 反映的是含水层的垂向渗透系数。对于第四系孔隙含水层，一般假设在水平面上各向同性，即 $K_{xx}=K_{yy}$。渗透系数与渗透率成正比，而含水层的渗透率取决于介质的结构特征，如孔隙含水层的有效孔隙度、裂隙含水层的裂隙张开度等。

利用水流连续性原理和地下水压力变化引起的介质弹性形变，经典地下水动力学给出的三维渗流方程如下（陈崇希等，2011）：

$$\frac{\partial}{\partial x}\left(K_{xx}\frac{\partial H}{\partial x}\right)+\frac{\partial}{\partial y}\left(K_{yy}\frac{\partial H}{\partial y}\right)+\frac{\partial}{\partial z}\left(K_{zz}\frac{\partial H}{\partial z}\right)=S_{\mathrm{s}}\frac{\partial H}{\partial t}\tag{3-14}$$

式中，S_{s} 为含水层的储水率 [L^{-1}]。式（3-14）包含了坐标轴的方向与渗透张量的三个主轴方向一致的假设。该式可以直接用于承压含水层，但是，如果只关心承压含水层地下水的水平运动，则需要把含水层顶部和底部边界的通量作为源汇项放入控制方程中。越流就是这样处理的。对于含有自由水位面的潜水含水层，通过引入 Dupuit 假设，可以得到 Boussinesq 方程（王旭升和万力，2011）：

$$\frac{\partial}{\partial x}\left[K_{xx}(h-z_{\mathrm{bot}})\frac{\partial h}{\partial x}\right]+\frac{\partial}{\partial y}\left[K_{yy}(h-z_{\mathrm{bot}})\frac{\partial h}{\partial y}\right]+w(x,y,t)=\mu\frac{\partial h}{\partial t}\tag{3-15}$$

式中，w 为反映降水入渗补给等的源汇项 [LT^{-1}]；μ 为给水度 [–]。

对于确定的研究区，给定含水层系统的水文地质参数、源汇项、边界条件和初始条件，就可以建立完备的数学模型，对上述地下水流的偏微分方程进行求解，从而得到水头的时空分布 $H(x,y,z,t)$ 及潜水面的形态变化 $h(x,y,t)$。在此基础上，又可以利用式（3-12）得到地下水的流速场，作为绘制流网图等后处理工作的基础。如果要解决多年

平均状态下的稳定流问题，则取 $\partial H/\partial t = 0$ 和 $\partial h/\partial t = 0$ 建立数学模型。在很多情况下，采用解析的办法求解地下水流方程是相当困难的，需要借助于数值计算方法，如有限差分法、有限单元法等。

水分子在含水层中的实际流动特征并不能完全靠 Darcy 流速加以表征，因为水流仅仅发生在多孔介质的孔隙通道中，而且通道是不规则分布的，这会导致微观流速的大小和方向发生不规则的变化。在平均意义上，水分子的实际流速与 Darcy 流速 V 之间的关系表示如下（王旭升和万力，2011）：

$$u = V/\phi_e \tag{3-16}$$

式中，u 为平均实际流速 $[LT^{-1}]$；ϕ_e 为过水断面上的有效孔隙率。上述关系对地下水中的溶质（包括地下水年龄的示踪物质）运移具有重要的影响。微观流速的不规则变化会导致溶质迁移的弥散行为。对溶质运移过程，经典地下水动力学已经建立了对流-弥散方程加以描述。

必须指出，上述地下水动力学的描述体系对孔隙含水层是比较成熟的，对高度离散化的裂隙含水层和岩溶含水层可能不太适用。如果密集发育的裂隙网络和岩溶通道也存在小尺度的典型单元体，那么在宏观上可以类比为连续多孔介质，仍然沿用经典的描述方法。否则，需要采用更加复杂的动力学理论，在此不再赘述。

3.1.4　水-岩相互作用理论

地下水是一种活跃的地质因素，在参与水循环的过程中，也同时与岩土介质发生相互作用，对地质环境产生影响。这种水-岩相互作用表现在两个方面，即地下水与岩土介质在力学上的相互作用以及在水化学上的相互作用。

地下水与岩土介质在力学上的相互作用已经考虑在经典的地下水动力学中，其理论基础主要是 Tezaghi 有效应力原理（Bear，1972），即

$$\sigma_t = \sigma_e + p \tag{3-17}$$

式中，σ_t 为含水层受到的总应力 $[MLT^{-2}]$，主要取决于施加在含水层上部的荷载大小；σ_e 为有效应力 $[MLT^{-2}]$，控制含水层骨架的形变；水的压强 p 与水的压缩性有关，包含在水头 H 中。有效应力原理表明含水层介质的应力-应变行为与地下水的动力学行为存在相互作用。承压状态地下水储存量的变化就是这种相互作用的结果，反映在式（3-14）的参数 S_s 中。随着埋深的增加，含水层有效应力一般是增加的，其孔隙度或裂隙的张开度存在减小的趋势，从而引起渗透性随深度的衰减。Jiang 等（2010）对静水压力状态下渗透率随深度衰减的趋势进行了理论分析，得到孔隙介质和裂隙介质渗透率-埋深非线性经验公式。对于巨大厚度的含水层，考虑这种渗透性的趋势变化是必要的。不过，第四系含水层可能包含高压缩性的黏土或淤泥，静水压力状态不太适用，渗透性的变化比较复杂，地下水的渗流场与含水层的应力-形变场之间存在很强的耦合作用，会导致渗流固结、地面沉降等现象。

地下水与岩土介质在水化学上的相互作用，属于水文地球化学的研究内容。地下水自

身的氢氧同位素（^1H、^2H、^3H 以及 ^{16}O、^{17}O、^{18}O）和携带的其他物质（阴阳离子、气体、胶体、细菌等），不仅仅来源于补给区的水源，也可以在地下水径流过程中与含水层中的固态物质发生交换，并通过对流、弥散作用进行迁移，引起溶质浓度的变化。这种水-岩相互作用往往还伴随地质微生物、热运移甚至是其他流体运移的影响。

在以大气降水入渗为主要补给来源的地区，地下水会继承大部分大气的水化学性质。大气降水多为中性或弱酸性，溶解性总固体含量低，一般小于 0.1g/L，溶解的阳离子和阴离子以 Ca^{2+} 和 HCO_3^- 为主，而 Na^+ 和 Cl^- 的浓度随离开海岸带的距离增大而降低，但大气降水中的 Cl^- 是地下水中 Cl^- 的一个重要来源。大气降水中稳定氢氧同位素 D 和 ^{18}O 的浓度存在明显的季节性变化，但两者的关系在全球尺度上符合以下方程（Craig，1961）：

$$\delta D = 8\delta^{18}O + 10\%o \tag{3-18}$$

式中，δ 为用千分差值表示的相对浓度。式（3-18）被称为全球大气降水线（GMWL）。如果河流渗漏为地下水的主要补给来源，而河川径流也来自降水产流，则地下水对大气降水的水化学性质同样具有继承性。不过，河川径流还包含上游地下水排泄、冰雪融水等多种水源，渗漏补给到含水层后，会增加地下水化学组分的复杂性。

伴随着地下水循环，各种类型的水岩相互作用会引起地下水携带物质的增多或减少，如氧化还原作用、溶滤作用、吸附作用、阳离子交换作用、浓缩沉淀作用等。如果大量相互作用形成的增加和减少效应可以抵消，那么地下水的水化学性质并不会发生变化。实际情况的特点，在于不同水岩相互作用发生的强烈程度是有差异的，不仅取决于地下水 pH、氧化还原电位（Eh）等一般性质，还与特定离子的活度、饱和指数及岩石矿物组成有关，造成了丰富多样的变化。尽管如此，在绝大多数情况下，可以假设地下水中的化学物质达到了热力学平衡态，因为地下水驻留在含水层中的时间相对化学反应的速率而言是相当长的，一般能够满足达到平衡态的时间。地下水与土壤-含水层中广泛存在的碳酸盐矿物发生相互作用，受到碳酸平衡机理的控制，主要取决于地下水中的游离二氧化碳（与水反应形成 H_2CO_3）。游离二氧化碳含量可以用水中 CO_2 气体的分压 p_c 来表示，平衡态的 p_c 越大，pH 越低，溶解的碳酸盐也越多。地下水的 p_c 一般高于近地表大气中的二氧化碳分压，为 100～10 000Pa。对于 25℃和一个标准大气压下的地下水，平衡态时 $CO_2-H_2O-CaCO_3$（方解石）体系的特征如图 3-2 所示。含水层中的金属矿物、硫化物、有机物与地下水发生的氧化还原反应，也会强烈影响地下水的化学性质。与达到碳酸平衡所需的时间相比，氧化还原反应达到平衡所需的时间通常更长，以致地下水可以远离氧化还原稳定态。地下水中常见的氧化剂有溶解氧、NO_3^-、Fe^{3+} 等，常见的还原剂有 Fe^{2+}、NO_2^-、还原性有机物等。水中的大部分氧化还原反应需要 H^+ 参与传递电子，因此受到 pH 的影响。可以用 pH-Eh 图来分析一些反应体系处于稳定态的条件。浅层地下水中溶解氧的浓度对氧化还原状态具有控制作用，大气降水的溶解氧可以达到 7～9mg/L，但是土壤-含水层中一系列氧化作用和有机质降解过程可以迅速把溶解氧的浓度降低到 0.1mg/L 以下，因此深部地下水一般处于还原态。地下水中各种各样的微生物往往充当氧化还原反应的催化剂，如反硝化菌和硫还原菌等。

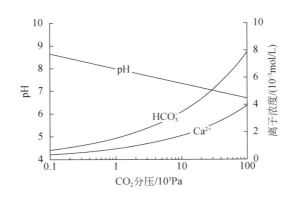

图 3-2　标准状态下 CO_2-H_2O-$CaCO_3$ 体系的平衡曲线

根据沈照理等（1985）的数据表绘制

含水层中发生的各种物理的和化学的过程还会导致稳定同位素的分馏效应。在水的蒸发过程中，发生重同位素的富集，但 ^{18}O 的富集比 D 更强烈，形成斜率比式（3-18）更小的蒸发线。地下水在与含水层中的含氧矿物发生反应时，置换出 ^{18}O，导致地下水中 ^{18}O 富集而 D 的含量不变，在 δD-$\delta^{18}O$ 图中表现为零斜率的漂移线。这是地下热水常见的现象。地下水与外界存在广泛的碳同位素（^{12}C、^{13}C、^{14}C）交换行为。放射性的 ^{14}C 主要是大气在宇宙射线作用下生成的，携带在 CO_2 气体中，一部分随光合作用生成的有机碳进入生物圈，一部分以无机碳的形式随大气降水入渗含水层。含水层中的碳酸盐岩沉积历史很长，从而 ^{14}C 贫化，在溶解到地下水后会对 ^{14}C 有稀释作用，增加地下水的表观年龄。考虑地下水中碳的多种进出过程，可以建立 ^{14}C 年龄的校正模型。实际上，宇宙射线也会促进稳定同位素 ^{13}C 的形成。植物光合作用更倾向于吸收 $^{12}CO_2$，导致有机碳中 ^{13}C 含量偏低，尤其是 C_3 植被。碳酸盐岩形成过程中则存在 ^{13}C 的富集，并且在溶解到地下水后导致地下水无机碳中 ^{13}C 的增加，进一步加剧地下水 $^{13}C/^{14}C$ 的增大。

3.1.5　地下水流系统研究方法

地下水循环具有系统性，即在一定的时空范围内保持某种整体上的相对独立性，又具有内部结构而且各个组成部分之间存在密切相互作用。这导致地下水系统概念的形成，但目前还没有严格的、统一的定义。在水文地质学界，存在两个与地下水系统有关的不同概念（张人权等，2011）：含水系统或含水层系统和地下水流系统。含水层系统这一概念主要从地质构造的角度对地下水循环的空间范围进行限定，用含水层的结构代表地下水系统的结构。地下水流系统概念则更加强调地下水的动力学特性，用地下水流网的结构代表地下水系统的结构。地下水流网在二维空间表现为等水头线和流线的交叉网格，在三维空间表现为等势面与流面的交叉网格，可以穿越不同类型的含水层。因此，采用地下水流系统概念能够打破古典水文地质学以含水层为研究单元的局限，更加全面地认识地下水循环的特征。

　　地下水流系统的特征可以从剖面流网和平面流网两个角度加以认识。Tóth（1963）提出的地下水流系统理论主要依据剖面流网，划分出局部、中间和区域三个级次的流动系统，发现它们之间存在嵌套结构特征。按照 Tóth（1963）的定义，一个流动系统就是一系列紧密相邻的流线组成的相对独立的流场空间。在此基础上，Tóth（1980）进一步指出地下水流系统的多级次嵌套结构在一定程度上控制着地下水温度和水化学的空间分布特征。Tóth 理论的定量方法是按照类似地貌起伏的形态给定潜水面的波状起伏，作为求解地下水流场的边界条件。这一点与实际的地下水补给和排泄特征不太相符。不过，梁杏等借助于室内物理模拟示踪实验，证明大范围入渗和局部地表水体排泄这样的条件也可以形成具有三个级次的嵌套地下水流系统（Liang et al.，2010），如图 3-3 所示。蒋小伟等（2013）考虑流场中驻点的性质、含水层渗透性变化等因素，提出剖面二维地下水流系统的精确划分方法，确定局部流动系统穿透深度的影响因素，并揭示地下水年龄分布与地下水流系统嵌套结构的关系。

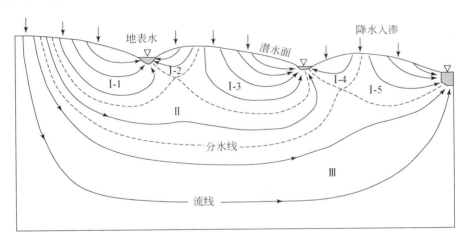

图 3-3　根据流线的剖面特征划分地下水流系统

Ⅰ-1～Ⅰ-5 为局部流动系统；Ⅱ为中间流动系统；Ⅲ为区域流动系统。改自 Liang 等（2010）

　　仅仅从剖面角度认识地下水流系统是不够的。为此，Engelen 和 Kloosterman（1996）试图发展出一种划分三维地下水流系统的方法，提出分支流动系统的概念，但在动力学含义上未能与 Tóth 的理论保持一致。不过，他们的方法也启发我们如何在平面角度认识地下水流系统，即从补给区到排泄区的流线在平面上具有一定的分布特征，表现出分割补给区的一些分水线（图 3-4）。用这些分水线可以划分出如图 3-4 所示的编号为 1～6 的分支流动系统，然后在此基础上组合生成更大一些的流动系统。Engelen 和 Kloosterman（1996）建议按照统一的地下水排泄区来组合这些流动系统，如图 3-4 所示的北部、南部和东部水流系统。2017 年，王旭升等提出一套新的三维地下水流系统划分方法（Wang et al.，2017），定义了地下水循环单元的概念，将局部流动系统归类为闭合型单元，而中间和区域流动系统归类为张开型单元。在三维空间，地下水流系统显示出更加复杂的特征。该方法具有通用性，但计算量大、操作过程复杂，要达到完全实用化还有一段距离。

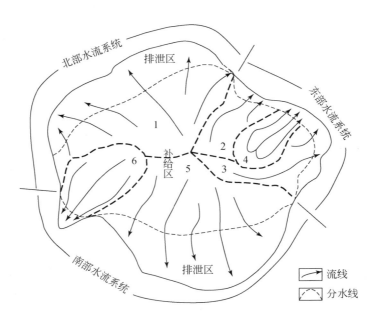

图 3-4　根据流线的平面特征划分地下水流系统

改自 Engelen 和 Kloosterman（1996）

3.2　问题导向的沙漠水文地质调查方案

沙漠的主要特点是气候干旱、风积砂厚、地表水稀少，很难通过一些常规的地面调查弄清楚水文地质条件。不过，在巴丹吉林沙漠，湖泊的广泛分布及其周边的地下水露头为沙漠腹地的水文地质调查提供了很好的天然依据。一个地区的水文地质条件虽然是个整体，但也表现为不同的环节，因此，对水文地质条件的认知可以分解为不同环节的具体问题。针对这些问题采取不同的调查手段进行研究，各个击破，然后进行综合分析，是一种比较高效的技术路线。

3.2.1　含水层的勘探调查

地下水赋存在什么样的含水层中？含水层系统具有什么样的空间展布形态？这是沙漠水文地质调查首先需要解决的问题。由于沙漠地表被大量的沙丘覆盖，下部含水层情况不太可能通过简单的地面调查来进行识别，必须采用地球物理探测或钻探的方法。

（1）地球物理探测

地球物理探测，简称物探，是利用大地电场、磁场等物理信号识别地质体结构的探测方法。从技术手段上可以分为电法、磁法、重力法、地震法等，每一种技术手段又有很多具体的方法，有些方法可以探测到 10km 以下地壳深部结构（如地震法），有些方法则只能探测近地表的结构，而且不同方法具有分辨率上的显著差异。水文地质勘探一般需要探测的深度是 50 ~ 1000m，少数需要达到 2000 ~ 3000m，因此水文地质物探很少使用地震法。在巴丹吉林沙漠这样的地区，交通不便，地形起伏大，缺少动力供电，那些需要重型机械、平坦地面和长期持续供电的物探方法也不太适用。

近年来，已经有一些轻型物探方法在巴丹吉林沙漠浅部地质结构调查中进行了试用。任伟和金胜（2011）采用音频大地电磁法对巴丹吉林沙漠音德尔图与毕鲁图两个湖泊之间的沙丘进行探测，剖面长 5.8km，布置探测点距平均 300m，根据探测结果建立了深度达到 1500m 的视电阻率剖面二维模型。该模型表明：最大高度达 400m 的沙山隆起是高阻体，而沙山下部距离湖盆深度 150m 以下为大片低阻体，揭示了沙漠含水层的水平延展结构。不过，他们在实际操作中也发现电极接地有难度，因为沙漠表层的砂土十分干燥，为此在电极的埋设坑内填充了膨润土泥浆。杨小平等为了探测沙丘下部可能存在的基岩隆起，使用重力法，携带探测精度达到 0.01mGal（$1Gal = 1cm/s^2$）的重力仪扫描沙山剖面（Yang et al.，2011），他们假设风积砂的密度为 $1.6g/cm^3$、基岩的密度为 $2.4 ~ 2.6g/cm^3$，对重力数据进行分析，建立了深度达到 200m 的解译模型，在 3 个沙山剖面结果中，有两个显示大跨度倾斜的基岩面，1 个显示有隆起的基岩面。重力数据的解译需要考虑地形起伏、固体潮等很多因素的影响，存在一定的不确定性。白旸等（2011）利用频率为 200MHz 的探地雷达（GPR）对沙丘斜坡下部结构进行了研究，识别出 4m 深度内的多个反射面，认为是水平延伸的钙质胶结层导致的。他们发现深度 5m 以下的反射信号很弱，这是 GPR 探测的局限。

中国地质大学（北京）科研团队于 2012 ~ 2014 年在巴丹吉林沙漠采用多种物探方法进行水文地质调查（图 3-5），包括 GPR、瞬变电磁法（TEM）、可控源音频大地电磁（CSAMT）和微震法等。GPR 使用的是 PulseEKKO 50 ~ 100MHz 和 MALA RAMAC 50MHz 探测系统。GPR 频率越低，穿透能力越强，因此剖面解译大部分采用 50MHz 的探测结果。GPR 方法在多个沙丘斜坡进行了试验，如图 3-5 中的 G1 和 G3。

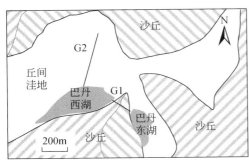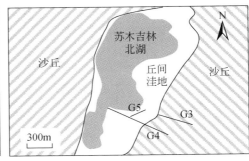

图 3-5　巴丹吉林沙漠典型物探测线位置图

在 G1、G3 剖面布置 GPR 探测；在 G1、G2 布置 TEM 探测；在 G4 布置 CSAMT 探测；在 G5 布置微震法探测

在巴丹东湖与西湖之间沙丘上，GPR 能够探测的最大深度超过 10m，识别出风积砂的多层堆叠结构，但雷达信号在遇到潜水面后被强烈吸收，因而穿透能力很弱 ［图 3-6（a）］。

根据 GPR 探测结果推测，沙丘内存在连续的饱和带水位面，比东西两侧的湖面要高，而且水位倾斜面西侧陡、东侧缓。在苏木吉林湖区，GPR 探测到沙丘斜坡上 15m 深度以内的风积砂结构，局部能识别出与风积砂沉积面斜交的钙质胶结层（图 3-7），但由于地下水位埋深太大而没有发现潜水面。GPR 与 TEM 探测恰好可以相互补充：GPR 能够有效探测浅部结构，而 TEM 探测在浅部存在盲区，但能够有效探测 10~100m 深度的结构。这一点在 G1 剖面上有很好的体现（图 3-6）。TEM 探测得到的 G1 视电阻率剖面 ［图 3-6（b）］ 说明在沙丘下面的深部还存在一个侧向延伸范围很大的低阻带（$\rho<20\Omega\cdot m$）。

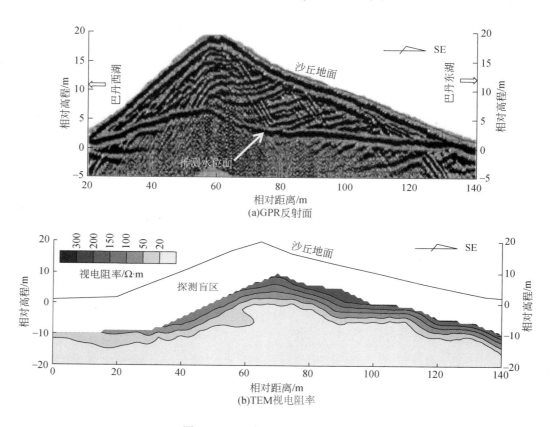

图 3-6　巴丹湖区 G1 剖面物探解译图

另外，TEM 在巴丹西湖北部的 G2 剖面上也探测到视电阻率的显著变化（图 3-8），即在靠近巴丹西湖的地带为低阻特征，而靠近北部沙丘的地带表现为高阻，视电阻率陡变的形式表现为一个向北倾斜的面。这有可能是地层岩性界面，具体的地质成因目前尚未明确。与 TEM 相比，CSAMT 能够探测到更大的深度。本次研究在苏木吉林湖区的 G4 剖面采用 CSAMT 探测到了深度 600m 以内视电阻率的宏观变化特征 ［图 3-9（a）］，表现为浅表和深部高阻，中部夹有一个低阻带的结构。浅表高阻是受沙丘表层干燥风积砂的影响，视电阻率陡变的斜面与沙丘表面倾向一致，但略为平缓，推测是地下水位面造成的。在这个深度向下 100m 厚度范围是视电阻率低于 $30\Omega\cdot m$ 的低阻带，推测为第四系沉积砂层。

深度进一步增加，则视电阻率迅速增大到 $100 \sim 1000\Omega \cdot m$，推测属于新近系及白垩系的砂岩。由 CSAMT 推测的地层结构进一步得到地震法探测的证实。本次研究在 G5 剖面进行了微震勘探，即通过重锤敲击地面形成人工激发震源，探测地震波的传递。该方法激发的地震波频率较低，一般小于 100Hz，所以探测深度远小于炸药震源探测深度，但对水文地质勘探反而更加适用。在 G5 剖面，根据反射波的时距曲线特征，直达波的波速为 1680m/s，第 1 个强反射面的走时约为 0.1s ［图 3-9（b）］，使用一半走时推算深度 84m 是第四系沉积层与下部新近系砂岩地层的界面深度。这与 CSAMT 探测到视电阻率在 100m 深度附近发生陡变具有很好的对应关系。第 2 个强反射面与第 1 个的时差约为 1.2s，可能是另外一种砂岩的顶面，目前尚无法明确地层时代。

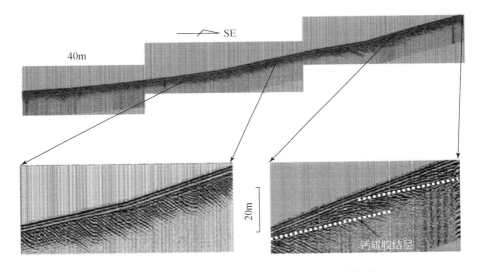

图 3-7　苏木吉林湖区 G3 剖面 GPR 反射面解译图

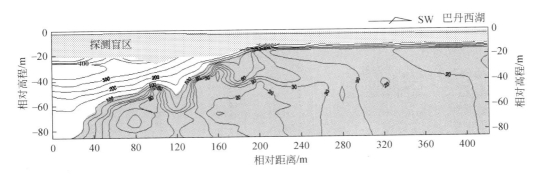

图 3-8　巴丹湖区 G2 剖面 TEM 视电阻率（$\Omega \cdot m$）解译图

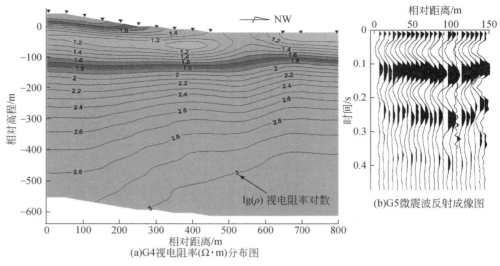

(a)G4视电阻率(Ω·m)分布图

(b)G5微震波反射成像图

图3-9　苏木吉林湖区物探解译剖面

（2）钻探

钻探方法能够更加直接地探明不同深度的岩性乃至地层时代。水文地质钻探还能够完成探明地下水位深度、获取地下水样等工作。与常规地质钻探仅仅取得岩心的方式不同，水文地质钻探还包含成井工艺，即通过在钻孔内设置滤管、套管等，使钻孔成为取水井或地下水观测井。在巴丹吉林沙漠，居住在湖边的牧民开凿了一些浅井，井口直径可达1m以上，深度一般小于10m，能够揭露第四系孔隙含水层的地下水位。近10年来，机械成井工艺得到使用，产生了小口径、以塑料管作为套管的压水井，成井深度一般小于20m。在水文地质调查过程中，这些民井可用于进行地下水位的观测，但揭露的地层厚度太小，难以确定区域含水层系统的结构。进行深孔钻探需要较大规模的机械设备，这在以往依靠骆驼作为交通工具的时代是难以实现的。因此，在2010年之前，巴丹吉林沙漠腹地基本上属于水文地质勘探的空白区。

随着越野车的普遍使用，钻探机械设备运输到巴丹吉林沙漠越来越方便，为开展钻探工作提供了基础条件。2011年，兰州大学在巴丹吉林沙漠西南部（图3-10）施工了1个深度达310.45m的钻孔（郭峰等，2014），编号为WEDP02，用于进行第四系层序分析研究。该孔穿越整个第四系地层，揭露了基岩，对水文地质调查具有重要的参考价值。WEDP02显示第四系沉积物具有细砂、粗砂的互层结构，局部夹有薄层碳酸盐结核，钻孔在深度约230m处遇见含砾粗砂层，在深度约270m处遇见紫红色泥质砂岩。2013年，中国地质大学（北京）组织施工队伍，在巴丹吉林沙漠的东南部、中部和东北部的关键地带完成4个勘探孔（K1、K2、K3和K4，如图3-10所示），进一步获得了沙漠大范围区域的浅部地层结构信息（张竞等，2015a）。K1孔位于小沙枣海子附近，K4孔位于中诺尔图附近，K3孔位于沙丘围成的洼地，K2孔位于地面含有大量白色砾石的滩地。这4个钻孔的平均深度约为60m，只有K1孔和K2孔穿透第四系地层揭露基岩。

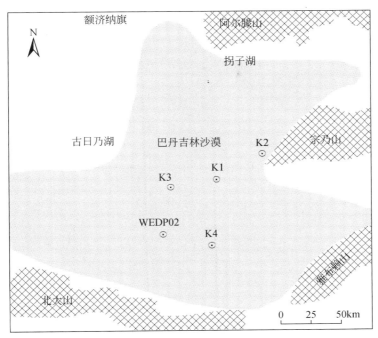

图 3-10　巴丹吉林沙漠已有地质钻孔分布图

上述 5 个钻孔从总体上揭示了巴丹吉林沙漠的含水层结构特征（图 3-11）。WEDP02 孔穿透的第四系地层厚度达到 270m，其下部紫红色泥质砂岩推测为新近系（N）地层。K2 孔在深度 18m 处、K1 孔在深度 28m 处揭露含白色砾石的红色弱胶结砂岩，也推测为新近系地层。K1 孔在深度 40m 处还揭露红色粗粒胶结砂岩，推测为白垩系（K）地层。第 2 章中已指出，阿拉善地区普遍缺失古近系（E）地层，使新近系与白垩系地层之间为不整合接触关系。沙漠边缘的 K2 孔在深度 26m 处揭露花岗岩（γ），说明宗乃山花岗岩体向西倾斜延伸隐伏在沙漠之下。第四系松散沉积物的厚度在沙漠腹地厚、边缘薄，具有沉积盆地的特点。根据钻孔取样结果，第四系上部和下部沉积结构有所不同：上部呈浅黄色或黄色，细砂和中粗砂互层，夹钙质胶结薄层，以风积和湖积成因为主，推测为全新统和上更新统沉积物（Q_{3-4}）；下部为含砾粗砂与中细砂的互层结构，砾石颜色以白色或红色为主，以冲洪积成因为主，推测为中更新统和下更新统沉积物（Q_{1-2}）。这种沉积特征很可能指示了沙漠的形成时代为中更新世晚期或晚更新世初期，与前人的推测（王涛，1990）基本一致。第四系松散沉积物构成孔隙含水层，新近系和白垩系砂岩构成沙漠下方的孔隙–裂隙含水层，而花岗岩是隐伏在沙漠边缘的裂隙含水层。

受条件所限，以上钻孔勘探都没有进行正规的抽水试验。不过，前人进行的沙漠浅井调查和平原区深孔勘探中[①]进行了一些抽水试验，可用于分析含水层渗透性。

---

　　① 来源于《区域水文地质普查报告（1∶20 万）—雅布赖盐场幅》（1981）、《甘肃北山—内蒙阿拉善地区水文地质编图报告（1∶50 万）》1983。

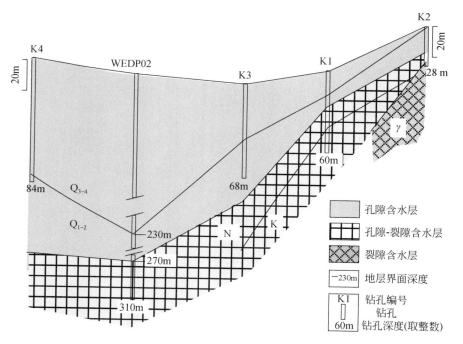

图 3-11　巴丹吉林沙漠钻孔剖面特征图

WEDP02 资料来源于郭峰等（2014）

3.2.2　地下水位空间分布的观测调查

确定含水层的类型和分布之后，在进一步的水文地质调查中，需要查明哪些地方地下水位高、哪些地方地下水位低。通过浅层地下水位的高低分布，可以从宏观上判断地下水的流向。地下水位的空间分布数据，必须通过对井孔水位、泉水、地下水补给型湖泊等的观测来获取。

井孔调查主要观测井孔的地理位置和地下水埋深。巴丹吉林沙漠及其周边地区散落有牧民定居点，每个定居点都有民井。本书研究所实测和收集到的井孔资料超过 330 个，如图 3-12 所示，其中大部分为民井。有 37 个井孔的地下水埋深是由中国地质大学（北京）在 2012~2014 年实测的，其他井孔数据收集自 20 世纪 70~80 年代的区域水文地质调查报告。绝大多数民井的深度不到 20m 且水位埋深小于 3m，个别民井的水位埋深大于 10m。张竞等（2015b）对若干井孔的历史资料与现今情况进行对比分析，结果初步表明近 30 年来沙漠地下水位总体上比较平稳，可能略有下降，但下降幅度不超过 1m。因此，从区域尺度上来讲，用历史资料来反映巴丹吉林沙漠现今的地下水位是可行的。井孔所在位置的地下水位是通过地面高程减去水位埋深得到的，要求获取地面高程的准确数值。除了地形图和 GPS 外，目前常用的数字高程（DEM）产品有 SRTM3（分辨率 90m）和 ASTER GDEM（分辨率 30m），其中前者也被 Google Earth 使用。普通 GPS 高程误差很大，不宜采

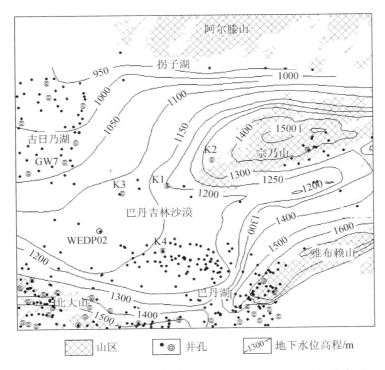

图 3-12　巴丹吉林沙漠及周边地区浅层地下水的宏观水位分布图

用，而 RTK GPS 测绘则能提供高精度的高程变化数据。张竞等（2015b）对比分析 ASTER GDEM 和在沙漠进行 RTK 实测的高程差，发现 DEM 绝对误差不超过 2m，且没有正负号变异，在区域尺度上是可以采信的。这意味着我们可以通过 DEM 和地下水埋深资料来生成地下水位数据。

　　在巴丹吉林沙漠及其周边地区，还存在其他可以间接推测地下水位的地貌特征点，包括湖泊、泉以及无湖洼地。湖泊均依赖于地下水排泄而维持，湖面高程在一定程度上可以反映湖区的地下水位。借助于卫星遥感资料和 DEM 数据，可以在沙漠南部确定 62 个面积相对较大湖泊的水位高程。另外，通过实测和收集资料还能获得 65 个代表性泉点的高程数据。为了解决沙漠西部和北部数据缺乏的问题，还可以利用一些无湖洼地高程对地下水位进行约束。这些无湖区也存在较大型的盆地，高差可达 100~300m。盆地底部的洼地无地表水，但在卫星影像上往往呈现白色或黑色，白色一般属于湖泊干涸之后形成的盐碱地，黑色往往是高密度灌丛植被产生的，两者都意味着地下水埋深很可能不超过 10m。经筛查，有 44 个白色洼地和 19 个黑色洼地可以为地下水位提供约束信息，对确定宏观上的地下水位高低变化具有辅助作用。

　　综合上述水位控制点，可以绘制出巴丹吉林沙漠及其周边地区的浅层地下水位等值线图，如图 3-12 所示。由此得到的地下水位栅格数据空间分辨率可以达到 0.5~1.0km，属于区域尺度的宏观近似，并不能代表局部尺度，特别是湖泊群分布区的精细地下水位分布特征。从这种区域地下水位分布格局来看，巴丹吉林沙漠东南部的地下水位可以达到 1300~

1400m，而在西部和北部沙漠边缘区的地下水位低于1050m，形成了300～400m的水头差，平均水力梯度接近2‰。这仅仅是浅层地下水的水力特征，对于埋深100m以下的深部含水层，其地下水的水头分布目前缺少钻孔资料尚无直接数据。在区域尺度，深层地下水的水头变化在很大程度上受到浅层地下水的控制，宏观特征基本一致。

3.2.3 湖泊盆地综合探测调查

湖泊作为巴丹吉林沙漠的特色景观，自然也与沙漠地下水存在密切的相互关系。地下水是怎么排泄到湖里的？湖泊对地下水循环有什么样的影响？为解决这些问题，需要选择典型的湖泊盆地，采用多种技术手段进行综合探测调查。

从2012年开始，中国地质大学（北京）选择沙漠腹地的苏木吉林盆地进行综合探测和长期监测（王旭升等，2014）。这个盆地包括苏木吉林北湖（又叫苏敏吉林、庙海子）和南湖（又叫苏木巴润吉林），两者之间的最短距离不足1km。两个湖泊都是盐湖，其中苏木吉林南湖是沙漠中的第二大盐湖。在湖泊周围局部地带有沼泽化草甸，植物低矮而密集，外围属于盐碱化草甸，生长芦苇和芨芨草，边缘有大量小型沙丘，覆盖白刺等灌木，向外逐渐过渡为植被稀少的沙山，形成分带特征明显的盆地景观。北湖的东南岸为牧民居住区和一所庙宇所在地，也是沙漠地质公园的游客落脚点。

综合探测调查工作在南湖和北湖有所区别（图3-13）。北湖主要进行井孔调查，包括民井W1～W5和临时钻孔L1～L3，另外在剖面C-D进行了物探调查（与图3-5中G4剖面一致），在X1点处进行不同深度湖水的取样分析。南湖主要进行环境监测，布置了土壤监测站、地下水监测井、湖面气象站、大孔径闪烁仪等仪器设备。

大气环境的监测通过架设在湖中的标准小型自动气象站实现，该气象站设置在钢架平台上（附图1），通过一座长约50m的钢架木桥与湖岸相连。该处湖水深度小于60cm，气象站平台高出最高湖面约20cm。气象站的监测要素包括降水量、净辐射、气压、风速、风向、空气温湿度等。在距离平台135cm处的湖中，使用倒锥形钢架固定一个E601型蒸发皿，蒸发皿内的水取自浅层湖水。每隔2月（夏秋）或4月（冬春），对蒸发皿进行一次彻底换水。蒸发皿底部安装测量精度±0.1mmH$_2$O水压力传感器用于自动监测水位的变化，由此可以计算出蒸发量（压强变化换算为淡水厚度变化）。平台下方的湖水中，安装温度传感器，用于监测湖面以下10cm、20cm处的水温（测量精度±0.1℃）。这些监测探头全部与一个数据采集系统相连，由太阳能电池供电，数据记录周期为30min。湖的底部还安装一个CTD-Diver传感器（Schlumberger Water Services公司生产），用于监测湖底附近水的电导率、温度和压强变化，每隔2h自动读取并记录一次数据。根据CTD-Diver记录到的压强变化，进行气压校正，可以计算出湖水位的变化（湖水平均比重取1.1）。在苏木吉林南湖的南北两岸，分别架设一个BLS450型大孔径闪烁仪（德国Scintec AG Rottenburg生产），用于观测湖面上空约10m处的空气紊流参数，闪烁仪的发射端（U1）和接收端（U2）相距约1.8km。闪烁仪能够发射波长880nm的红外激光测量空气折射指数结构参数C_n^2，捕捉到$C_n^2 = 10^{-17} \sim 10^{-10}$ m$^{-2/3}$范围的大气湍流特征。闪烁仪数据在接收端进行自动采集，数据记录间隔1min。根据闪烁仪

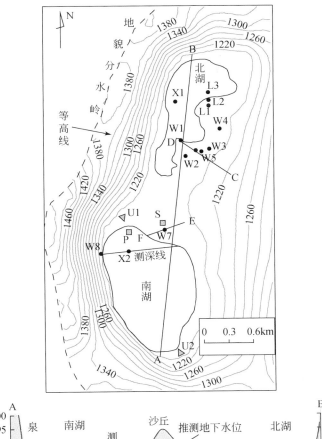

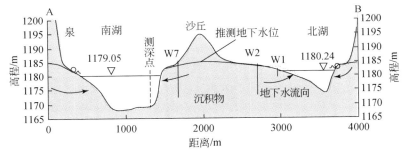

图 3-13　苏木吉林盆地综合探测调查部署图

W1 ~ W8 为井孔，L1 ~ L3 为探测孔，X1 ~ X2 为湖水取样点，U1 ~ U2 为闪烁仪，
P 为湖面气象站，S 为包气带监测站，C-D 和 E-F 为物探剖面。引自王旭升等（2014），略有修改

的数据，采用能量平衡算法，可以换算出湖面的显热和潜热通量，从而评估湖区蒸发强度。相比涡动相关仪，闪烁仪观测的结果可以覆盖较大范围的热通量，可与遥感像元尺度匹配，属于 2000 年以来迅速发展的一种先进观测技术。

　　在苏木吉林南湖，还进行了湖水剖面特征的观测。2012 年 9 月，在如图 3-13 所示的测深线位置上，进行扫描式的探测，以获得湖底深度以及湖水温度、电导率随深度变化的信息。所采用的测量仪器为 107 型 TLC 温盐深计（加拿大 Solinst 公司生产），可同时测定水位（水深）、水温和电导率。水深通过绳长确定，分辨率达到 1mm。电导率传感器的量

程达到 $0 \sim 1000 mS/cm$，在 $0 \sim 80 mS/cm$ 范围的校准试验表明，其相对精度为 $\pm 2\%$。温度传感器的量程为 $-15 \sim 50℃$，精度达到 $\pm 0.3℃$。在剖面上共布设 22 个测点，每个测点不同深度点的间隔为 $0.5 \sim 1.0m$。在后期数据处理中，将不同温度下测定的电导率统一转化为标准温度（25℃）下的电导率，然后换算为 TDS 的数值（陈添斐等，2015）。结果表明，9 月湖水表面温度超过 20℃，底部温度则低于 10℃，而 TDS 值在一个很大的范围（60 ~ 160g/L）内变化。数据的详细分析见陈添斐等（2015）的研究，图 3-14 给出一个概括性的结果。在深度 6m 以内，湖水的温度和 TDS 没有显示出强烈的变化，而是比较均衡，说明上部湖水存在风力和热力作用下的对流，实现了热与化学的混合，发育出一个混合层。在深度 6m 以下，温度随着深度的增加呈现逐渐下降趋势，发育出温跃层，水分迁移以扩散作用为主。在这一深度之下，TDS 表现出增加和减小两种不同的变化趋势。按照正常趋势，TDS 较大的湖水密度也大，会沉入湖底，这意味着下部湖水的 TDS 应当偏大。现在下部湖水的 TDS 偏低，属于一种异常特征，对局部地下水集中排泄可能具有一定的指示意义。

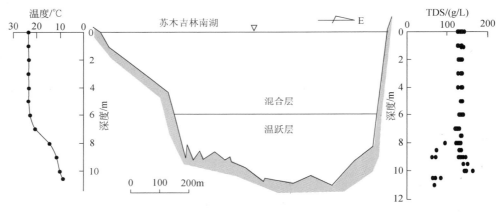

图 3-14　苏木吉林南湖剖面测深结果及 9 月温度和 TDS 随深度的变化

Luo 等（2016，2017）还报道了香港大学、中国地质大学（北京）于 2013 年 8 ~ 9 月联合在苏木吉林南湖北侧进行的剖面水文地球化学调查，观测分析了湖岸浅层地下水的 TDS、pH、离子成分、氢氧稳定同位素以及放射性同位素分布特征。他们也对湖水温度和溶解氧的剖面分布进行了测量，同样证明了湖水浅部 6m 厚度混合层的存在性。

3.2.4　沙丘包气带水监测试验

巴丹吉林沙漠沙丘众多而且相对高差很大，结合图 3-12 所示的地下水位分布图，可以确定沙山相对地下水位的高度。根据这种情况，沙漠的包气带厚度能够达到 $100 \sim 500m$。那么，降水在渗入浅层包气带之后，会经历什么样的水动力过程？是否有蒸发之后剩余的水量穿过如此厚的包气带，形成对地下水的有效补给？解决这些问题必须进行对包气带水的观测研究。

在苏木吉林南湖的东北部沙丘上布置了一个土壤监测站（图 3-15），是该湖盆综合探测调查系统的一个组成部分。该站点用于监测浅部包气带的温度、水分动态和地下水动态。测量含水率（体积含水量）的传感器为 AC-EC5 型（AVALON 公司）电容式探头，通过土壤介电常数变化导致的传感器电容变化推测含水率，经校正之后，含水率的测量精度可以达到±1%。电容法原理与时域反射（TDR）或频域反射（FDR）的原理基本相同，都是通过介电常数来反映土壤含水率，实时测量结果稳定准确，对浅层土壤比较适用。该站布置的 3 个含水率测点 MS1~MS3 深度在 1.0m 以内，数据记录周期为 30min。在距离含水率剖面不足 1m 处，布置了一个土壤水负压监测剖面，在 3m 内不同深度（P1~P6）安装了一系列 pF-Meter 探头（GEOPRECISION 公司）。这是一种微型张力计，稳定性强，精度能够达到±1cmH$_2$O，与专用数据采集仪器相结合可以实现自动化监测。土壤负压的监测周期也是 30min，并且在 1m 深度内 P1~P6 与 MS1~MS3 能够同步监测相同深度的负压和含水率变化。土壤水分监测点附近地势略低洼之处，采用简易钻探方法建立了一个地下水监测孔（W7），孔深约 16.3m，水位埋深约 5.5m，水下安装了一个 Mini-Diver 传感器（Schlumberger Water Services 公司生产）测量水压力和温度的变化，分辨率可以达到 0.2cmH$_2$O，配置的数据自动记录周期为 1h。为了对 Mini-Diver 压力数据进行补偿换算得到水柱高度数据，在 TDR 数据采集仪放置了一个 Baro-Diver 传感器（Schlumberger Water Services 公司生产）同步测量土壤监测站位置气压的变化。

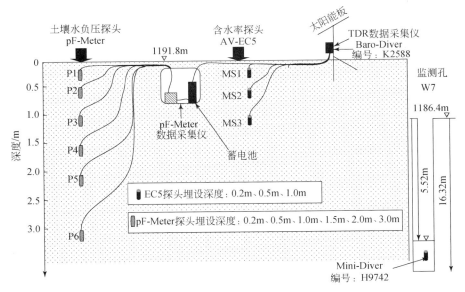

图 3-15 苏木吉林湖盆土壤监测站仪器布置剖面示意图

在苏木吉林湖区的地下水浅埋区，还进行了包气带含水率的原位观测，使用便携式土壤水分传感器（TDR 探针）插入不同深度原状土中，读取同一时刻的含水率数值。观测过程主要在 2013~2014 年的夏季进行，代表了夏季强烈蒸发状态下浅层砂土的含水率分布特征（图 3-16）。观测点 DA-1 和 DW-3 的地下水埋深分别为 0.7m 和 1.2m，观测点

DS-11的地下水埋深也不超过1.5m。由此可见，三个观测点的包气带含水率都明显受到地下水的影响，呈现随深度增大而增加的趋势，反映了潜水蒸发过程中的毛细水分布特征。作者也在中诺尔图的WK4钻孔附近进行了包气带含水率剖面观测（图3-16），该处地下水埋深2.8m，深度1.0~2.5m的含水率明显受到地下水毛细上升作用的影响。此外，在苏木吉林湖区土壤监测站附近，开展了单环入渗试验，测量了浅表风积砂的饱和渗透系数，试验用2800K1型圭尔夫仪（Guelph Permeameter，Santa Barbara公司生产）完成，测试的原状土深度为60cm，共获得25个测点的数据（代建翔，2014）。包气带的风积砂样品，也用于进行土壤物理试验，匡星星（2010）、杨震雷（2010）、曾亦建（2012）、董佩（2013）、钱静（2013）和周燕怡（2015）等采用压力膜仪法测试了砂样的脱水特征曲线。代建翔（2014）、商洁（2014）还采用离心机法获取了砂样的脱水特征曲线。

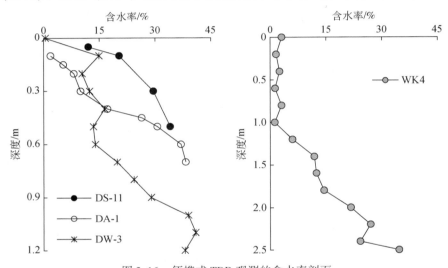

图3-16 便携式TDR观测的含水率剖面

测点DS-11、DA-1和DW-3位于苏木吉林湖区，WK4位于中诺尔图湖岸

3.2.5 水体示踪元素取样分析

地下水循环不仅是一个动力学过程，还是一个物质迁移和水化学演变的过程，可以通过一些示踪元素进行分析，如氢氧稳定同位素等。不光是地下水，在湖水、泉水等水体中也存在具有示踪作用的水化学信息。巴丹吉林沙漠地下水和湖水的示踪元素有什么差异和相同点？反映了什么水文地质条件？这需要进行水体取样，得到示踪元素的分析数据加以研究。

2012~2014年夏秋季，作者在巴丹吉林沙漠进行了湖水和地下水的取样调查，涉及的湖泊包括沙漠东南部盐湖、西部盐湖和雅布赖山以北的一些大湖，地下水样一般取自这些湖附近的民井和泉。为避免杂质的影响，水样在进入取样瓶之前进行过滤处理，清洗取样瓶3次之后进行水样封存。井孔取样之前用微型潜水泵将井筒内储存的水抽出排弃，至少抽水20min以确保新鲜的地下水进入井孔内，然后再进行取样。在取样现场用便携式探头测量水体的温度、pH、电导率，记录在调查表中。水样送检化验的内容一般为水质简分析、氢氧稳定同位素分析、放射性碳或氚分析。通过简分析可以得到水样的 TDS。对于没有水质简分析结果的水样，可以采用水温和电导率推测到 TDS 的近似值（陈添斐等，2015）。水质简分析、氚同位素分析是由核工业北京地质研究院分析测试研究中心完成的。氢氧稳定同位素的测试单位包括核工业北京地质研究院分析测试研究中心、中国科学院寒区旱区环境与工程研究所环境同位素实验室和美国佛罗里达州立大学环境同位素实验室。地下水的放射性碳测试（^{14}C、^{13}C）是由美国贝塔放射性碳测年实验室（Beta Analytic Radiocarbon Lab，Florida）测试完成的。

在表 3-1 中，给出 21 个湖水的水样测试数据，涉及 14 个湖泊。在苏木吉林北湖，一共采集 5 个水样，以确定在湖岸边采集浅表湖水样品（常规湖水取样方法）的代表性。LS-1 是在湖岸附近采取的浅表水样，编号为 LX-1 ~ LX-4 的取样点在图 3-13 中 X1 点的不同深度。从表 3-1 所给的数据可以看出，苏木吉林北湖不同取样点之间的 TDS 有很大差异，而 $\delta^{18}O$ 和 δD 的数值差异却较小。这说明同一个湖泊的水体氢氧稳定同位素可能不存在显著的空间变异性，湖岸附近的浅表湖水基本上能够代表湖水的氢氧稳定同位素水平。这个现象在苏木吉林南湖也有显示，图 3-13 中 X2 点的不同深度取样点 SX-1 ~ SX-4 表现出相近的氢氧稳定同位素含量，TDS 也有很大的变化。因此，常规的取样方法虽然不能准确获得湖水的 TDS，但对于了解湖水的 $\delta^{18}O$ 和 δD 还是比较可靠的。表 3-1 反映了巴丹吉林沙漠湖泊含盐量的巨大差异，TDS 可在 1 ~ 500g/L 变化，而且位于沙漠西部的昭日格图、哈布特盖诺尔、巴音诺尔、布日特、毛日勒图、西诺尔图等湖 TDS 均大于 200g/L，相对东南部地区的湖泊显示出更高的盐化程度。湖水的 $\delta^{18}O$ 在 -3.8‰ ~ 6.1‰ 变化，而 δD 在 -50‰ ~ 5‰ 变化。湖水的氢氧稳定同位素含量与 TDS 之间没有显示出很强的相关性。

表 3-1 巴丹吉林沙漠典型湖泊水样数据表

样点编号	湖泊名称	取样深度/m	TDS/（g/L）	$\delta^{18}O$/‰	δD/‰	取样时间（年-月）
LS-1		0	106.8	6.0	2	
X1（LX-4）		0.0	130.8	7.0	2	
X1（LX-3）	苏木吉林北湖	1.5	131.1	7.3	5	
X1（LX-2）		3.0	186.8	7.4	1	
X1（LX-1）		5.0	296.9	7.4	1	
X2（SX-1）		0.0	131.1	6.0	-1	
X2（SX-2）	苏木吉林南湖	2.0	134.3	5.9	-1	2012-08
X2（SX-3）		4.0	154.9	5.7	-3	
X2（SX-4）		6.0	106.8	5.8	1	
LY-1	音德日图	0	275.5	6.1	2	
LB-2	巴丹东湖	0	1.8	3.1	-13	
LB-3	巴丹西湖	0	65.9	7.6	13	

续表

样点编号	湖泊名称	取样深度/m	TDS/（g/L）	δ¹⁸O/‰	δD/‰	取样时间（年-月）
LX-0	昭日格图	0	287.3	2.4	−39	
LX-21	哈布特盖诺尔	0	281.2	3.5	−26	
LX-22	巴音诺尔	0	414.2	6.1	−18	
LX-32	布日特	0	365.6	3.3	−11	2012-09
LX-4	毛日勒图	0	366.2	−3.8	−43	
LX-7	西诺尔图	0	218.6	2.5	−49	
LK1	小沙枣海子	0	33.6	−1.1	−34	
RY-8	布日德	0	19.81	−0.4	−26	2013-09
RY-10	树贵苏木	0	6.59	−1.2	−25	

地下水的典型特征见表3-2。总体上，地下水的TDS偏低，大部分低于1g/L，不过沙漠边缘的K1和K2钻孔中的地下水TDS大于10g/L。值得注意的是，有两个泉水样取自湖中小岛，即音德日图湖中岛SY-2和额肯吉林湖中岛EW-2。这两个湖的TDS都大于100g/L，但湖中岛的泉水TDS都小于2g/L，显著低于湖水的TDS，说明地下水在向泉排泄的过程中基本没有混入湖水。在氢氧稳定同位素方面，地下水的 $\delta^{18}O$ 值相对湖水偏负，在 −4.9‰～4.9‰ 变化，δD 值也偏负，在 −56‰～−10‰ 变化。

表3-2 巴丹吉林沙漠典型地下水样数据表

样点编号	地名	类型	取样深度/m	TDS/（g/L）	δ¹⁸O/‰	δD/‰
W1	苏木吉林	大口井	0.2～2.2	0.39	−6.2	−56
W2	苏木吉林	大口井	2.6～12.0	0.40	−4.2	−48
W3	苏木吉林	大口井	3.1～4.5	0.24	−2.9	−42
W4	苏木吉林	压水井	3.2～12.9	0.43	−2.7	−39
TS-1	苏木吉林	泉水	0	0.38	−4.7	−52
TS-2	苏木吉林	泉水	0	0.44	−5.4	−54
SP-1	苏木吉林	简易钻孔	0.6～0.8	0.83	−4.1	−48
AL-1	乌兰敖格钦	水坑	0.2	1.55	−4.6	−53
WY-1	音德日图	压水井	1.5～3.0	0.40	−3.3	−42
SY-1	音德日图	泉水	0	0.43	−3.9	−46
SY-2	音德日图	湖中岛泉	0	0.81	4.3	−47
WB-1	巴丹湖	压水井	2.9～11.7	0.64	−4.2	−45
WB-2	巴丹湖	机井	10～80	0.60	−4.1	−43
K1	小沙枣海子	钻孔	20～60	29.42	−3.7	−43

样点编号	地名	类型	取样深度/m	TDS/(g/L)	$\delta^{18}O/‰$	$\delta D/‰$
K2	宗乃山西侧	钻孔	9.6~28.4	63.6	-3.2	-45
K4	中诺尔图	钻孔	60~90	0.79	-3.2	-54
NW-2	中诺尔图	湖缘泉水	0	1.05	-4.5	-56
EW-2	额肯吉林	湖中岛泉	0	1.88	-4.3	-54
LX-0G	昭日格图	泉水	0	0.64	-1.7	-40
LX-3G	格日勒图	泉水	0	0.62	-3.2	-42
LX-4G	毛日勒图	大口井	2.8~3.1	2.67	-3.8	-46
LX-7G	西诺尔图	泉水	0	0.42	-3.3	-45
LX-18G	达吉布音呼都格	大口井	2.8~4.2	0.56	4.9	-10
LX-21G	哈布特盖诺尔	泉水	0	0.79	0.7	-29
LX-22G	巴音诺尔	泉水	0	0.95	2.2	-24
LX-32G	布日特	泉水	0	0.46	-3.6	-38

地下水中放射性同位素的测试结果见表 3-3。其中碳样品的表观年龄是美国贝塔放射性碳测年实验室根据 ^{14}C 的含量推算的，未经水化学校正。在这些水样中，表观 ^{14}C 年龄最小的是沙漠东部的 K1 钻孔地下水，不足 300 年。表观 ^{14}C 年龄最大的是苏木吉林北湖边缘的 W1 井地下水，超过了 8000 年。不管未经校正的表观年龄如何偏大，地下水的实际年龄 ^{14}C 普遍超过 1000 年的可能性是很大的。与此同时，地下水中也检测出一定量的 ^3H，说明可能混入了现代大气降水来源的地下水。对于 ^3H 含量大于 1TU 的地下水，1952 年以来大气降水补给形成的水量应该是相当显著的。总体上看，随着表观 ^{14}C 年龄的增大，^3H 含量有减小的趋势。不过，地下水的碳来源较为复杂，其 ^{14}C 年龄计算的可靠性受到各种因素的影响，存在很大的不确定性。

表 3-3　巴丹吉林沙漠地下水的放射性同位素特征

样点编号	地点	属性	^{14}C 年龄/a（未校正）	^3H/TU
WB-1	巴丹湖	民井	2840±30 BP	—
WB-2	巴丹湖	钻孔	2940±30 BP	—
W1	苏木吉林	民井	8250±40 BP	0.4±0.4
W2	苏木吉林	民井	6050±30 BP	1.0±0.5
W3	苏木吉林	民井	2560±30 BP	5.4±0.7
W4	苏木吉林	民井	3990±30 BP	5.2±0.7
W5	苏木吉林	民井	3330±30 BP	—
SY-2	音德日图	民井	5570±40 BP	—

样点编号	地点	属性	^{14}C 年龄/a（未校正）	^{3}H/TU
WY-1	音德日图	民井	4210±30 BP	2.8±0.6
K1	沙漠	钻孔	210±30 BP	—
K2	沙漠	钻孔	3460±40 BP	—
K3	沙漠	钻孔	3920±40 BP	—
K4	中诺尔图	钻孔	7510±40 BP	—

3.2.6　沙漠生态水文遥感解译

在干旱区，水文地质条件对生态环境具有决定性的作用。因而，干旱区的湖泊、植被等水文、生态要素的状态及其变化，能够比较清晰地反映区域尺度或地貌景观尺度上的地下水状态及其变化。反过来，植被、湖泊等生态水文要素也可以对干旱区的地下水产生一定的影响。问题在于，生态水文要素分布范围广、时空变异性强，而且具有一定的随机性，很难通过在某些地点、某些时期的实地调查就能弄清楚时空变化规律。利用卫星遥感技术对地球表面进行的高分辨率实时观测，可以有效弥补上述地面调查的不足。对于巴丹吉林沙漠，沙地植被盖度、湖泊的总面积如何发生季节性变化？区域尺度陆面–大气水分能量交换如何对地下水发生潜在的影响？为了解决这些问题，需要综合利用多种遥感技术，进行相关资料的解译和统计分析。

（1）湖泊面积的遥感解译

在遥感影像中识别湖泊，就是利用水体的光谱特征判断哪些像元属于湖泊。与沙丘、植被、盐碱地相比，水体会强烈吸收入射光，反射率较低，而且对于不同频率的光波反射率不同，一般像蓝光之类的短波比红外之类的长波更加容易被反射。因此，长波辐射的反射率差异更加有利于识别水体。利用这一特点，前人提出了基于水体指数的遥感解译方法（McFeeters，1996；徐涵秋，2005）。对于巴丹吉林沙漠的湖泊，熊波等（2009）综合采用监督分类和目视解译法分析了 1997~2007 年湖泊面积的变化，朱金峰等（2010）提出 DLWI 指数分析了湖泊的季节性变化，张振瑜等（2012）综合利用 DLWI 指数法和目视解译法分析了近 40 年的湖泊面积变化趋势。不过，DLWI 水体指数未能区分湖泊水体及干湖盆。金晓媚等（2014）将 DLWI 指数改进为 MDLWI 水体指数，以提高巴丹吉林沙漠湖泊遥感识别的准确度。

MDLWI 水体指数的计算公式为（金晓媚等，2014）

$$\text{MDLWI} = \text{DLWI} + \frac{b_2 - b_4}{b_2 + b_4} = \frac{b_1 - b_5}{b_1 + b_5} + \frac{b_2 - b_4}{b_2 + b_4} \tag{3-19}$$

式中，b_1、b_2、b_4 和 b_5 分别为蓝光、绿光、近红外与中红外波段的反射率。DLWI 指数只利用了 b_1 和 b_5 的差异，但沙漠干湖盆与湖水都存在 $b_1 > b_5$ 的情况，导致沙漠水体的识别度降低。研究发现，干湖盆与湖水在 $b_2 \sim b_4$ 值上存在较大反差，因此，可以利用式（3-19）增加沙漠水体的识别度。精度分析结果表明，MDLWI 更加显著地抑制了干湖盆的信息，提高了提取精度，也减少了提取后处理目视解译的工作量，提高了效率。

地面光谱信号的遥感数据资源比较丰富，其中 Landsat TM/ETM+遥感影像分辨率可以达到 30m，适合于巴丹吉林沙漠的湖泊识别。从 Landsat TM/ETM+数据可以提取出 6 个波段的反射率，用于计算 MDLWI。在计算水体指数之前，需要对遥感影像数据进行挑选，避免云层的干扰。在数据处理过程中，将像元灰度值转换为光谱辐射值（传感器辐射定标），然后再转换为传感器的相对反射值，采用 COST 模型进行大气校正（Chavez，1996），计算得到各个波段的相对反射率。根据巴丹吉林沙漠湖泊水位季节性变化的经验认识，研究分初夏（湖泊水位较高）和秋季（湖泊水位较低）两个时段采集遥感影像数据，以配对的形式组合，一对数据的间隔不超过 1 年，各对数据的间隔约为 5 年。这样共收集到 1990～2010 年的 5 对数据。数据在 ENVI 和 ArcGIS 软件进行处理，最终得到湖泊标识的栅格文件。受到 TM 遥感影像分辨率（30m）的限制，能够识别的湖泊最小面积是 900m^2，为了减少误差，研究要求湖泊的识别区域至少占据 4 个像元，因此舍弃了面积小于 3600m^2 的微型湖泊。

水体指数计算的坐标范围是 39°30′～41°10′N、101°40′～102°40′E，总面积约为 6600km^2，覆盖了位于沙漠腹地的绝大部分湖泊。解译得到的 1990～2010 年湖泊数量和面积变化见表 3-4。总体而言，可识别的湖泊总数在 88 个左右，总面积多年平均值为 18.4km^2。秋季（8 月中下旬到 9 月下旬）湖泊数目为 78～88 个，夏季（6 月上旬到 7 月上旬）湖泊数目为 84～102 个。其中，小于 0.2km^2 的小型湖泊数量最多，大于 1km^2 的大型湖泊和 0.2～0.5km^2 的中小型湖泊所占的面积比例最大。这与 20 世纪湖泊多达 144 个（朱震达等，1980）相比，数量似乎有所下降，但也可能与遥感解译过滤掉了面积不到 3600m^2 的小湖泊有关。湖泊总面积大致随着湖泊数量的增多而增大，但并不是严格的正比关系。郑瑞兰等（2016）的研究指出，湖盆的复杂形态使湖泊水位增高（面积扩大）不一定导致湖泊数量的增加。1990～2010 年，湖泊的数量和总面积没有显著增加或减小趋势，但季节性的振荡幅度似乎有所增加，特别是小型湖泊，动态变化强烈，其成因需要结合气象数据加以分析。尽管如此，湖泊总面积季节性波动的振幅仍然在 7% 以内，是比较稳定的。

表 3-4　巴丹吉林沙漠东南部湖泊数目和面积的遥感解译结果

影像时间（年-月-日）	不同面积区间湖泊数目/个				湖泊总数/个	总面积/km^2
	>1km^2	0.5～1.0km^2	0.2～0.5km^2	<0.2km^2		
1990-09-17	5	4	22	53	84	18.12
1991-06-16	5	3	23	59	90	18.82
1995-06-11	6	3	22	53	84	18.41
1996-08-16	5	3	23	51	82	17.75
2000-06-08	6	2	23	67	98	19.21
2000-09-20	5	3	22	58	88	17.70

影像时间	不同面积区间湖泊数目/个				湖泊总数/个	总面积/km²
（年-月-日）	>1km²	0.5～1.0km²	0.2～0.5km²	<0.2km²		
2005-07-08	6	3	22	65	96	19.67
2006-09-29	5	4	22	50	81	17.62
2010-06-04	6	2	22	72	102	19.42
2010-08-23	4	4	22	48	78	17.53
平均值					88	18.4

（2）湖泊水位的遥感解译

湖泊只要足够大，其几何形态通过目视就可以在遥感影像中辨别，面积也可以通过水体指数计算加以评估。不同的是，通过卫星遥感手段确定湖泊的准确水位则难度很大。在3.2.2 节中已经指出，地面高程的 DEM 数据可导致±2m 的误差，不可能捕捉到湖泊水位的季节性波动（变幅一般小于1m）。近年来，随着一些具有特殊功能卫星资料的开放，采用遥感手段确定地表水体的水位在技术上变得可行。

美国国家航空航天局（NASA）在 2003 年发射了冰、云和陆地高程卫星（ICESat），该卫星运行到 2010 年。ICESat 所搭载的激光系统能够测量地物高程的变化，精度达到2cm（Zhang et al., 2011）。ICESat 服役期结束后，NASA 原计划 2015 年发射 ICESat-2 作为替代卫星，但一直推迟到 2018 年才发射。因此，利用 ICESat 所能研究的环境变化局限于 2003～2010 年。

ICESat 在巴丹吉林沙漠东南部的扫描轨道大致有 30 条，可以探测到一部分湖泊。Jiao 等（2015）利用 ICESat 数据分析 6 个湖泊的水位变化，涉及的湖泊包括苏木吉林南湖和北湖。受 ICESat 过境时间和轨道限制，每个湖泊 1 年最多能收集到两个有效数据，有些小型的湖泊数年才能收集到 1 个有效数据，不能捕捉到季节性的变化，但总体上能够反映多年的变化趋势。图 3-17 显示了这些湖泊的水位变化情况，其中，L4～L6 是位于湖泊群东部的湖泊，水位较高，L1～L3 是位于湖泊群西部的湖泊，水位较低。与图 3-12 和图 3-13 相比，Jiao 等（2015）得到的湖水位高程略低，这可能是选用的高程基准不同导致的。图 3-12 和图 3-13 所用的是 WGS-84 系统定义的全球高程基准，与国内常用的黄海高程有差异（李建成等，2017）。从相对意义上来讲，在 2004～2007 年，多数湖泊的水位表现出下降趋势。苏木吉林北湖与南湖相比，似乎表现出更大范围的水位变化，年际变化的最大幅度接近 2m。由于 ICESat 数据的连续性不足，关于季节性动态和多年变化趋势的判断还存在一定的不确定性。

（3）植被覆盖的遥感数据分析

植被盖度的高低可以用植被指数的大小进行判断。卫星遥感获得的植被覆盖信息包括归一化植被指数（NDVI）、增强型植被指数（EVI）和叶面积指数（LAI）。数据源包括NOAA-AVHRR、SPOT-VEGETATION、EOS-MODIS 和 Landsat TM 等，其中在区域尺度上常用的数据为 MODIS NDVI，其空间分辨率和时间分辨率分别为 250m 和 16d。研究收集

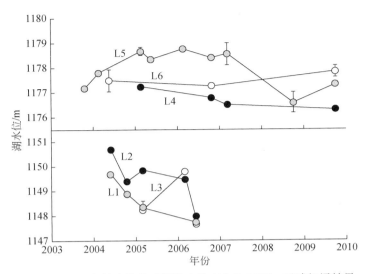

图 3-17　巴丹吉林沙漠典型湖泊水位变化的 ICESat 遥感解译结果

湖名为本书所加：L1—巴嘎瑙滚诺尔；L2—中诺尔图；L3—昭日格图；

L4—巴嘎吉林；L5—苏木吉林北湖；L6—苏木吉林南湖。引自 Jiao 等（2015）

2000～2012 年的 MODIS NDVI 数据，统计出逐月的平均 NDVI 值进行分析。巴丹吉林沙漠的植被生长季主要在 5～10 月，其中 6～9 月植被盖度达到峰值。图 3-18（a）给出了 2012 年 8 月中旬的 NDVI 分布图。在沙漠内部，总体而言东部的 NDVI 值较高，西部的 NDVI 值较低，而且湖泊盆地的低洼区形成 NDVI 的局部高值区。湖泊附近地下水位较浅，而且是淡水，能够为浅层土壤提供水分，可以维持较好的植被生长状态。即便如此，NDVI 值一般都低于 0.2，这是植被盖度在微观尺度上高低分布的平均化结果。

在小尺度范围，可以利用 Landsat-5 TM/ETM+数据近红外与红光波段的反射率计算出 NDVI，其分辨率达到 30m，能够识别出湖泊盆地的植被分带特征。图 3-18（b）就是采用这一方法解译得到的苏木吉林湖区及周边地区的 NDVI 分布图。实际上水体的 NDVI 值为负，在图中将其设置为零以融合显示湖泊形态。由图 3-18（b）可以看出，几乎在每个湖泊的外围都有一个 NDVI 的高值带（最大 NDVI 达到 0.4），但这个高植被盖度条带的宽度存在空间上的变化。例如，苏木吉林北湖的东侧条带宽度可达 500m（生长寸草、芦苇、芨芨草、白刺乃至沙枣树等多种植物），而西侧条带的宽度不足 100m（植被种类也较少）甚至狭窄得无法显示。这是因为该湖的东侧坡度显著小于西侧，更有利于形成大范围的地下水浅埋区。此外，在湖与湖之间的沙山分布区，也可以看到较高植被盖度的条带和斑块，这往往是因为沙山局部发育的低洼和沟槽地段能够减小地下水的埋深或收集雨季的坡面产流而提高了植被生长的适宜性。

（4）陆面蒸散的遥感估算

水面蒸发以及陆面蒸散对地球表面的水分和能量平衡都具有重要影响。陆面蒸散包括土壤蒸发和植被蒸腾。在地下水浅埋区，地下水的毛细上升作用可以对陆面蒸散产生很大的贡献，水文地质学中将其称为潜水蒸发（张人权等，2011）。在地下水埋深较大的地区，

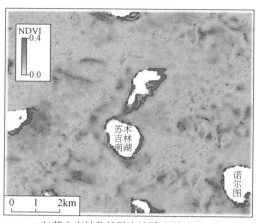

(a)沙漠全境(分辨率250m)　　　　　　　　　(b)苏木吉林及其周边地区(分辨率30m)

图 3-18　巴丹吉林沙漠 2012 年 8 月中旬植被指数 NDVI 分布特征

陆面蒸散对地下水的入渗补给产生约束作用。从水均衡的角度来讲，如果没有外来水源，一个观测场地的多年平均蒸散量不应超过多年平均降水量。否则，必有潜水蒸发、灌溉或地表水引入等其他水源贡献。

　　直接观测陆面蒸散是比较困难的工作。蒸渗仪观测到的只是某个地点、某种植被覆盖情形下的陆面蒸散，不能代表一个植被分布不均匀的较大区域的陆面蒸散。正在世界各地迅速推广的涡度相关仪、闪烁仪等技术，观测尺度有所增大，但仍然难以获取景观尺度和流域尺度上的陆面蒸散量。为了解决这个局限，研究者已经发展了一些基于卫星遥感观测技术的陆面蒸散模型，用于评估大区域范围乃至全球的陆面蒸散强度，形成专门的数据产品。例如，NASA 发布的 MOD16 ET 数据，给出了 2000 年以来全球蒸散量的评估值，空间分辨率为 1km，时间周期为 8d，也包含逐月和逐年的评估结果。MOD16 ET 所用的模型以 Penman-Monteith 公式为基础并考虑植被覆盖特征（Mu et al.，2007，2011）。在我国，中国科学院遥感与数字地球研究所遥感科学国家重点实验室发布了 MuSyQ 数据（贾立等，2015），针对中国与东盟地区给出了 2013 年逐日 1km 分辨率的蒸散量。

　　如果掌握了能量平衡原理和相关的算法，研究者也可以根据已有的辐射遥感和植被遥感数据对陆面蒸散进行估算。SEBS 就是国际上比较流行的一个地表能量平衡模型（Su，2002）。利用 SEBS 模型，我们对巴丹吉林沙漠的典型地带进行了陆面蒸散的遥感数据分析，得到一些初步的结果。首先，对 SEBS 模型中的地物表面温度和宽波反射率的算法进行了改进，使 TM/ETM+高分辨率的数据能够有效使用。其次，利用阿拉善右旗的气象数据得到潜在蒸散量，将其输入 SEBS 模型中评估苏木吉林南湖的水面蒸发量（柯珂等，2015），发现需要取折算系数为 0.621 才能使模型得到日蒸发量良好、匹配湖面气象站附近 E601 型蒸发皿的观测值。这应该是潜在蒸散量计算偏大导致的。在此基础上，利用阿拉善右旗的气象资料，对 2000 ~ 2013 年苏木吉林南湖的逐月蒸发量进行计算，得到多年平均蒸发量为 1288mm。把这个方法推广用于评估苏木吉林湖盆及其周边地区的陆面蒸散，

SEBS 模型给出的多年平均值约为165mm，考虑潜在蒸散量的折算系数为0.621，则实际陆面蒸散量应为102mm 左右。这个数值与多年平均降水量（推测约为100mm）很接近，但包含了地下水浅埋区潜水蒸发的贡献。湖面蒸发和陆面蒸散的面积加权平均值为171mm，远超降水量。显然，必须依靠外来水源（湖盆外部）才能维持湖区的全部蒸散耗水。由于遥感数据分析模型使用了多源数据和一些经验公式，评估结果仍然存在较大的不确定性，需要更多地面观测资料加以验证和校核。

3.3 以往地球物理和水化学调查成果

3.3.1 盆地尺度地球物理特征

巴丹吉林沙漠在区域构造地质上属于银额盆地，覆盖在沙漠下部的是一些基底隆起和次级凹陷盆地（图2-9）。这个特征对巴丹吉林沙漠的含水层系统结构和地下水深循环动力条件具有重大影响。由于水文地质勘探调查严重不足，要了解巴丹吉林沙漠的深部含水层特征及其与区域地质构造的关系，目前还只能依赖于银额盆地已有的油气资源勘探资料。

十多年来，中国地质调查局组织实施的"西北地区中小盆地群油气资源远景调查"项目在巴丹吉林沙漠及周边地区的油气资源勘探方面取得很大进展，确定银额盆地石炭系—二叠系地层为潜在的生油层（卢进才等，2010）。值得注意的是，在拐子湖以南的巴丹吉林沙漠北部腹地，完成了拐参-1 井的施工，该井深度达3800m，揭示新生界和中生界地层总厚度2141m，下部为上二叠统哈儿苏海组地层，产出工业油气（卢进才等，2017）。在此之前，额济纳旗盆地西部施工的天-2 井也有油气显示［图3-19（a）］，但揭示的新生界和中生界地层总厚度不到2000m（刘建利等，2011）。除了重要的钻探成果外，该项目还在银额盆地进行了长距离的地球物理探测和资料解译，为更清晰地认识盆地尺度的地质结构提供了基础资料。

基于2006~2010 年完成的多条综合地球物理（重、磁、电）测量剖面［图3-19（b）］，前人进行了巴丹吉林沙漠及其周边的盆地构造解译。严云奎等（2011）整理分析了银额盆地的1:20 万布格重力异常资料，认为局部的重力高异常主要是基底隆起导致的，而重力低异常主要是中、新生代凹陷或中酸性侵入岩体（密度低于围岩）造成的，在此基础上解释了 NEE 向（NE 向）、NWW 向两组基底大断裂对中生代盆地的控制作用，包括围绕巴丹吉林沙漠的特罗西滩—宗乃山北缘断裂、雅布赖山北断裂和北大山断裂等。不过，重力场的分辨率尚有不足，解译的地质结构还不够清晰。这个缺陷通过重点探测剖面的大地电磁解译（刘建利等，2011）和多源物探信号综合解译（刘建利等，2013）得到一定程度的弥补。天-2 井的视电阻率剖面［图3-19（a）］清楚地显示了白垩系地层低阻特征，尤其是下白垩统上部的苏红图组（K_1s），其视电阻率甚至比下部的巴音戈壁组（K_1b）还要低1 个数量级。银额盆地的白垩系地层还有另外一个特点，即巴音戈壁组（K_1b）普遍发育

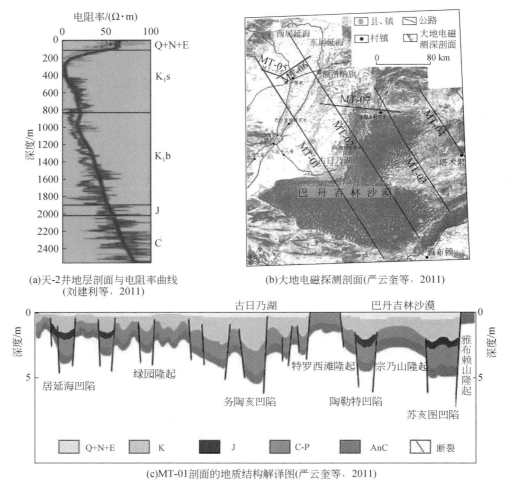

(a)天-2井地层剖面与电阻率曲线
(刘建利等，2011)

(b)大地电磁探测剖面(严云奎等，2011)

(c)MT-01剖面的地质结构解译图(严云奎等，2011)

图 3-19　巴丹吉林沙漠深部地球物理探测资料

含铀矿砂岩层，表现为较强的放射性，在地球物理测井中伽马值偏高，可作为确定 K_1b 的标志（卢进才等，2017）。相比之下，侏罗系（J）、石炭系—二叠系（C-P）和前石炭系（AnC）地层表现为较高的视电阻率和密度，侏罗系以下地层有很高的磁性，岩浆岩具有极高电阻率和磁性（刘建利等，2013）。这些地质体在重、磁、电特性上的差异，是物探剖面解译划分地层的重要依据。

　　从图 3-19（b）可以看出，有两条物探剖面（MT-01 和 MT-02）完全贯穿巴丹吉林沙漠，它们有利于我们认识沙漠下方的宏观地层结构。其中，MT-01 剖面的解译成果比较完整，如图 3-19（c）所示。该剖面图表明，从黑河流域下游的额济纳旗西部到巴丹吉林沙漠东部的雅布赖山，总体属于一系列串联的断陷盆地，跨越 8 个主要的构造单元并表现为"4 隆 4 凹"。其中，构造凹陷自西到东包括：居延海凹陷、务桃亥（务陶亥）凹陷、陶勒特凹陷和苏亥图凹陷，基底隆起包括绿园隆起、特罗西滩隆起、宗乃山隆起和雅布赖山隆起。陶勒特凹陷与苏亥图凹陷位于巴丹吉林沙漠下方，发育从新生代到前石炭系的各套沉积地层，总厚度接近 5000m。这两个凹陷之间的宗乃山隆起跨度很大，缺失侏罗系地层，石炭系—二叠系和前石炭地层表现为背斜构造格局。古日乃湖下部是务桃亥凹陷，其下陷深度甚至超过陶勒特凹陷与苏亥图凹陷。务桃亥凹陷与陶勒特凹陷之间存在一个特罗西滩隆起，在剖面上抬升幅度大于宗乃山隆起，导致白垩系和侏罗系地层都被剥蚀殆尽，构成额济纳旗盆地与巴丹吉林沙漠盆地之间的分界。需要注意的是，总体而言白垩系地层在整个剖面上有很强的连续性，只是凹陷区厚度大、隆起区厚度薄而已（个别隆起带缺失中生代地层）。那些主干的基底断裂，一部分没有切入白垩系，一部分切入白垩系但没有贯穿，少量贯穿白垩系但没有进入新生界地层。这说明时代越新的沉积地层在盆地中的连续性越强。在巴丹吉林沙漠和古日乃湖，都发育连续而厚度巨大的白垩系和新生界沉积物，这对形成完整的含水层系统和地下水的深循环是十分有利的。由于银额盆地的构造单元主要沿着 NEE 方向发育，图 3-19（c）所示的地质结构对整个研究区而言是具有代表性的。不过，越向东部去，宗乃山隆起幅度越大，直到花岗岩山体直接出露在树贵苏木以北的塔木素地区。各个构造单元在平面上的展布特征如图 2-9 所示。

研究关于特罗西滩低隆起是否能够完全把古日乃湖与巴丹吉林沙漠两个沉积盆地隔开的问题，对于认识巴丹吉林沙漠与黑河流域下游的水文关系至关重要。这一点仅仅从图 3-19（c）是看不清楚的，因为盆地尺度的地球物理探测很难分辨 500m 以内的地层结构，只有通过浅部的高密度电磁法进行探测验证。2012～2013 年，中国地质环境监测院的李文鹏团队通过实施"黑河流域生态–水文过程集成研究"重点项目"黑河流域地表水与地下水相互转化的观测与机制研究"，在黑河流域下游盆地与巴丹吉林沙漠的交界带进行了 3 个断面的音频大地电磁探测，其中一个断面位于古日乃湖的东侧。根据该项目成果报告中所述的物探解译剖面，巴丹吉林沙漠与黑河流域下游盆地之间可能存在一条 NE 向断裂，以巴丹吉林沙漠一侧为下降盘，断裂两侧均发育厚度 100～200m 的第四系松散沉积物，其下部均为古近系—新近系泥质砂岩。这个结果表明，尽管存在特罗西滩低隆起和浅部断裂的影响，巴丹吉林沙漠与黑河流域下游盆地的浅表地层（第四系、古近系—新近系）是相同的，而且至少第四系地层是连续沉积的。这保证了巴丹吉林沙漠地下水与西部地区的地下水具有连通性。第 8 章会对此做进一步阐述。

3.3.2 巴丹吉林沙漠水化学特征

在巴丹吉林沙漠的东南部，湖水的 TDS 普遍超过 35g/L，地下水的 TDS 普遍低于 1g/L，这是早在 20 世纪 60 年代进行阿拉善地质普查①时就得到的认识。半个多世纪以来，研究者已经在巴丹吉林沙漠及其周边地区采集了大量的湖水和地下水样品，获取了更加丰富的水化学分析数据。王涛（1990）对早期测试到的地下水化学成分进行了归纳分类，发现地下水的水化学类型在阴离子上主要表现为 $Cl\text{-}SO_4\text{-}HCO_3$ 型，只有少数为 $HCO_3\text{-}Cl$ 型，而且不

---

① 孙德钦、田荣和、李忠学、等.1961. 内蒙古高原西部综合地质–水文地质普查报告书（1：50 万）.

存在显著的空间变化，与一般的山前盆地的浅层地下水化学类型及其分带特征有差异。在常见的山前冲洪积平原地区，浅层地下水的水化学类型与 TDS 具有匹配性，即低矿化的地下水以 HCO_3^- 为主要阴离子，高矿化的地下水以 Cl^- 为主要阴离子。根据这种差异，王涛（1990）推测认为沙漠浅层地下水主要来自湖盆附近的沙山，与雅布赖山关系不大。Hofmann（1996）对比了若干湖水和泉水的水化学成分，发现湖水和泉水的主要阳离子是 Na^+，主要阴离子是 Cl^-，但泉水的硝酸盐似乎比湖水更多一些。杨小平（2002）以及 Yang 和 Williams（2003）对巴丹吉林沙漠 9 个湖泊和周边井水进行了水化学分析，发现井水的 pH 多在 8.5 以下，而湖水的 pH 普遍超过 9.0，最高超过 10.5，且包括微量元素在内的水化学成分与 TDS 存在相关性。马妮娜和杨小平（2008）给出了更多湖泊和地下水的水样数据，指出盐湖的水化学类型主要为 $Cl-(SO_4)-Na$ 型，而地下水的水化学类型主要为 $Cl-(SO_4)-(HCO_3)-Na-(Ca)-(Mg)$ 型，与 Hofmann（1996）的分析结果基本一致。他们还发现巴丹西湖的水化学成分存在年际上的变化。此后，越来越多的巴丹吉林沙漠水化学数据被研究者披露（Gates et al.，2008a；Ma and Yang，2008；陆莹等，2010；邵天杰等，2011；陈立等，2012；王旭升等，2014；Gong et al.，2016），水样主要分布在沙漠南部，在水化学类型的一般特征方面，取得的结果与前人相似。

根据现有的水化学数据，巴丹吉林沙漠南部水化学特征可汇总为表 3-5 和图 3-20。在巴丹吉林沙漠的边缘地带乃至周边山区，浅层地下水的水化学特征与沙漠腹地有所不同。例如，图 3-10 中钻孔 K1 和 K2 靠近巴丹吉林沙漠的东部边缘，其地下水的 TDS 均超过 20g/L，pH 也在 9.0 以上，水化学类型向 $Cl-Na$ 型转变，有可能是地下水局部滞留、长期受到蒸发作用的结果。山区基岩裂隙水的 TDS 一般为 $1.0\sim2.0g/L$，水化学类型以 $Cl-SO_4-Na-Ca$ 为主，其中的硫酸盐可能来自变质岩中含有的硫化物或者来自于白垩系砂岩中的石膏质夹层。

表 3-5　巴丹吉林沙漠南部地下水和湖水的水化学特征对比

水化学指标	地下水	盐湖	微咸水—咸水湖
pH	$7.2\sim8.4$	$9.5\sim11.0$	$7.2\sim11.0$
TDS/(g/L)	$0.4\sim1.3$	$35.0\sim483.0$	$1.0\sim35.0$
$[Na^+]/(g/L)$	$0.1\sim0.4$	$37.0\sim220.0$	$0.3\sim9.0$
$[K^+]/(g/L)$	<0.05	<19.2	<0.6
$[Ca^{2+}]+[Mg^{2+}]/(g/L)$	<0.2	$0.1\sim4.0$	<0.9
$[CO_3^-]/(g/L)$	<0.03	$0.5\sim102.2$	$0.5\sim32.8$
$[HCO_3^{2-}]/(g/L)$	<0.5	$0.4\sim29.8$	$0.1\sim33.4$
$[SO_4^{2-}]/(g/L)$	<0.6	$3.7\sim83.2$	$0.2\sim17.2$
$[Cl^-]/(g/L)$	<0.6	$10.5\sim246.6$	$0.3\sim50.7$

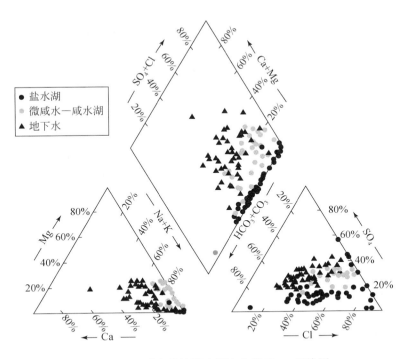

图 3-20　巴丹吉林沙漠南部水化学 Piper 三线图

第 4 章 | 区域尺度含水介质特征

4.1 含水层的类型和特点

如第 3 章所述，水文地质学中把地下含水介质分为孔隙含水层、裂隙含水层与岩溶含水层三种基本类型。一个区域的地层和其他地质体都属于哪些类型的含水层？这需要根据地层的岩性特征、空隙结构特征以及地下水的赋存状态来加以确定。通常，作为松散沉积物的第四系地层属于孔隙含水层。对于沉积岩，碳酸盐岩主要属于岩溶含水层，而碎屑岩属于裂隙含水层或混合类型含水层。花岗岩裂隙岩体属于裂隙含水层。根据第 2 章对地质条件的阐述，巴丹吉林沙漠广泛覆盖第四系，因此孔隙含水层是区域尺度最常见的含水层。巴丹吉林沙漠下部及其边缘地带含有新近系和白垩系的砂岩，它们的孔隙和裂隙都较为发育，属于孔隙含水层与裂隙含水层的混合体，即孔隙–裂隙含水层。区内分布的其他地层以及岩浆岩基本属于裂隙含水层。古生界的二叠系（P）地层中含有一些灰岩（表 2-2），可以形成岩溶含水层，但该地层出露于山区局部范围，且在如此干旱气候下岩溶作用很弱，因此，作为岩溶含水层加以研究的意义不大。在巴丹吉林沙漠腹地，二叠系地层埋藏于盆地深处，对地下水循环基本上没有影响。因此，本书不再述及可能存在的区域岩溶含水层。另外，山区局部出露的一些火山岩可能具有孔隙含水层的属性，但对巴丹吉林沙漠的影响微弱，本书暂不考虑。

4.1.1 第四系孔隙含水层

区内第四系孔隙含水层在平面上、垂向上都具有一定的空间变化。巴丹吉林沙漠的浅表第四系属于全新统风积砂（Q_4^{eol}），而且主要是细砂，厚度普遍达到 100~400m。湖盆或洼地的底部往往出露一些钙质胶结的细砂，钻孔 WEDP02（图 3-10）在深度 200m 以内也探查到钙质结核出现在粗砂、细砂互层结构中（郭峰等，2014），推测属于上更新统（Q_3）的风积–湖积物。在靠近山体的沙漠边缘，如图 3-11 所示的 K2 钻孔位置，风积砂很薄或几乎没有，浅表的第四系变为以含砾粗砂为主，应属于中–下更新统（Q_{1-2}）的冲洪积物。这与沙漠腹地深部的砂砾石沉积物是类似的。因此，在区域尺度上，巴丹吉林沙漠的孔隙含水层具有上细下粗和中心细、边缘粗的结构变化特点。

从图 3-11 也可以看出，巴丹吉林沙漠孔隙含水层的厚度变化也是显著的。总体表现为沙漠腹地厚、沙漠边缘薄，形成孔隙含水层盆地的形态。该含水层的三维形态取决于两个空间曲面，位于上部的曲面是多年平均状态潜水面（浅层地下水位），位于下部的是第四系的底面。关于上部曲面，图 3-12 已经提供了宏观的数据。为了量化下部曲面，需要大量关于第四系底部深度（高程）的数据，目前这方面的信息是比较缺乏的。根据石油勘探部门在银额盆地的地球物理探测（卢进才等，2010；李玉宏等，2010；刘建利等，2011；严云奎等，2011）、兰州大学 WEDP02 钻孔（郭峰等，2014）以及中国地质大学（北京）进行的物探、钻探调查成果，综合以往沙漠周边地区水文地质普查钻孔资料，我们初步推测了巴丹吉林沙漠第四系底部的高程分布，如图 4-1 所示。

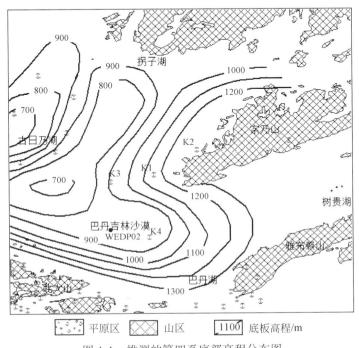

图 4-1　推测的第四系底部高程分布图

　　巴丹吉林沙漠第四系沉积中心可能位于北大山与古日乃湖之间的沙漠腹地，如图 2-9 所示的芨芨海子凹陷（在图 3-19 中称为陶勒特凹陷），第四系底部高程低于 700m。在沙漠的东部和南部，第四系底部逐渐抬高 1200～1300m。在沙漠西边的古日乃湖也存在一个第四系沉积中心，属于次级凹陷。两个沉积中心之间有一个隆起，属于图 3-19 中的特罗西滩隆起带。虽然有隆起，但并未剥蚀掉第四系，孔隙含水层的厚度仍然达到 100～200m。图 4-1 还表明南部巴丹吉林沙漠的中心地带（中诺尔图、西诺尔图），第四系底部十分平缓，高程为 800～900m，而同一区域的潜水面高程为 1120～1170m，从而饱水带的厚度稳定在 300m 上下。在巴丹吉林沙漠的北部，孔隙含水层的厚度一般在 100～300m。这个结果说明巴丹吉林沙漠的第四系在整体上是一个厚度巨大（平均厚度大于 100m）、分布连续（无内部中断）、岩性相对均匀（主要为砂层）的孔隙含水层，有利于形成高度统一、完整的地下水流系统。

　　由于以砂层为主，巴丹吉林沙漠的孔隙含水层具有较强的透水性。含水层的渗透系数需要通过抽水试验或专门的砂样渗透性测试获取。在图 3-15 所示的土壤监测站曾进行单环入渗试验（代建翔，2014），得到浅层风积砂的饱和渗透系数（K_s）为 5.0～50.0m/d，平均值达到 23.6m/d。尽管单环入渗仪测量的是垂向渗透系数，但可以认为风积砂的各向异性很小，水平 K_s 近似与垂向 K_s 相等。在苏木吉林北湖的湖岸地带，也进行了砂壤土（土质为细砂、较致密、有树木根系，可能属于 Q_3 沉积物）的单环入渗试验，得到 K_s = 1.0 ~ 20.0m/d，平均值为 2.4m/d。这个结果对潜水面以下的第四系砂层可能更具有代表性。入渗试验的尺度太小，含水层宏观上的渗透性还必须通过抽水试验加以探查。巴丹吉林沙漠缺少正规的井孔抽水试验。前人曾在湖岸地带进行了简易的民井抽水试验[1]，井深普遍小于 3m，单位涌水量（抽水流量与井水位下降幅度之比）一般为 1.0 ~ 200.0m²/d，推算 K_s = 0.5 ~ 50.0m/d。张竞和王旭升（2014）采用更加准确的地下水动力学公式解译单井涌水量，对雅布赖盐场水文地质钻孔的抽水试验进行了再分析，得到第四系砂层 K_s = 4.8 ~ 7.2m/d。

古日乃湖平原进行过 7 个第四系水文地质钻孔的分层抽水试验[2]，孔深达到 120 ~ 350m，试段厚度 30 ~ 70m，得到 K_s = 4.6 ~ 12.7m/d。古日乃湖地区的第四系具有砂土和黏性土互层的结构，抽水试验在砂层进行，得到的渗透系数代表砂层的情况。另外，上述抽水试验只能得到砂层的水平渗透系数，在细粒和粗粒沉积物互层的情况下，含水层的垂向渗透系数将显著低于水平渗透系数。

4.1.2　新近系与白垩系孔隙-裂隙含水层

在巴丹吉林沙漠的第四系含水层之下，是新近系（N）和白垩系（K）碎屑岩地层，这些地层也出露在沙漠的周边地区，具有重要的水文地质意义。

对于中国西北地区广泛存在的古近系—新近系砂岩、泥质粉砂岩和泥岩，水文地质行业往往将其视为弱透水层，认为没有供水意义。其实，古近系—新近系砂岩和砾岩都属于强透水的含水层，只要有补给条件和足够的厚度，也具有供水意义。银额盆地已经在多处发现新近系砂岩赋存地下淡水，具有承压性甚至可以自流[3]。因此，本书将新近系地层作为巴丹吉林沙漠的主要含水层之一。本区的新近系地层往往含有厚度 50 ~ 80m 的砂砾岩或粗砂岩，孔隙率大，固结程度低，局部发育裂隙，透水性很强，地下水的赋存和流动主要发生在砂岩孔隙中，属于孔隙-裂隙含水层。砂岩层往往被粉砂岩、砂岩泥岩或泥岩隔开，形成承压含水层。这种互层结构的整体效果，导致新近系含水层的垂向渗透系数远小于水平渗透系数。

白垩系在本区是以砂岩为主的地层，包括白垩系下统的巴音戈壁组（K_1b）、苏红图组（K_1s）和银根组（K_1y）以及白垩系上统的乌兰苏海组（K_2w）。从沉积凹陷进行的深部钻探结果 [图 3-19（a）] 来看，在巴丹吉林沙漠这样的盆地下部可能主要分布有 K_1b 和 K_1s

---

① 来源于《区域水文地质普查报告（1∶20 万）—雅布赖盐场幅》（1981）。
② 来源于《区域水文地质普查报告（1∶50 万）—务陶亥、特罗西滩幅》（1982）。
③ 来源于《内蒙古高原西部综合地质-水文地质普查报告书（1∶50 万）》（1961）、《甘肃北山—内蒙阿拉善地区水文地质编图报告（1∶50 万）》（1983）。

的砂岩。其岩性以砂岩、砾岩为主，夹泥质粉砂岩和泥岩，总体结构疏松、孔隙率大，受构造运动影响有一定的形变，并发育多组裂隙。裂隙可以构成良好的水流通道，而孔隙则可以构成有效的储水空间，因此，白垩系砂岩属于裂隙–孔隙含水层。受砂岩、泥岩互层结构和裂隙网络各向异性的影响，白垩系砂岩含水层的垂向渗透系数也远小于水平渗透系数。

在巴丹吉林沙漠，新近系和白垩系地层的厚度变化很大，而且地质年代越老的地层在空间分布上的不均匀性越强。综合已有的各种地质、地球物理和勘探资料，我们初步推测了巴丹吉林沙漠及其周边地区新近系地层的厚度，绘制的等厚度线如图 4-2 所示。新近系发育一个沉积中心，在巴丹吉林沙漠的岌岌海子，沉积厚度在 450m 以内。岌岌海子盆地被认为是新生代构造运动的产物（卫平生等，2006；张进等，2007）。巴丹吉林沙漠东部的新近系含水层厚度为 10～300m，到山前地带基本上消失。巴丹吉林沙漠北部新近系含水层的厚度相对稳定，一般达到 200～400m，也构成拐子湖地区的重要含水层。对于白垩系地层，油气勘探部门已经推测了其在各个构造单元的厚度（卢进才等，2010），如图 4-3 所示。显然，在各个沉积凹陷的中心地带，白垩系厚度均达到 3000m 以上。即使在一些隐伏隆起带，白垩系的厚度也可以达到 500m 以上。由此可见，白垩系裂隙–孔隙含水层的平均厚度远远超过了第四系孔隙含水层与新近系孔隙–裂隙含水层的平均厚度，可能会对地下水的深循环产生重大影响。

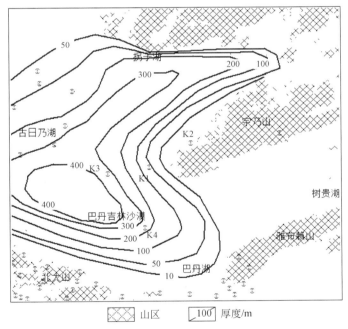

图 4-2　推测的新近系地层厚度分布图

碎屑岩含水层的渗透性一般低于第四系砂层。根据以往在雅布赖盐场盆地对砂岩承压含水层进行的抽水试验[①]，砂岩的渗透系数既可能低于 0.001m/d，又可能高于 10m/d

---

① 来源于《区域水文地质普查报告（1∶20 万）—雅布赖盐场幅》（1981）。

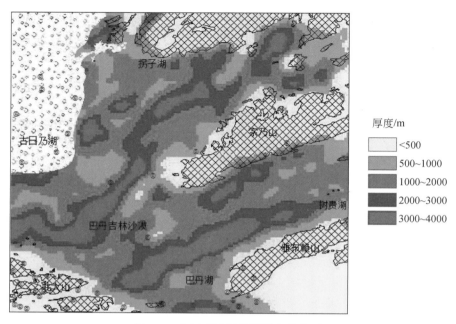

图 4-3　白垩系地层推测厚度分布图

引自卢进才等（2010），有修改

（表 4-1），存在极大不确定性。前人对抽水试验的解释使用了影响半径模型，由此反求的渗透系数不够准确。张竞和王旭升（2014）采用更加合理的单位涌水量解译公式重新分析了表 4-1 中 Y9 孔抽水试验，给出的渗透系数为 $1.1 \sim 1.7 \mathrm{m/d}$。在北大山及其南部地区的水文地质勘探过程中，李虎平等[1]进行了白垩系地层的抽水试验，得到单位涌水量为 $0.5 \sim 100.0 \mathrm{m^2/d}$，推算砂岩 $K_s = 0.01 \sim 6.0 \mathrm{m/d}$。巴丹吉林沙漠的抽水试验资料本就稀少，更没有在新近系或白垩系砂岩进行过正规的抽水试验，因此，难以对其渗透性进行定量评价。考虑到 K1 钻孔在 28m 深度以下揭露白垩系砂岩（图 3-11）并且在底部 6m 长度段配置了滤管，我们在 K1 钻孔进行了简易抽水试验。钻孔内初始水位深度为 1.23m，利用微型潜水泵以 $5.7 \mathrm{m^3/d}$ 流量持续抽水 55min 后，钻孔内水位下降为 15.04m，单位涌水量达到 $0.41 \mathrm{m^2/d}$，推算 K1 钻孔砂岩 $K_s = 0.07 \mathrm{m/d}$。根据这些信息，研究区砂岩含水层比较可靠的渗透系数取值区间可能为 $0.01 \sim 2.0 \mathrm{m/d}$。

表 4-1　砂岩承压含水层井孔抽水试验数据

孔号	孔深/m	水位埋深/m	试段厚度/m	单位涌水量/（$\mathrm{m^2/d}$）	渗透系数/（m/d）
Y5	159.41	4.65	36.35	0.17	0.005
Y8	98.38	自流	36.38	5.25	0.17

[1]　来源于《河西走廊地下水勘查内蒙古自治区阿拉善右旗地下水勘查报告》（2001）。

续表

孔号	孔深/m	水位埋深/m	试段厚度/m	单位涌水量/（m²/d）	渗透系数/（m/d）
Y9	150.21	35.17	125.00	98.49	11.41
Y10	100.63	23.88	22.12	0.001	0.0006

　　碎屑岩含水层的透水性主要随着碎屑粒径变化，颗粒越粗，渗透性越强。另外，随着埋深的增加，砂岩含水层的渗透性有减小的趋势（万力等，2010），因此，新近系砂岩的透水性可能比白垩系强一些。断裂破碎带的砂岩所发育的裂隙往往更为密集、裂隙的张开度更大，因此，渗透系数可能会显著增加。碎屑岩中的粉砂岩、泥岩等渗透系数一般低于0.01m/d。受此影响，砂砾岩、泥质粉砂岩与泥岩的互层结构会产生宏观上的各向异性，导致垂向上的渗透系数只有水平渗透系数的1/1000~1/10。常规的井孔抽水试验只能得到含水层的水平渗透系数。

4.1.3　基岩裂隙含水层

　　在巴丹吉林沙漠附近的山区大面积出露基岩，主要是花岗岩，也包括不同地质时代的沉积岩和变质岩，以裂隙网络为主要的导水通道和储水空间，属于裂隙含水层。

　　雅布赖山的地形起伏大，山体陡峭，表层花岗岩风化强烈，发育比较密集的节理裂隙，导水能力强。野外调查表明，花岗岩体主要存在3组区域性节理，走向分别为NE、NW、近SN向，节理密度一般0.5~1.0条/m。这些节理中NW组（走向约310°）延伸较远，发育平直，闭合性较好；NE组（走向约60°）略具张性，常呈锯齿状，裂隙宽度1~3cm，裂隙率4%~8%，是导水性较好的裂隙。雅布赖山风化裂隙与构造节理的交叠部位往往发育泉沟。在雅布赖山对深度100m以内的花岗岩体进行的钻孔抽水试验结果表明，该裂隙含水层的渗透系数为0.006~0.04m/d。

　　宗乃山花岗岩体表现为低山丘陵地貌，风化裂隙比较发育，构造节理主要有NW向和NE向两组，其中NW向节理密集、张开度0.5~1.0cm、充填率低，是表层地下水的良好通道，NE向节理相对闭合但发育稳定。宗乃山广泛发育碎块状风化壳，但厚度一般小于10m，在断裂带附近厚度可达20~30m。根据沙拉套尔汗幅水文地质普查报告[①]，浅表风化裂隙带的渗透系数可达5~10m/d。宗乃山地区还发育较多的小型断裂带，延伸长度10~30km，填充构造角砾岩，岩体破碎，表层渗透系数可达10m/d以上。受构造运动影响较弱的地区，花岗岩中的节理只是零星发育，渗透系数总体很小，浅部岩体一般为0.001~0.01m/d，深部岩体的渗透系数普遍低于0.001m/d。

　　北大山也以花岗岩形成的丘陵地貌为主，除了花岗岩之外，还零星出露闪长岩。山体内发育的构造节理以NWW向和近SN向为优势方向，还有少量近似东西向、延展性较强

---

　　① 来源于《区域水文地质普查报告（1∶20万）—沙拉套尔汉幅》（1979）。

的断裂。在北大山西部，如著名的海森楚鲁风景区，浅表花岗岩的球形风化和蜂窝状风化十分强烈，形成各种奇形怪状的岩体，沿着优势节理方向则发育一些沟谷，局部地带有泉水顺着裂隙涌出成为溪流。浅部岩体的渗透系数为 0.01 ~ 1.7m/d，在断裂附近则可以达到 1.0 ~ 3.0m/d。

4.2　水文地质单元划分

划分水文地质单元是研究区域尺度水文地质条件的传统方法，即考虑地下水储存和流动的独立性、系统性把一个大面积区域划分为若干单元进行调查研究。水文地质单元具有独立的或半独立的含水层、相对隔水层、补给区和排泄区（沈照理等，1985）。一个大型的水文地质单元可能包含若干次级的水文地质单元。在强调含水层的特性和地质联系方面，水文地质单元与含水层系统的概念是相通的。

4.2.1　划分依据和方法

水文地质单元的划分需要综合考虑地形地貌、地质构造和地下水循环条件，使水文地质单元的边界具有明确的水文地质意义，而不能直接把国界、行政区域界线作为边界。在区域尺度上划分出的水文地质单元应该具备以下一些特征。

1）具有相对统一的地形地貌特征。宏观地形地貌不仅对地表水文过程有决定性的影响，对地下水循环也具有极大的影响。跨度较大的地貌单元边界可以作为水文地质单元的候选边界。

2）具有相对统一的地质构造特征。沉积盆地、向斜、背斜、断裂带、侵入体等地质构造对含水层的形成类型和空间展布具有控制作用，因此地质构造单元的边界可以作为水文地质单元的候选边界。例如，"蓄水构造"就是一种比较明确的水文地质单元（沈照理等，1985）。

3）具有相对统一的含水层类型和空间组合特征。水文地质单元应尽可能以相对隔水的地层作为边界，或者以透水性差异很大的不同含水层界面作为边界。而且，这种含水层边界应在区域尺度上有足够的连续性，而非以透镜体、岩脉等方式存在。在一个水文地质单元内部，含水层的类型具有单一性或某种类型占支配地位。当各种类型含水层的重要性不相上下时，划分水文地质单元应尽可能考虑这些含水层的空间组合，即在垂向上分层有序、平面上展布格局基本一致。

4）具有明确的地下水补给区和排泄区。水文地质单元应具有足够大的地理范围和三维空间形态，使我们能够明确定位哪些地带属于地下水补给区、哪些地带属于地下水排泄区。例如，不能把一个仅仅排泄地下水的湿地或河流作为水文地质单元。

依据以上 4 个要求，我们对巴丹吉林沙漠及其周边地区的水文地质单元进行初步的划分。首先考虑地形地貌特征，确定山区、平原和沙漠等地貌类型及其边界。其次，考虑银额盆地的构造边界及其隆起带、沉积凹陷的发育特征（图 2-9），将其与地貌类型边界进

行组合。本区含水层的类型包括孔隙含水层（第四系）、孔隙-裂隙含水层（新近系与白
垩系砂岩）和基岩裂隙含水层（以花岗岩为主），它们的界线与地层界线基本上是一致
的。因此，可以参考区域尺度的地质图，按照含水层的类型重新进行编图，确定出主要含
水层系统的边界。最终，分析组合上述多种边界，划分出 6 个水文地质单元（编号为
U1～U6），其平面分布格局如图 4-4 所示。这些水文地质单元分为 3 种类型：沙漠多层孔
隙-裂隙水文地质单元（U1）、山间盆地砂岩裂隙-孔隙水文地质单元（U2、U3）和山区
基岩裂隙水文地质单元（U4、U5、U6）。

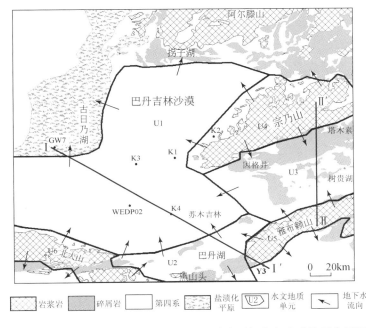

图 4-4 巴丹吉林沙漠及周边地区的地质略图与水文地质单元分区图

4.2.2 山区基岩裂隙水文地质单元

山区基岩裂隙水文地质单元分布在宗乃山、雅布赖山和北大山（图 4-4）。

宗乃山基岩裂隙水文地质单元（U4）总面积超过 $6000km^2$，包括宗乃山的花岗岩山
区、宗乃山西侧—北侧隐伏的花岗岩分布区，还包括宗乃山周边部分隐伏的前中生代变质
岩和沉积岩。地下水主要赋存于基岩裂隙中，但也存在条带状分布的少量第四系覆盖层潜
水。在区域尺度上，大气降水入渗补给是 U4 内地下水的唯一补给来源。多年平均降水量
为 85～115mm，受高程效应影响，海拔越高，降水量越大。在基岩出露区，断裂、节理和
风化裂隙造成的岩体破碎状态有利于降水渗入裂隙体系中，但是由于裂隙网络本身空隙率
并不大，岩体尺度的降水入渗系数并不大，一般仅为 0.01～0.05，个别断裂带可以接近或
达到 0.1。不过，低山丘陵地貌也形成了大量沟谷、洼地，覆盖薄层坡积物和洪积物，夏

季强降水形成的坡面流和暂时性洪水汇入低洼地带，可以缓慢地向基岩裂隙岩体渗透。因此，在宏观上降水入渗系数可以达到0.10～0.15。由于基岩的风化裂隙带并不很厚，降水入渗过程短，使地下水位的升降过程与降水的季节性变化过程普遍一致，即雨季水位上升，在7～8月达到峰值，冬季水位最低。地下水位年变幅一般在2m以内。由于基岩裂隙系统的渗透系数较小，地下水的径流相对缓慢，地下水位容易受到局部地形起伏的影响。在这种情况下，地下水总体上是从地势高处流向地势低处，即从山体流向沟谷、从沟谷流向宗乃山的周边山前地带。地下水的埋深变化很大，沟谷地下水埋深可以不到3m，而山体地下水埋深为10～100m。宗乃山地下水总体上向周边山前低地排泄。在宗乃山内部，地下水也通过零星排泄成泉水，由于并不存在常年河流，这些泉水最终以蒸发方式消耗地下水。在一些宽缓的低洼地带，地下水埋藏浅，可以产生潜水蒸发排泄。根据气象资料，这一带的小型蒸发皿蒸发能力为3000～3500mm/a，实际水面蒸发强度在1000mm以上，远远超过降水入渗能力。因此，少量的地下水浅埋地带就可以造成大量的潜水蒸发损失，其浓缩作用导致地下水TDS升高和有害离子富集。浅层地下水的TDS普遍大于1g/L，而且地势越低TDS越大，水化学类型从Cl-(HCO_3)-Na型向Cl-(SO_4)-Na型和Cl-Na型过渡，F^-含量从低于1mg/L（饮用水标准上限）变为超标。在封闭性较好的低洼地带，TDS能够达到10g/L以上，且F^-含量超过2mg/L[①]。花岗岩、闪长岩和变质岩中存在含氟矿物，伴随降水入渗的溶滤作用使F^-进入地下水，在有强烈蒸发作用的地带富集。在宗乃山西部的沙漠边缘地区，第四系孔隙含水层中的浅层地下水TDS和F^-含量也很高，是受到了山区基岩裂隙水的影响。

雅布赖山基岩裂隙水文地质单元（U5）的面积超过2500km^2，走向NE，含有花岗岩、变质岩和局部出露的沉积岩，南、北侧边缘部分被薄层第四系覆盖。山体北侧的地下水流向北部U3，而南部地下水向南流到盐场盆地。地下水主要赋存于构造节理形成的裂隙网络，也存在沟谷第四系潜水。雅布赖山的沟谷和西侧斜坡往往被风积砂和洪积物覆盖，有利于降水入渗，多年平均降水量大于100mm，具有高程效应，最大值可以达到130mm，小型蒸发皿蒸发能力为3000～3500mm/a。山体花岗岩受到多期构造运动的强烈影响，破碎程度大，切割作用强烈，沟谷和山地高差多在200m以上。岩体内走向NE和NW的节理近似垂直发育，有利于水分重力下渗，走向近SN的节理近似水平发育，有利于水分通过水平运动汇集到沟谷。另外，山区微气候特征（风力减弱、夏季气温偏低）则不利于蒸发作用，从而总体上增加了地下水的补给。一般而言，裸露基岩的入渗系数为0.03～0.05，而沟谷地区的入渗系数可以达到0.15～0.30。沟谷地带往往发育泉水。以往的水文地质普查报告[②]根据泉水和沟谷断面法推测雅布赖山区的综合入渗系数为0.03～0.08，这一结果可能偏小。雅布赖山地下水不仅向沟谷排泄，还通过侧向径流向山前倾斜平原排泄，这一

---

① 来源于《区域水文地质普查报告（1：20万）—拐子湖南幅》（1995）、《区域水文地质普查报告（1：20万）—因格井幅》（1995）。

② 来源于《区域水文地质普查报告（1：20万）—雅布赖盐场幅》（1981）、《甘肃北山—内蒙阿拉善地区水文地质编图报告（1：50万）》（1983）。

部分水量没有在推算入渗系数时考虑。本书认为雅布赖山区的降水入渗系数可以达到 0.10 ~ 0.20。山区浅层地下水的 TDS 为 0.5 ~ 4.5g/L，地下水化学类型以 Cl-（SO₄）-Na-（Ca）为主，局部为 SO₄-（Cl）-Na-（Ca），普遍存在 F⁻ 超标现象。在延伸较长的沟谷中，上游地下水的水质较好，下游变差。

北大山基岩裂隙水文地质单元（U6）的面积超过 3000km²，主要出露花岗岩、闪长岩、变质岩等裂隙岩体，在巴丹吉林断裂可能穿越的东西向条带内，还存在一个白垩系小盆地。其南侧与潮水盆地相接触。北大山北缘与山前基底断裂之间的隐伏花岗岩分布区，也属于 U6。山区部分地表被第四系覆盖，但地下水主要赋存在基岩裂隙中。北大山地区的多年平均降水量为 80 ~ 120mm，降水量自南向北递减，多年平均小型蒸发皿蒸发量为 3500 ~ 4000mm。区内地貌以低山丘陵为主，分布少量中低山，切割深度一般 100 ~ 250m，发育 U 字形沟谷，沟谷和洼地覆盖薄层松散堆积物。岩体发育 NE 向和 NW 向构造节理和风化裂隙，可以形成降水入渗通道，推测入渗系数可达 0.10 ~ 0.15。北部基岩裂隙水向沟谷洼地排泄形成第四系潜水，并最终以地下径流方式排泄到北部沙漠。南部基岩裂隙水则向南排泄进入潮水盆地。与宗乃山和雅布赖山的情况类似，北大山浅层地下水也普遍存在 F⁻ 超标现象。

4.2.3 山间盆地砂岩裂隙–孔隙水文地质单元

山间盆地砂岩裂隙–孔隙水文地质单元有两个（图4-4）：第 1 个位于巴丹吉林沙漠的南部，在北大山与雅布赖山之间，称为巴丹湖区砂岩裂隙–孔隙水文地质单元（U2）；第 2 个位于巴丹吉林沙漠东部，在宗乃山与雅布赖山之间，称为树贵湖区砂岩裂隙–孔隙水文地质单元（U3）。

巴丹湖区砂岩裂隙–孔隙水文地质单元（U2）总面积超过 2800km²，北部基本上以巴丹吉林断裂为界，南侧与雅布赖盐场盆地接触，属于北大山与雅布赖山之间的半开放式山间盆地，具有沙漠和丘陵地貌。区内白垩系砂岩广泛出露，如沙漠中的尹克力敖包。南侧出露小面积的侏罗系砂岩，沙漠与基岩的交界部位还出露小面积的新近系砂岩。在 U2 北部，地表覆盖大量风积砂，形成高度 50 ~ 200m 的沙丘，但风积砂大部分属于包气带，地下水主要赋存在砂岩裂隙–孔隙介质中。本单元内的多年平均降水量为 70 ~ 90mm，降水量自南向北递减，多年平均小型蒸发皿蒸发量为 3500 ~ 4000mm。南部红柳沟以西的基岩出露区呈波状准平原地貌，发育风化壳，厚度分布很不均匀，由于砂岩中泥质成分较多，降水入渗容易形成上层滞水。局部洼地的地下水埋深 1 ~ 3m，大部分被蒸发耗损。北部沙漠地带包气带厚，降水入渗过程缓慢。推测本区降水入渗系数可以达到 0.05 ~ 0.10，地下水位存在比较平缓的季节性变化，存在滞后性。在地势控制下，地下水总体上向北部沙漠径流，南部有一部分地下水向南径流，中部存在一条地下水的分水岭。含砾砂岩是良好的水平导水通道，此外白垩系和新近系的不整合面发育古风化壳，可以形成地下水侧向径流的优势通道。不过，区内地下水总体流动滞缓。北部沙漠第四系砂层发育薄层潜水，也会受到局部白垩系砂岩隆起的阻隔而滞留。本单元内存在一些地下水的浅埋区，受到强烈的潜水蒸发排泄影响。在尹克力敖包的东南部发育 20 个左右的小型湖泊（图 2-7 中的 G1 湖泊群），是地下水在向北径流时，被沙丘间洼地切割形成的，其中有不少属于微咸水湖。湖泊的强烈蒸发形成了本单元地下水的一个局部排泄区，但仍有一部分地下水一直向北流入巴丹吉林沙漠腹地。地下水的水化学特征存在一定的空间分布规律[①]：在黑山头附近地下水的 TDS 可达 3 ~ 5g/L，水化学类型为 Cl-（SO$_4$）-Na-（Ca），F$^-$ 含量为 0.6 ~ 2.0mg/L；在巴丹湖一带，地下水的 TDS 为 0.5 ~ 1.2g/L，水化学类型以 CO$_3$-（Cl）-Na-（Ca）为主，F$^-$含量为 1.5 ~ 3.2mg/L；在东部雅布赖山的山前地带，地下水的 TDS 为 0.3 ~ 1.5g/L，水化学类型为沙漠区 HCO$_3$-（Cl）-Na-（Ca）或丘陵区 Cl-（SO$_4$）-Na，F$^-$含量为 0.5 ~ 1.4mg/L，沙漠区的水质较好。

　　树贵湖区砂岩裂隙-孔隙水文地质单元（U3）总面积超过 7000km^2，包括宗乃山以南、雅布赖山以北的山前倾斜平原、丘陵和因格井、树贵苏木、树贵湖等地，属于山间盆地，局部被风积砂覆盖。地下水主要赋存在白垩系砂岩裂隙-孔隙含水层中，局部地下水存在于二叠系砂岩裂隙和第四系风积砂孔隙含水层。本区古近系—新近系砂岩普遍缺失，因此不发育新近系砂岩孔隙-裂隙含水层。裂隙的发育受到构造运动的影响。本单元内的多年平均降水量为 70 ~ 90mm，降水量自西向东递增，多年平均小型蒸发皿蒸发量为 3500 ~ 4000mm。区内总体地势平缓，有少量低山和丘陵，西南部发育一些沙丘和湖泊。表层砂岩疏松、局部覆盖第四系风积砂，有利于降水入渗，推测综合入渗系数可以达到 0.10 ~ 0.20。除了降水入渗之外，本区地下水还可以接受来自雅布赖山和宗乃山地区地下水的侧向径流补给。白垩系砂岩与山区花岗岩往往具有直接的接触关系（图 4-5），因而基岩裂隙水能够直接渗入砂岩层中，形成所谓的微承压水（白垩系砂岩含有泥质夹层）。在本单元内，地下水存在两种流向，一种是从山前到盆地的低洼地带的南北向流动，一种是自东向西的流动，均受到地势的控制。在地下水径流过程中，局部出露湖泊、泉水或发育湿地。树贵湖等湖泊属于雅布赖山以北斜坡负地形切割地下水面形成的地表，在强烈的蒸发作用下成为地下水的局部排泄区。盆地中心地带的狭长洼地具有比较浅的潜水面，是主要

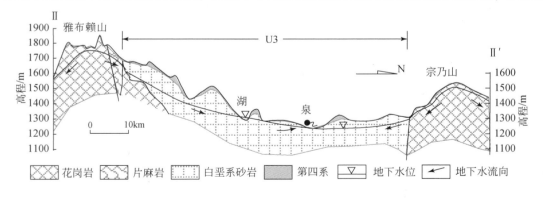

图 4-5　雅布赖山与宗乃山的山间盆地水文地质剖面（Ⅱ-Ⅱ′）略图

---

　　①　来源于《区域水文地质普查报告（1∶20 万）—雅布赖盐场幅》（1981）。

的蒸发排泄区，造成局部的地下水位极低区域。受到蒸发作用的影响，区内地下水夏季低、冬季高，但波动幅度较小。地下水的水化学特征存在较强的空间变异性①：雅布赖山的北侧附近，地下水的 TDS 为 0.8 ~ 1.4g/L，水化学类型为 Cl-(SO$_4$)-Na-(Ca)，F$^-$含量达到 1.7 ~ 3.1mg/L；西部沙漠区地下水的 TDS 为 0.3 ~ 0.7g/L，水化学类型为 HCO$_3$-(Cl)-Na-(Ca)，F$^-$含量低于 1.0mg/L；在宗乃山的南侧因格井一带，地形低洼，地下水的 TDS 高达 3.1 ~ 5.6g/L，水化学类型为 Cl-(SO$_4$)-Na 或 Cl-Na，F$^-$含量超过 2.0mg/L。

4.2.4　沙漠多层孔隙–裂隙水文地质单元

巴丹吉林沙漠多层孔隙–裂隙水文地质单元（U1）面积大于 40 000km^2，包括巴丹吉林断裂北部的湖泊群、往西到古日乃湖平原东侧、往北到拐子湖平原南侧。其南侧、东侧与其他山区或山间盆地水文地质单元相接触。浅层地下水主要赋存在厚度超过 100m 的第四系孔隙含水层中，深层地下水赋存在新近系砂岩孔隙–裂隙含水层和白垩系砂岩裂隙–孔隙含水层中（图 4-6）。第四系沉积物在区域尺度上具有边缘粗、下部粗而中心细、上部细的特点，这会对渗透系数的空间分布产生影响。新近系和白垩系砂岩的渗透性也存在一定的空间变异，靠近山区的砂岩受到断裂和构造运动的影响较大，裂隙较为发育，因此渗透系数会略大一些。沙漠中心地带的砂岩含水层埋藏深，压密程度高，构造变形相对较弱，渗透系数偏低。

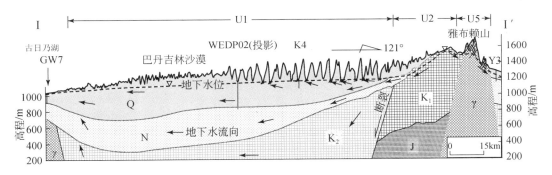

图 4-6　古日乃湖至雅布赖山水文地质剖面（I-I'）略图

Q—第四系；N—新近系；K$_2$—上白垩统；K$_1$—下白垩统；J—侏罗系；γ—花岗岩

U1 内的多年平均降水量为 40 ~ 90mm，降水量自南向北递减，多年平均小型蒸发皿蒸发量为 3500 ~ 4000mm。高大沙丘形成巨大厚度的包气带，对降水入渗起到了缓冲作用。沙丘表面普遍形成一个厚度 30cm 左右的干沙层，既能阻滞降水入渗，又有减少土壤水分蒸发的作用。关于沙漠中降水入渗补给地下水的强度有多大，前人的研究结果存在很大的

---

① 来源于《区域水文地质普查报告（1：20 万）—雅布赖盐场幅》（1981）、《区域水文地质普查报告（1：20 万）—拐子湖南幅、因格井幅》（1995）。

差异（王涛，1990；Hofmann，1996；马金珠等；2007；Yang et al.，2010；Hou et al.，2016），从低于5mm/a到50mm/a都有。我们推测沙漠南部包气带水的下渗强度为11～30mm/a（Hou et al.，2016），即降水入渗系数可以达到0.10～0.30。当然，沙漠地下水也同时接受来自U2、U3、U4、U6的侧向径流补给。湖泊及其附近地下水的浅埋区，由于强烈的蒸发作用而成为沙漠腹地的地下水排泄区，对宏观地下水流场起到了扰动作用，湖泊集中区的地下水位低于1200m（图3-12）。实际上，在许多无湖洼地的地下水埋深也较小，存在大量的潜水蒸发耗水（陈添斐，2014），使无湖洼地也成为地下水的排泄区。沙漠中的地下水也通过侧向径流排泄到拐子湖和古日乃湖地区。

图3-12只是给出了巴丹吉林沙漠宏观的地下水位分布，湖泊群的地下水位扰动状态尚未显示出来，实际上每个湖泊的周边地下水位等值线图会形成更加复杂的弯曲形态。以苏木吉林湖区为例，作者在苏木吉林北湖东岸及其与南湖之间的地带对井孔的地下水位进行了观测，并结合宏观的地下水位分布初步推测了湖区更细微的地下水分布，绘制出如图4-7所示的等水位线图。由图4-7可以看出，北湖与南湖附近的等水位线形成了8字形，这是湖水干扰宏观水位分布的表现。其中，乌兰敖格钦是一个洼地，出露泉水浅坑，证明其周边水位埋深很小，潜水蒸发消耗地下水也造成了水位线的弯曲现象。

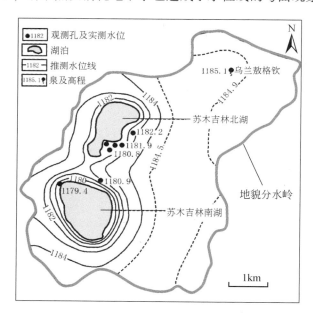

图4-7　苏木吉林湖区推测地下水位分布图

水位高程单位为m

在巴丹吉林沙漠腹地，浅层地下水的水化学特征与其他水文地质单元存在差异，表现为 TDS 低（普遍低于1g/L）、水化学类型以 Cl-(SO_4)-(HCO_3)-Na-(Ca)-(Mg) 为主，F^- 含量变化范围大（0.6～9.8mg/L）。在东部地区地下水中 F^- 含量普遍超过3.0mg/L，而在西部地区（图 2-7 中的 G3、G4 湖泊群）也普遍达到 1.5～2.5mg/L[①]。TDS 普遍偏低说明并没有发生显著的盐分积累现象，但 F⁻ 的富集说明浅层地下水在补给途径上普遍溶解了较多的含氟矿物，其具体形成机理有待进一步研究。

4.3 沙丘包气带特征

在巴丹吉林沙漠的湖泊群地区，潜水面（地下水位）接近于平均湖面高程，远低于湖泊附近高大沙山的地面。如图 4-7 所示的苏木吉林湖区，在沙山地貌分水岭处地面一般比湖面高 200～300m，而潜水面只比湖面高 3～6m。在地面与潜水面之间，属于固体砂粒、液态毛细水和空气的混合带，即包气带。其常见厚度为 50～300m。而且，由于含水率偏低，沙丘包气带孔隙中的流体以空气为主。这是本地包气带的基本特点。包气带会对地下水循环产生两个方面的重要影响：①如果存在降水入渗，水分在包气带下渗的过程中会溶滤一部分风积砂中的矿物，从而影响地下水的水化学成分；②包气带的水动力性质，直接影响降水入渗形成地下水补给的过程。因此，包气带是研究巴丹吉林沙漠地下水循环需要重点考虑的一种含水介质。

4.3.1 沙丘风积砂物质结构

构成沙丘包气带的沉积物主要为全新统（Q_4）风积砂，当然在沙丘深部也可能包含上更新统（Q_3）的风积砂。风积砂由细砂级的石英（占 50% 以上）以及长石（占 10%～20%）、云母和其他岩屑（15%～30%）组成，具有交错层理。风积砂优势粒径范围是 0.1～0.3mm，粒径大于 0.5mm 和小于 0.05mm 的颗粒含量一般在 5% 以下（邵天杰，2012；郭峰等，2014）。风积砂的粒度组成存在空间上的变化：西部和北部颗粒较粗，南部和东部颗粒较细。

在巴丹吉林沙漠的东部山前地带，包气带的沉积物结构特征与沙漠腹地有所不同。例如，雅布赖山西侧的查格勒布鲁剖面（高全洲和董光荣，1995；郭亿华等，2012）厚度为 19.83m，表层为黄土，下部为黄土与风积砂的互层结构，中部还有一层 34cm 厚的粉砂质古土壤，靠近底部的风积砂可追溯到晚更新世。实际上，巴丹吉林沙漠腹地的沙山也发育大量的钙质胶结层，对风积砂的相对均匀状态构成扰动。钙质胶结物的最大 [14]C 年龄超过 3 万年（杨小平，2000）。

风积砂中的粉尘很少（粒径小于 0.05mm），但很重要，因为粉尘中往往含有较多的可溶盐。土壤中易溶盐的溶解态通常表现为阴离子 Cl⁻、SO_4^{2-}、HCO_3^-、CO_3^{2-} 和阳离子 Na⁺、K⁺、Ca²⁺、Mg²⁺。郭志清（1987）对中国主要沙漠表层砂的易溶盐特征进行了分析，发现易溶盐平均含量均低于 1%，但存在自西向东的变化。东部地区包括毛乌素沙地、科尔沁

---

① 来源于《区域水文地质普查报告（1：50 万）—务陶亥、特罗西滩幅》1982。

沙地等，中部地区包括宁夏河东沙地、腾格里沙漠等，西部地区包括准噶尔盆地、河西走廊、柴达木盆地、塔里木盆地和巴丹吉林沙漠等（表4-2）。其中，西部地区的沙丘表层易溶盐平均含量明显高于中部和东部，且阳离子以 Na^+、K^+ 为主，而阴离子则以 SO_4^{2-} 和 Cl^- 为主（表4-2）。西部流动沙丘风积砂的 Cl^- 含量平均值能够达到 1.2~3.7 毫克当量/100g（郭志清，1987），按质量百分比计，则 Cl^- 含量为 0.04%~0.13%。这种表层包气带的盐分特征可能与巴丹吉林沙漠地下水的水化学类型多为 Cl-(SO_4)-Na-(Ca) 有关，湖泊洼地盐碱土对粉尘的贡献强化了这种联系。由于气候干燥，土壤生物活动较弱，沙漠风积砂中的有机质含量很低，但存在一定量的硝酸盐，沙丘土壤水中 NO_3^- 浓度在浅表为 230~2032mg/L，在深度 1m 处则降低到 11~244mg/L（潘燕辉，2014）。风积砂中 NO_3^- 和 Cl^- 都有部分源自大气降水，但在包气带中硝酸盐的转化有生物机制存在。

表4-2 中国沙漠地区沙丘表层 1m 砂层易溶盐含量特征（郭志清，1987）

沙丘类型		流动沙丘			半固定沙丘			固定沙丘		
地区		西部	中部	东部	西部	中部	东部	西部	中部	东部
易溶盐平均含量/%		0.188	0.079	0.026	0.413	0.095	0.032	0.877	0.102	0.034
离子含量比值	$(Na^++K^+)/(Ca^{2+}+Mg^{2+})$	9.10	3.34	0.47	3.95	2.25	0.47	2.35	2.50	0.34
	$HCO_3^-/(Cl^-+SO_4^{2-})$	0.58	0.72	1.50	0.06	1.07	1.46	0.04	0.75	1.75
	HCO_3^-/Cl^-	0.16	8.77	2.59	0.19	9.95	1.80	0.07	3.73	2.27
	HCO_3^-/SO_4^{2-}	0.54	0.79	3.83	0.31	1.23	4.64	0.09	0.98	6.13
	Cl^-/SO_4^{2-}	3.94	0.10	1.50	4.74	0.15	2.14	3.66	0.31	2.93

常见的含氟矿物有萤石、磷灰石、云母、角闪石等。云母属于硅酸盐矿物，主要由 Mg、Fe、K、Al、F 等元素组成，也含有 Li 以及更加微量的 Mn 和 Cr 等。磷灰石属于磷酸盐矿物，含有 Ca、Cl 和 F，以及微量的 Sr 元素。角闪石也属于硅酸盐矿物，既含有 F，也含有 Mn、Cr、Li 等元素。巴丹吉林沙漠周边的岩浆岩中包含较多的黑云母和角闪石，其副矿物中还普遍含有磷灰石。一般情况下，这些矿物比较分散，但含有 F^- 的盐分（粉尘）可以在风力作用下飘浮到空气中，造成雨水中的 F^- 含量偏高，已经检测发现雨水样品中的 F^- 含量能达到 0.4~0.9mg/L[①]。含氟矿物在风积砂中的沉淀可能导致一些微量元素的增加。邵天杰（2012）采集巴丹吉林沙漠的风积砂样品，利用 X-荧光光谱分析法测试各种元素的含量，结果见表4-3：关于常量元素，与库木塔格沙漠和塔克拉玛干沙漠相比，巴丹吉林沙漠风积砂中的 Si 含量明显偏高，而 Al 和 Ca 的含量略偏低；关于微量元素，与库木塔格沙漠相比，巴丹吉林沙漠风积砂中的 Mn、Cr 和 Co 明显偏多，而 Zr、Sr 明显偏少。这种元素分布特征可能与本地风积砂中硅酸盐矿物偏多，而且富集含氟矿物有关。

---

① 来源于《区域水文地质普查报告（1:20 万）—雅布赖盐场幅》（1981）。

表 4-3　巴丹吉林沙漠风积砂的元素含量数据（邵天杰，2012）

常量元素含量/(g/100g)	元素	Al	Ca	Fe	K	Mg	Na	Si
	变化范围	5.2~9.5	1.0~4.4	1.1~4.3	1.3~2.3	0.9~2.8	1.2~2.2	71.2~87.9
	平均值	8.2	2.0	2.2	2.0	1.8	1.7	77.9
相对稳定微量元素含量/(μg/g)	元素	Cr	Mn	Nb	Pb	Rb	Y	Zr
	变化范围	78.2~474.4	85.3~473.5	6.3~11.8	5.3~15.6	32.7~62.3	7.5~19.1	47.6~321.1
	平均值	202.6	236.4	8.2	10.6	53.9	11.5	99.0
相对活泼微量元素含量/(μg/g)	元素	Ba	Co	Cu	Ni	Sr	Th	V
	变化范围	380.6~552.3	30.3~142.8	6.1~17.2	6.9~33.2	28.1~179.9	0.01~7.8	28.3~101.4
	平均值	509.1	55.4	11.7	19.3	138.2	4.3	51.2

4.3.2　包气带水分特征及参数

在巴丹吉林沙漠的包气带，水分能够以三种相态存在，即液态的毛细水、气态的汽（含在空气中）以及固态的冰。其中，冰的形成只发生在冬季冻结期，而且不能自由流动。水汽能够跟随空气一起流动，也可以发生分子扩散，但由于密度相对很小，其质量含量往往远小于毛细水含量，除非包气带特别干燥只剩下空气。因此，毛细水是一般情况下我们到沙漠所能观测到的包气带水分类型。沙漠包气带比较干燥，毛细水通常依靠表面张力以薄膜的形式附着在砂粒表面或以液滴的形式悬挂在砂粒之间的接触点，其运动也十分缓慢。含水量越高，毛细水占据的孔隙空间越大、连续性越强，因而自由流动的能力也越强。这样的物理机制说明包气带水分的存在形式和运动过程都比较复杂。

近十多年来，研究者在巴丹吉林沙漠多个地点开展包气带含水量的取样观测（顾慰祖等，2004；Ma and Edmunds，2006；马金珠等，2011；赵景波等，2011；潘燕辉，2014；Hou et al.，2016），最大取样深度达到 22.5m（Ma and Edmunds，2006）。虽然观测深度远不及包气带的实际最大厚度，但已经大大增加了我们对沙漠包气带水分情况的认识。在土质学（高大钊和袁聚云，2001）中，含水量指土中水的质量与固体颗粒质量之比。土壤水动力学（雷志栋等，1988）中则一般用体积含水率（以下简称含水率）来表示包气带水分含量，即土中水的体积与总体积之比。大部分研究者取样采用烘干法进行测试，得到是含水量而不是含水率。为了进行统一比较分析，在此利用式（4-1）将含水量转换成含水率：

$$\theta = \rho_d w_m / \rho_w \tag{4-1}$$

式中，θ 为含水率（cm^3/cm^3）；w_m 为含水量（g/g）；ρ_d 为包气带沉积物的干密度（g/cm^3）；ρ_w 为水的密度（$\approx 1.0 g/cm^3$）。绝大多数文献并没有给出他们所测土样的干密度。根据已有测定结果（杨震雷，2010；曾亦键，2012；钱静，2013；周燕怡，2015），巴丹吉林沙漠风积砂的干密度是 1.4 ~ 1.7g/cm³，平均值为 $\rho_d \approx 1.63g/cm^3$。以下将用平均值进行换算。

含水率的分布会同时受到地表环境和地下水的影响。第 3 章的图 3-16 给出了一些包气带含水率的原位观测结果。显然，在靠近潜水面时，含水率随着深度的增加而增加，反映地下水在毛细上升作用下对包气带的影响。但毛细水的上升高度是有限的，如 WK4 测点的地下水埋深是 2.8m，毛细上升作用只对深度 1.0m 以下的含水率有显著影响，说明毛细水上升高度不超过 1.8m。一般而言，砂性土的毛细水上升高度小于 3m，因此可以认为比潜水面高 3m 以上的包气带不受地下水的影响。另外，当地下水埋深很大时，只有浅表包气带水受降水入渗和蒸发作用的影响存在显著的季节性变化，而且波动变化的幅度随深度增加而快速衰减（Scanlon et al.，2003；Bakker and Nieber，2009；曾亦键，2012；Hou et al.，2016），一般在深度 3m 以下季节性变化很弱。因此，可以初步认为深度 3m 以下、距地下水面 3m 以上是一个水分相对稳定的包气带区域。我们从前人文献的 1300 多个数据中，专门提取出这一包气带区域的含水量观测值，换算为含水率进行分析，得到 800 个有效含水率数据，其随深度的变化特征如图 4-8（a）所示。总体而言，该区域的含水率为 1% ~ 15%，表现出很强的随机性。随着深度的增加，数据的变化区间似乎有减小趋势，这主要是深度越大土壤样品越少导致的。从直方图来看 [图 4-8（b）]，含水率近似服从对数正态分布，其数值有 80% 的概率落在 1.8% ~ 5.6%，对数均值落在含水率为 3.2% 附近。含水率的这种随机分布，说明尽管沙丘包气带主要由风积砂组成，在孔隙结构和毛细水赋存特征上仍然存在空间变异性。

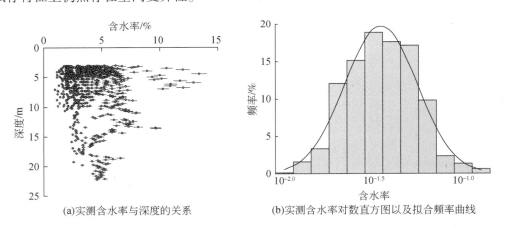

(a)实测含水率与深度的关系　　(b)实测含水率对数直方图以及拟合频率曲线

图 4-8　巴丹吉林沙漠包气带含水率分布特征

（a）中只包含距离地面和潜水面都大于 3m 的数据点，穿过散点的横线为含水率换算±5% 误差线

包气带水的水分势能和渗透系数都受到含水率的影响。毛细水的压强低于大气压，因此成为负压，是衡量水分势能的一个指标，也可以通过张力计（如图 3-15 所示的 pF-Meter）进行观测。在土壤水动力学中，将负压和渗透系数随含水率变化的曲线称为水分特征曲线。土壤水分特征曲线一般用 Van Genuchten 公式（Van Genuchten，1980）描

述，简称 V-G 公式：

$$S_e = \frac{\theta - \theta_r}{\theta_s - \theta_r} = \frac{1}{[1 + (\alpha h_p)^n]^m}, \qquad h_p > 0 \tag{4-2}$$

$$S_e = 1, \quad h_p \leqslant 0 \tag{4-3}$$

$$K_r(S_e) = \frac{K(\theta)}{K_s} = S_e^l [1 - (1 - S_e^{\frac{1}{m}})^m]^2 \tag{4-4}$$

式中，θ_r 和 θ_s 分别为残余与饱和含水率；S_e 为相对饱和度；h_p 为负压（mH_2O）；α 为与土壤进气值有关的参数（m^{-1}）；n 为一个无量纲的参数，而 $m = 1 - (1/n)$；K_r 为相对渗透系数（无量纲）；$K(\theta)$ 为随着含水率而变化的渗透系数（m/d）；K_s 为饱和渗透系数（m/d）；l 为表示孔隙弯曲度的参数。在 V-G 公式中，一般取 $l = 0.5$。因此，水分特征曲线主要由 θ_r、θ_s、α、n 和 K_s 五个参数控制。对于巴丹吉林沙漠的风积砂，已经有学者取样采用压力膜仪或离心机进行土水特征曲线的测试（匡星星，2010；杨振雷，2010；曾亦建，2012；钱静，2013；代建翔，2014；商洁；2014；周燕怡，2015），样本数达到 28 个，拟合试验数据点得到的 V-G 公式参数各有不同，简要统计列于表 4-4 中。由表 4-4 可知，θ_r、α、n 的数值都存在较大的相对变化（变异系数大于 40%），而饱和含水率（孔隙度）比较稳定（变异系数只有 5%）。一些主要样品的测试结果如图 4-9（a）所示。总体上，当负压小于 $10 cmH_2O$ 时，含水率接近饱和状态，而负压为 $0.1 \sim 10.0 mH_2O$ 时，随着负压的增大含水率极剧减小，到 $h_p > 10 mH_2O$ 时含水率接近极小状态。看出离心机测试的含水率剧烈变化带负压更大一些，得到的拟合曲线与压力膜仪的结果也有所不同。不过，利用拟合参数和式（4-4）绘制的相对渗透系数变化曲线［图 4-9（b）］是相似的，即随着含水率的下降，渗透系数以若干数量级的程度减小。巴丹吉林沙漠风积砂的饱和渗透系数已经通过单环入渗试验法进行了原位观测（代建翔，2014），主要在苏木吉林湖区进行，测试样本达到 54 个，也统计在表 4-4 中，与含水率的统计特征类似，饱和渗透系数也表现出随机性，近似服从对数正态分布。

表 4-4 巴丹吉林沙漠土壤水分特征曲线参数样本特征

参数	最大值	最小值	平均值	变异系数
θ_r	0.05	0.00	0.02	47%
θ_s	0.42	0.35	0.38	5%
α / m^{-1}	5.1	0.2	2.6	56%
n	7.0	2.2	4.6	45%
$K_s / (m/d)$	75.0	0.5	24.7	71%

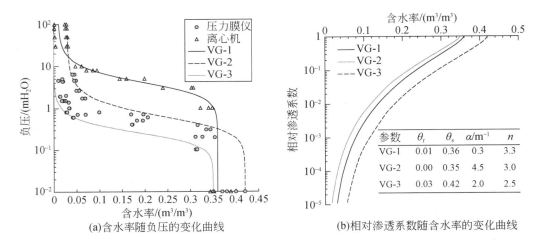

图 4-9　苏木吉林湖区风积砂水分特征曲线

散点为砂样测试结果。VG-1、VG-2 和 VG-3 为典型 V-G 公式曲线

4.4　阿拉善地区断裂带的水文地质意义

一般情况下，地层介质是含水层的主体结构。在基岩山区，断裂带岩体更加破碎，也可以形成裂隙含水层。不过，张开度较小的断裂难以形成区域尺度的含水层，只在局部地段可能具有供水意义。断裂带可以与两侧的含水层建立不同的组合关系。如果周围含水层透水性差，而断裂带充填渗透性强的破碎岩体或砂砾石，则断裂带成为含水层的优势导水通道。如果周围含水层透水性好，而断裂带充填渗透性弱的黏性土或侵入岩脉，则断裂带成为含水层的阻水构造。还有一种情况是断层导致含水层系统错开（上升盘及下降盘），一侧渗透性很强，另一侧渗透性很弱，则断裂在走向上是导水的，而在垂直断裂面的方向是阻水的。这种断裂带的作用在孔隙含水层是很少见的，主要发生在裂隙和岩溶含水层中。巴丹吉林沙漠的水文地质单元 U1 以孔隙或孔隙-裂隙含水层为主，断裂带不会显著影响含水层系统的特征。在白垩系含水层或更深部的基岩含水层中，则可能会发生断裂带的局部导水或阻水作用。在水文地质单元 U2 ~ U6，特别是在山区基岩裂隙水文地质单元，构造断裂的破碎作用对于透水性的增加则比较显著。

正如 1.3 节中所指出的那样，有些研究者提出远距离断裂导水假说来解释巴丹吉林沙漠地下水的来源（陈建生等，2006；丁宏伟和王贵玲；2007；仵彦卿等，2010）。这些假说所提及的断裂已经展示在图 1-4 中。容易看出它们并不是银额盆地的巴丹吉林断裂、恩格尔乌苏断裂等深大断裂（图 2-9），而属于一些猜测的构造断裂，他们还同时猜测这些断裂的导水性很强。对于陈建生等（2006）的假说，日喀则—狼山大断裂（即图 1-4 中的 F2）具有关键作用，它把青藏高原的地下水引到阿拉善高原，猜测输水量高达 $20 \times 10^8 \, \text{m}^3/\text{a}$。实际上，在中国大陆基底构造框架中（袁学诚，1995），日喀则—狼山断裂并非如图 1-4 中所示那样延伸，而是经过花石峡、腾格里沙漠东部、贺兰山再进入狼山。它只是推测的古陆壳（克拉通）块体边界，在浅层构造体系中并没有突出的作用。另外，为了满足如此大的输水量，我们可以推算一下该断裂带所需要的几何形状。根据第 3 章所述的 Darcy 定律，断裂带的宽度 W_f 与过水流量 Q_f 的关系可以表示为

$$W_f = \frac{Q_f}{K_f D_f I_h} = \frac{Q_f}{K_f D_f} \frac{L_f}{(h_1 - h_2)} \tag{4-5}$$

式中，K_f 为断裂带的渗透系数（m/d）；D_f 为断裂带的深度（m）；I_h 为沿着断裂带的平均水力梯度（无量纲），可以近似计算为断裂上游端水位（h_1）与下游端水位（h_2）之差与断裂长度（L_f）的比值。在一般情况下，K_f 小于 10m/d，且随着深度的增加而减小，当深度超过 1000m 或 2000m 时，渗透性相对地表几乎可以忽略不计，因此不妨取 $D_f = 2000$m。根据断裂 F2 所经过的地段，可取 I_h 的极大值为 0.003。这样，断裂带的宽度必须大于 90km 才能输送 $20 \times 10^8 \, \text{m}^3/\text{a}$ 的水量。如此宽的断裂在世界上是罕见的，恐怕连东非大裂谷也难以企及，不可能隐藏在中国这么久而未被发现。因此，关于日喀则—狼山大断裂把巨量地下水输送到巴丹吉林沙漠的假说是不可靠的。采用类似的方法可以对其他断裂导水假说进行分析。例如，图 1-4 中 F4 断裂被认为是阿尔金大断裂在巴丹吉林沙漠的延伸，其输送水量达 $2.86 \times 10^8 \, \text{m}^3/\text{a}$（丁宏伟和王贵玲，2007）。用式（4-5）进行计算，则必须有 $W_f > 13$km 才能满足要求，即使把 Q_f 降低到 $1.0 \times 10^8 \, \text{m}^3/\text{a}$，断裂带也必须达到 4500m 才行。如此宽的断裂不可能在经过北大山的情况下尚未被发现，因此其存在性值得怀疑。即使真的存在符合构造意义的导水断裂，其破碎带宽度通常也不会大于 400m，最多输送 $0.1 \times 10^8 \, \text{m}^3/\text{a}$ 的水量，远远小于上述断裂导水假设所猜测的流量。至于图 1-4 中的 F6 断裂，根据仵彦卿等（2004）的描述，实际是一个由第四系充填的断陷带，深度不足 400m，但宽度可达 4km，根据式（4-5）得到最大的输水流量是 $0.18 \times 10^8 \, \text{m}^3/\text{a}$，也不可能达到他们估计的 $1.76 \times 10^8 \, \text{m}^3/\text{a}$ 那样多。总而言之，把巴丹吉林沙漠地下水归源于深大断裂导水的假说从水动力机理上是解释不通的。

至于图 2-9 中雅干断裂、巴丹吉林断裂、恩格尔乌苏断裂这样的深大断裂，需要强调它们属于基底断裂，即控制沉积盆地基底结构的断裂，并不会打破浅部沉积地层（第四系、新近系）的连续性。由图 3-19 可以看出，在巴丹吉林沙漠，基底断裂一般没有穿越白垩系地层，因此对白垩系砂岩裂隙-孔隙含水层的直接影响也是十分有限。即使断裂带对白垩系含水层有普遍的间接影响，也只是在白垩系砂岩总体透水的基础上通过增强构造裂隙的发育局部提高渗透系数。当然，由于构造裂隙发育的主控方向为 NE 向和 NW 向，这可能会导致砂岩水平渗透系数的各向异性（$K_{xx} \neq K_{yy}$）比较显著。

第 5 章 | 地下水来源的新认识和证据

巴丹吉林沙漠的地下水来源于何处？前人对这个问题有各种推测，如第 3 章所述的远距离断裂导水假说（陈建生等，2006；丁宏伟和王贵玲，2007；仵彦卿等，2010）、以当地大气降水入渗为主的假说（王涛，1990；Hofmann，1999；Yang et al.，2010）和以邻近山区侧向径流为主的假说（Ma and Edmunds，2006；Gates et al.，2008a）。由于没有提供特别具有说服力的证据（多为水化学间接证据），尚未有哪个推测和假说被科学界普遍接受。我们在 4.4 节中已经分析指出远距离断裂导水假说从水动力学上是解释不通的。其他的假说从水文地质原理上虽有些道理，但在地下水补给的定量判断上需要斟酌。为了更加确切地解决这个问题，2012 年以来我们在巴丹吉林沙漠进行具有水文地质专业背景的调查研究，相关方法和一些基础性的结果见第 3 章和第 4 章。通过这些工作，获取了更多关于巴丹吉林沙漠地下水来源的信息，取得一些新的认识，在本章将从 5 个方面进行综合分析。

5.1 地下水补给的时空尺度问题

地下水的来源取决于地下水的补给条件，而地下水补给可以从不同的时空尺度上来认识。例如，在小尺度上分析一个承压含水层时，越流（从相邻含水层穿越弱透水层而来）可能是最重要的地下水补给，但在更大尺度上来讲越流只是含水层系统内部的水量分配，不能构成区域地下水的有效来源。一条河流可能在地下水位偏低的季节通过渗漏补给到含水层，而在地下水位偏高的季节则排泄地下水。当我们讨论巴丹吉林沙漠地下水的不同补给来源时，需要对其有效的时空尺度加以限定。

按照如图 3-1 所示的概念图，地下水补给存在多种方式，关键在于在一定的时空尺度下各种补给量的总和（Q_{rec}）要能够与各种排泄量总和（Q_{dis}）以及储存量的变化（dS_g/dt）建立封闭的水量均衡关系，也就是式（3-10）。当把 dS_g/dt 表述为 $\Delta S_g/\Delta t$ 时，需要意识到该式中 Q_{rec} 和 Q_{dis} 对应的是三维含水层系统的空间范围，同样对应的是与 Δt 匹配的时间间隔。在巴丹吉林沙漠腹地，含水层系统是一个覆盖面积超过 20 000km²、平面边界长度超过 1000km、最大厚度超过 1000m 的巨型多层孔隙–裂隙水文地质单元（见 4.2 节）。这就意味着，多数研究者仅仅在湖泊集中分布区（如图 2-7 所示的 G2 区块）讨论沙漠地下水补给，从而把空间尺度弄小了。而且，该沙漠至少从十多万年前的晚更新世初期已经开始形成（王涛，1990），并仍然处于演变过程中。沙漠地下水储存量的自然调节，不仅可以通过地下水位的起伏变化来进行，还可以通过湖泊水位和面积的变化达到间接缓冲，都需要从很长的发展历史来加以考虑。因此，追溯数千年乃至数万年以来地下水补给的可能变化（杨小平，2000；Ma and Edmunds，2006；Gates et al.，2008a）是一个符合实际时间尺度的选择。反过来，我们也就不能以现今沙漠降水量稀少来给出毫无入渗补给的判断，更不能以某一场降雨的湿润锋在数日或数月内有无到达潜水面作为判断依据。

5.2　从地下水流向判断山前侧向径流补给

在一般情况下，位于山前平原的含水层能够得到山区地下水的侧向径流补给，除非山前平原的含水层与山区含水层之间存在阻水构造或者山区岩体不透水。从图4-6给出的水文地质剖面图来看，巴丹吉林沙漠所处的U1类似于山前中下游平原，U2类似于山前上游倾斜平原，它们的含水层与雅布赖山等山区裂隙含水层是相互连通的，具备接受山区侧向径流补给的条件。在我国西北内陆盆地，山区地表水经过出山口进入倾斜平原时，往往发生大规模的渗漏而形成平原区的垂向地下水补给。当然，对于巴丹吉林沙漠而言，宗乃山、雅布赖山和北大山目前都不存在流向沙漠的河流，所以当前情况下似乎没有地表水渗漏补给。然而，这并不意味着在历史时期也没有地表水渗漏补给。

5.2.1　地下水流向与水力梯度

巴丹吉林沙漠到底有没有接受山区地下水的侧向径流补给？对这个问题的肯定和否定，都需要证据。最具有说服力的证据，不是水化学特征，而是水动力学上的证据。一个水文地质单元的边界存在侧向径流补给，只需要满足两个条件：①边界内外两侧的含水层是连续的，没有受到阻水构造的隔离，因此在边界上地下水也是连续的；②边界之外的水头高于边界之内的水头，即水力梯度指向水文地质单元的内部。对于条件①，我们在第4章已经有比较清楚的认识，只要确定了新近系砂岩和白垩系砂岩都是有效的透水地层，就可以确定水文地质单元U1与其他水文地质单元之间的水力连续性。而且，研究区的深大断裂属于基底断裂，对深度1000m以内的浅部地层影响微弱，不会以岩脉等形式造成大规模的阻水构造。对于条件②，我们需要寻求直接的、准确的地下水流向（水力梯度）证据。

在区域地下水保持水力连续性的情况下，判断地下水流向的直接证据来源于地下水位的观测。在图3-12中给出了巴丹吉林沙漠及其周边地区的地下水位观测结果，由此可以明确地看出宗乃山、雅布赖山和北大山各个山区的地下水位均高于沙漠腹地，这就提供了山区地下水侧向径流补给沙漠地下水的动力条件。为了更加清晰地认识这一点，可以选择一些主要的控制点进行详细的分析（表5-1）。

表5-1　巴丹吉林沙漠及其周边地区的地下水位控制点

样点编号	类型	实测水位高程/m
GZ-4	民井	922.2
GZ-2	民井	939.8
GZ-11	民井	966.2

样点编号	类型	实测水位高程/m
WTH-1	民井	1000.0
LX-18	民井	1120.2
L88	湖泊	1128.0
LX-3	湖泊	1154.0
LW-2	民井	1170.9
K3F	民井	1228.1
RY-11	民井	1321.7
K2	钻孔	1341.5
RY-14	民井	1404.9
RY-4	民井	1643.3
RY-6	民井	1707.0
LB-1	民井	1215.1
AL-1	泉水	1185.0
NEG297	民井	1533.5

表 5-1 中地下水位控制点大致均匀地分布在研究区，地下水位的高程是 920~1710m。连接这些控制点可以生成一个三角网络（图 5-1）用于计算水力梯度。设一个三角形的顶点分别为 i、j、k，并以 i 为原点建立局部坐标系 $(x，y)$，其中 x 指向东，y 指向北，则该三角形区域地下水位的线性分布（近似）可以描述为

$$H(x，y) = H_i - I_x x - I_y y \qquad (5-1)$$

式中，H 为地下水位（m）；H_i 为 i 点水位；I_x 和 I_y 分别为水力梯度在 x 方向和 y 方向的分量（与水位空间变化率反向）。在已知 $(x_j，y_j，H_j)$ 和 $(x_k，y_k，H_k)$ 的情况下，可解出：

$$I_x = \frac{y_k(H_i - H_j) - y_j(H_i - H_k)}{y_k x_j - y_j x_k}，\qquad I_y = \frac{x_k(H_i - H_j) - x_j(H_i - H_k)}{x_k y_j - x_j y_k} \qquad (5-2)$$

由式（5-2）中的这两个分量合成，可以确定水力梯度的绝对值和方向，代表三角形区域地下水的平均流向和梯度。张竞（2015）曾用上述方法对整个三角网的水力梯度进行计算，并绘制成流向图（图 5-1）。三角形控制的平面空间尺度为 20~50km。

根据水位控制点三角网分析结果，巴丹吉林沙漠及其周围地下水流动的水力梯度以向西、向北为主要方向，其绝对值为 0.6‰~12.9‰（图 5-1）。沙漠腹地的水力梯度数值较小，一般为 1‰~3‰，但在由 L88、LX-3、AL-1 和 LW-2 所围成的区域，水力梯度低于 1‰，显示出一个地下水的局部平缓带，这是大量湖泊和洼地蒸发排泄地下水造成的。在沙漠的东侧、南侧边缘地区，水力梯度多在 5‰以上。宗乃山北侧的地下水流向 NW，而南侧地下水以向南流动为主，水力梯度在 3‰~7‰。在雅布赖山的北侧，地下水流向 NW，而且在 RY-4 与 RY-6 一线以向西流为主，水力梯度接近 13‰。在北大山的北侧，地

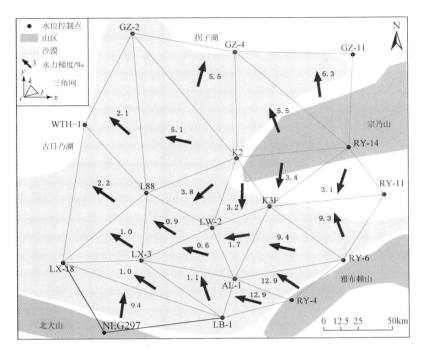

图 5-1　计算水力梯度的水位控制点及其组成的三角网络
据张竞（2015），有修改

下水主要向北流动，水力梯度也能达到 9‰以上。这些结果确切地表明：巴丹吉林沙漠东部和南部外围的山前地下水，全部都流向沙漠的内部。毫无疑问，山区地下水侧向径流是巴丹吉林沙漠地下水的来源之一。我们相信这是在中更新世以来各个地质历史时期都保持的地下水补给方式。

　　利用控制点三角网络清晰地确定了区域尺度的地下水流向和水力梯度，但因为尺度偏大、数据偏粗，并不代表局部尺度地下水流动的细节。实际上，也可以直接以图 3-12 所示的地下水位等值线为依据确定各个地点的地下水流向和水力梯度，计算方法稍微复杂一些，可能会展示出地下水流向的更多细节，但不会改变沙漠获得山前地下水侧向径流补给的结论。由于以上计算依据的都是浅层地下水的观测数据，关于水力梯度的结果主要反映浅层地下水的情况。沙漠下部新近系和白垩系砂岩含水层赋存的深层地下水，在水力梯度的具体数值上可能与浅层地下水不同，因为可能有明显的垂向地下水流分量。然而，深部地下水在水平方向的宏观流动特征与浅层地下水是一致的，因为潜水面属于整个地下水流场的边界条件，其高低变化对深部地下水流动方向具有控制作用。在山前倾斜平原，一部分山区地下水会首先斜向下补给到深部地下水，然后在沙漠边缘以侧向径流的方式进入沙漠含水层系统。

5.2.2　山前侧向径流补给的总量评价

　　既然巴丹吉林沙漠的地下水能够获得山前侧向径流的补给，其补给量对沙漠地下水的总体均衡就会产生作用。根据地下水动力学，在已知水力梯度的情况下，可以计算一个过水断面的侧向径流量，公式为

$$Q_g = L_g(K_1 D_1 + K_2 D_2 + K_3 D_3) I_n \qquad (5\text{-}3)$$

式中，Q_g 为侧向径流量（$\mathrm{m^3/d}$）；L_g 为过水断面的长度（m）；I_n 为平均法向水力梯度的绝对值（无量纲）；K_1、K_2 和 K_3 分别为第四系孔隙含水层、新近系孔隙-裂隙含水层和白垩系裂隙-孔隙含水层的等效水平渗透系数（m/d）；D_1、D_2 和 D_3 分别为这三个含水层的平均有效厚度（m）。由于含水层的渗透系数和有效厚度目前还没有确切的数值，尚不能根据式（5-3）进行精确的计算。但是，通过已有的水文地质调查，我们可以对有关的参数进行初步评估，在平均意义上取渗透系数：第四系孔隙含水层，$K_1 = 6\,\mathrm{m/d}$；新近系孔隙-裂隙含水层，$K_2 = 0.2\,\mathrm{m/d}$；白垩系裂隙-孔隙含水层 $K_3 = 0.03\,\mathrm{m/d}$。这三个含水层在沙漠边缘的厚度也可以大致估计出来，列于表 5-2 中。表 5-2 也给出了各个断面的长度和法向水力梯度的平均值，其中水力梯度是按照等水位线图在断面两侧的分布特征（图 5-2）计算出来的，U6/U1 界面的长度按照沙漠南侧边缘的总长度计算（即向西超出了图 5-2 所覆盖的范围）。

表 5-2　水文地质单元交界面贡献的沙漠地下水侧向径流补给量计算表

边界断面	断面长度/km	法向平均水力梯度/‰	含水层平均厚度			侧向径流补给量/($10^4\mathrm{m^3/d}$)
			第四系/m	新近系/m	白垩系/m	
U4/U1	139	6.10	20	10	500	11.62
U3/U1	59	1.56	15	50	3000	1.75
U2/U1	143	8.95	20	30	1200	20.73
U6/U1	138	5.10	10	5	400	5.14
合计（加权平均）	479	(6.10)	(17)	(20)	(865)	39.24

　　从表 5-2 所示的计算结果可以看出，流向 U1 的地下水侧向径流量随着不同的交界面而变化。流量最大的是 U2/U1 界面，即北大山—雅布赖山的山前盆地对巴丹吉林沙漠腹地贡献的侧向径流补给量最大，达到 $20.73\times10^4\mathrm{m^3/d}$，即 $0.76\times10^8\mathrm{m^3/a}$。显然，这个水量大部分是由北大山东部和雅布赖山西部的山区贡献出来的。流量最小的是 U3/U1 界面，只有 $1.75\times10^4\mathrm{m^3/d}$，即 $0.06\times10^8\mathrm{m^3/a}$。其实 U3 可以同时接受宗乃山和雅布赖山的地下水补给，估计侧向补给总量也接近 $1.0\times10^8\mathrm{m^3/d}$，但大部分在 U3 的地下水浅埋区消耗掉了，只有不到 $0.1\times10^8\mathrm{m^3/a}$ 的剩余水量能够向西侧向径流到沙漠腹地。宗乃山西侧（U4/U1 界面）的径流量达到 $11.62\times10^4\mathrm{m^3/d}$，即 $0.42\times10^8\mathrm{m^3/a}$，属于排名第 2 位的山前侧向径流补给，这些水量大部分贡献给了巴丹吉林沙漠的北部。北大山北侧（U6/U1 界面）的径流量较小，只有 $5.14\times10^4\mathrm{m^3/d}$，即 $0.19\times10^8\mathrm{m^3/a}$。所有这些断面的流量总和为 $39.24\times10^4\mathrm{m^3/d}$，

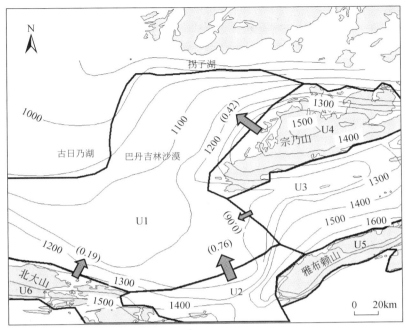

图 5-2 巴丹吉林沙漠侧向径流补给的断面分布图

等值线为地下水位等高线，括号中数字为山前侧向补给量（$10^8\,\mathrm{m}^3/\mathrm{a}$）

即 $1.43\times10^8\,\mathrm{m}^3/\mathrm{a}$，反映巴丹吉林沙漠获得山前侧向径流补给的规模。需要注意的是，宗乃山、雅布赖山和北大山的山区总面积约为 $14\,000\,\mathrm{km}^2$，其中与 U1 侧向径流补给有关的面积大约是 $8000\,\mathrm{km}^2$，平均降水强度约为 $100\,\mathrm{mm}/\mathrm{a}$，因此关联山区的年降水资源量可以达到 $8.0\times10^8\,\mathrm{m}^3/\mathrm{a}$。U1 获得的侧向径流补给量与之相比，约占 18%。这可能意味着山区降水入渗系数接近 18%。

以上计算还存在着很大的不确定性，等效渗透系数的数值可能有 ±50% 的偏差。如果考虑这个偏差，则 U1 的侧向径流补给量应该在 $0.7\times10^8\sim2.1\times10^8\,\mathrm{m}^3/\mathrm{a}$。与之对应的山区降水入渗系数是 9%~27%。本地花岗岩山区并不单纯发育裂隙岩体，还有大量的沟谷覆盖有第四系沉积物，山体斜坡发育碎石堆积，这些都是有利于降水入渗、特别是有利于暴雨入渗的条件。据此，我们估计山区降水入渗系数很有可能达到 20% 以上。$100\,\mathrm{mm}/\mathrm{a}$ 的降水量代表现今气候情景，历史时期降水量有所不同，但入渗系数可能变化不大。

5.3 沙丘包气带水下渗补给模式的推测

如果巴丹吉林沙漠本地的大气降水是地下水的潜在补给来源，那么它必须经历厚层包气带的水分运移才能形成有效下渗补给，涉及一系列复杂过程，特别是近地表的降水入渗–蒸发过程、根系吸水过程、土壤水冻融过程和风力驱动的水汽对流运移过程等。不管过程有多复杂，只要在一定的时期、一定的空间范围内大气降水量超过陆面蒸散量，必定就会有一部分入渗水到达包气带深部并不再受蒸散作用影响，从而最终形成地下水补给，或者在下渗中途被阻水介质截流发生新的运移过程。由于包气带的缓冲作用，在这个不受蒸散作用影响的深度，含水率对大气降水的波动同样也不敏感，因而能够保持相对稳定。只要含水率超过残余含水率，毛细张力不能完全抵消重力作用，就会有一部分包气带水持续下渗，直到与潜水面所支持的毛细水接触。我们把这个深度带称为稳定下渗带。

5.3.1　包气带水季节性动态的传递机理

稳定下渗带最重要的标志，就是其含水率、负压和下渗强度等包气带水的物理指标在一定程度上保持稳定、不随时间变化。因此，可以通过在深部包气带布置监测装置，观察监测指标在一定时期内的变化幅度是否足够小。实际上，已经有不少研究者在巴丹吉林沙漠进行了包气带水动态监测，但对现象的解释却发生了偏差。2008年夏季，有学者在诺尔图（东诺尔图）附近的沙丘上进行了多次包气带水监测试验，Zeng 等（2009）和 Wen 等（2014）分别对试验结果进行了分析。第1次试验为期22天（6月1~22日），最大监测深度为0.5m，捕捉到一场6.6mm的降水事件，发现0.1m深度处含水率在雨后快速增加再长时间缓慢下降，但数值模拟表明湿润锋面能够穿透的深度不到1m（Zeng et al.，2009）。第2次试验为期两个月（6月22日~8月22日），最大监测深度2.0m，捕捉到3次降水事件（7月30日~8月15日，累计降水量50mm），发现0.2~0.6m深度包气带在雨后发育形成湿润带（含水率15%~20%），并至少维持了7天，深度0.8m以下含水率低于6%且几乎不变（Wen et al.，2014）。2012年苏木吉林湖区的沙丘上也进行了时间超过半年的包气带水监测试验，捕捉到多个降水事件，包括7月20日发生的43mm强降水事件，然而深度0.65m的含水率始终维持在接近5%的水平（马宁等，2014）。Dong 等（2016）在野外做了人工降水试验，模拟一场30mm暴雨的下渗过程，发现湿润锋面最多只能穿透到0.42m深度。这些观测试验给出了共同的现象：强降水在巴丹吉林沙漠包气带产生的湿润锋面只能穿透很浅的部位，不可能到达埋藏深度超过1m的潜水面。它变成了一个地下水无法获得降水入渗补给的"证据"（陈建生等，2006；马宁等，2014；Wen et al.，2014）。少数试验利用涡度相关仪对地表辐射平衡进行了同步观测，推算出了蒸发量，有的证明雨后一段时期的蒸发量足以抵消降水量（马宁等，2014），有的却发现蒸发作用没那么强烈，因为几乎一半的白昼蒸发能够被夜间的负潜热通量（水汽下行）抵消掉（Wen et al.，2014）。本书认为，湿润锋面无法穿透到潜水面并不是可以否定下渗补给的"证据"，恰恰相反，它证明深部包气带不管对降水还是对蒸发都不敏感，因为这个部位的水分状态是相当稳定的。地下水获得入渗补给的必要条件不是湿润锋面，而是向下的水力梯度，含水状态的稳定性恰好为稳定的下渗过程提供了条件。采用涡度相关仪推测的蒸发量存在较大的不确定性，因为它对热通量的计算误差很敏感。5%的能量平衡系统误差足以产生20mm以上的累计蒸发量误差，这对评估巴丹吉林沙漠降水入渗补给影响很大。

为了更好地理解稳定下渗带的形成机理，可以观测研究不同深度包气带水的周期变化特征，如含水率的季节性动态（水文年周期）。第3章介绍了苏木吉林南湖附近沙丘上布置的土壤监测站，如图 3-15 所示。该监测站已经积累了 2012 年以来的多年包气带水动态数据，能够很好地反映季节性变化的总体特征。图 5-3 给出了 2013～2016 年气温、降水量和包气带含水率的逐日观测值。气温和降水量由设置在苏木吉林南湖的自动气象站观测得到，读数间隔为 30min，图 5-3（a）中温度数据为逐日平均值，而降水量为逐日累计值。含水率由 EC5 传感器观测得到，读数间隔也是 30min，图 5-3（b）中数据为逐日平均值。由图 5-3 可以看出，深度 0.2m 处的含水率存在比较剧烈的不规则振荡（0%～15%），一般在降水事件后快速上升达到峰值，然后缓慢下降。另外，冬季气温低于 0℃时，浅表包气带的含水率会出现 2%～3% 的下降，这是水分冻结导致的（EC5 只测液态水），初春气温升高到 0℃以上时，冻结水融化又会导致含水率恢复。相比之下，深度 0.5m 处的含水率没有如此剧烈的振荡，总体上呈现夏季增加而冬季减小的波动特征，受季节性冻融影响的时间略短。深度 1.0m 处的含水率则基本稳定在 4%～8%，在观测期略有增加趋势，并且不受季节性冻融作用的影响。

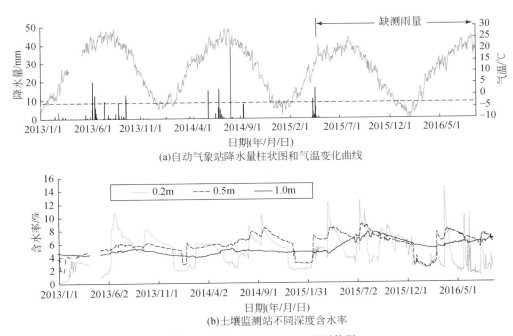

(a)自动气象站降水量柱状图和气温变化曲线

(b)土壤监测站不同深度含水率

图 5-3　苏木吉林湖区逐日监测数据

上述土壤监测站对包气带含水率的观测局限在 1.0m 以内。对于更深部位的包气带，可以通过观测到的负压变化来分析。图 5-4 显示同一时期 pF-Meter 传感器测量到的土壤水负压动态曲线，深度达到 3m。负压的观测读数间隔也是 30min，图中给出的是逐日平均值。可以看出，深度 0.2m 处负压的振荡现象十分显著（$10^2 \sim 10^7 \mathrm{cmH_2O}$），夏季强烈的蒸发作用会使负压增加 3～5 个数量级，冬季冻结作用也会导致负压升高 1～2 个数量级。深度 0.5m 处的负压也存在显著的高低起伏，但不是振荡的形式变化。深度 1.0m 处的负压维持在 10～100$\mathrm{cmH_2O}$ 轻微波动，总体呈现减小趋势，这与同一深度含水率的缓慢上升趋

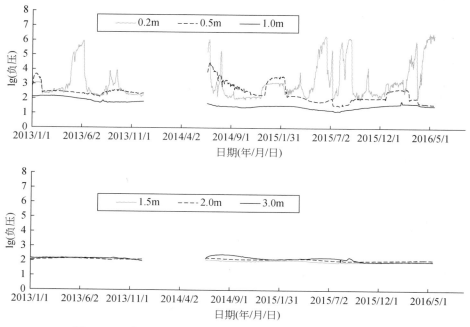

图 5-4　土壤监测站不同深度包气带水逐日平均负压变化曲线

负压的单位是 cmH_2O

势是相互匹配的。在深度达到 1.5m 之后，负压基本稳定在 $100cmH_2O$ 不变，只有十分轻微的随机扰动。这意味着深度 1.5m 以下的含水率也基本保持不变。

图 5-3 和图 5-4 清楚地说明：随着深度的增加，包气带水分的季节性波动越来越不明显。实际上，这种包气带的缓冲作用对于温度的季节性波动也是成立的。图 5-5 是根据不同深度监测到的逐日平均温度所绘制的季节性动态特征图。随深度增加，包气带的温度变化范围从浅表的 $-17\sim36℃$ 收缩到深度 3m 处的 $5\sim21℃$，年内季节性波动的振幅存在显著

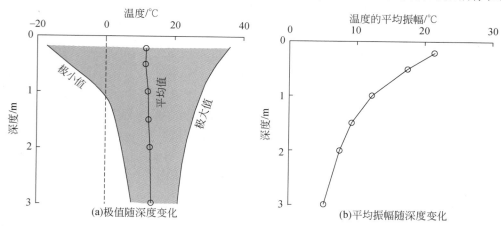

图 5-5　土壤监测站包气带温度的季节性动态特征

的衰减趋势。包气带负压波动范围随深度的变化也显示出类似衰减趋势［图 5-6（a）］。根据 1m 深度内负压与含水率的匹配关系，我们初步利用式（4-2）对深度 1m 以下的逐日含水率进行换算，所用参数为 $\theta_r = 0.02$、$\theta_s = 0.39$、$\alpha = 5.2m^{-1}$、$n = 2.8$。在此基础上得到含水率波动范围随深度的变化特征，如图 5-6（b）所示。当深度达到 2m 时，含水率平均振幅约为 1%。从水分传感器测量精度来讲，这种情况下含水率几乎是不变的。负压基本相同，含水率恒定且高于残余含水率，则由 Darcy 定律计算的下渗强度也几乎不会有季节性的变化，符合稳定下渗带的物理意义。从保守的角度考虑，我们可以把巴丹吉林沙漠在 3m 深度以下的包气带视为稳定下渗带。

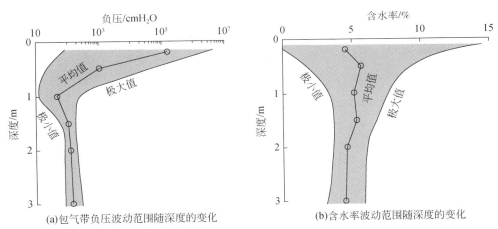

(a)包气带负压波动范围随深度的变化 (b)含水率波动范围随深度的变化

图 5-6 土壤监测站包气带温度的季节性动态特征
根据逐日负压平均值绘制，深度 1m 以下含水率由负压推算得到

5.3.2 稳定下渗带水分特征的 Monte-Carlo 模拟

在 4.3 节中，我们已经了解到埋深 3m 以下、高出潜水面 3m 以上的包气带区域（稳定下渗带）含水率存在随机分布特征，而且近似符合对数正态分布。这种含水率随空间的变化，主要是包气带介质结构（砂粒的微观组合）的空间变异性导致的。实测的风积砂水分特征曲线（表 4-1）反映了包气带孔隙结构参数的随机变化，其中孔隙度（饱和含水率 θ_s）相对稳定，但残余含水率 θ_r、特征参数 α 与 n，以及饱和渗透系数 K_s 的变异系数都较大，符合砂性土的一般变异特征（Warrick and Nielsen，1980）。这 4 个参数并不是独立变化的，它们之间存在相关性（Carsel and Parrish，1988；雷志栋等，1988），从而组成一个随机向量。全世界范围的土壤样品，包括砂土、黏土、壤土和粉土，都已经做了大量的水分特征曲线测试。根据已有数据，Carsel 和 Parrish（1988）建立了 K_s、θ_r、α 和 n 的随机向量模型。巴丹吉林沙漠的风积砂以细砂为主，局部地带属于中粗砂，与 Carsel 和 Parrish（1988）中砂土的样本具有相似性。

根据 Carsel 和 Parrish（1988）的研究，砂土的 K_s、θ_r、α 和 n 经过对数变换之后近似

符合正态分布，其中 $ln\theta_r$ 和 lnn 直接满足正态分布，而 K_s 和 α 需要做如下变换：

$$Y = \ln \frac{X - A}{B - X} \tag{5-4}$$

式中，X 为参数值（K_s 或 α）；Y 为变换之后的数值；A 和 B 分别为参数的最小值和最大值。取 X_1、X_2、X_3 和 X_4 分别为 K_s、θ_r、α 和 n，则变换后的随机向量表示为

$$\boldsymbol{Y} = \begin{pmatrix} Y_1 \\ Y_2 \\ Y_3 \\ Y_4 \end{pmatrix} = \begin{pmatrix} \ln[(K_s - A_2)/(B_2 - K_s)] \\ \ln\theta_r \\ \ln[(\alpha - A_3)/(B_3 - \alpha)] \\ \ln n \end{pmatrix} \sim \begin{pmatrix} N(\mu_1, \sigma_1) \\ N(\mu_2, \sigma_2) \\ N(\mu_3, \sigma_3) \\ N(\mu_4, \sigma_4) \end{pmatrix} \tag{5-5}$$

式中，$N(\mu_i, \sigma_i)$ 表示正态分布；μ_i 和 σ_i（$i = 1, 2, 3, 4$）分别为 Y_i 的均值（期望值）和标准差。Carsel 和 Parrish（1988）提出用协方差矩阵 $[\boldsymbol{C}]$ 来表示元素 Y_i 的相互关系，并进行 Cholesky 分解以便实施 Monte-Carlo 模拟：

$$[\boldsymbol{C}] = \begin{pmatrix} C_{11} & C_{12} & C_{13} & C_{14} \\ C_{21} & C_{22} & C_{23} & C_{24} \\ C_{31} & C_{32} & C_{33} & C_{34} \\ C_{41} & C_{42} & C_{43} & C_{44} \end{pmatrix} = [\boldsymbol{L}]^{\mathrm{T}}[\boldsymbol{L}] \tag{5-6}$$

式中，C_{ij} 为变量 Y_i 与 Y_j 之间的协方差（$i = 1, 2, 3, 4$；$j = 1, 2, 3, 4$）；$[\boldsymbol{L}]$ 为 Cholesky 分解得到的三角矩阵。利用矩阵 $[\boldsymbol{L}]$ 可以从一个服从标准正态分布的随机向量 $\boldsymbol{Z}$ 生成 $\boldsymbol{Y}$。$\boldsymbol{Z} = (Z_1, Z_2, Z_3, Z_4)^{\mathrm{T}}$，其中 Z_1、Z_2、Z_3 和 Z_4 均为满足 $N(0, 1)$ 的独立随机变量。然后利用式（5-7）生成随机向量 $\boldsymbol{Y}$：

$$\boldsymbol{Y} = \begin{pmatrix} \mu_1 \\ \mu_2 \\ \mu_3 \\ \mu_4 \end{pmatrix} + \boldsymbol{L}^{\mathrm{T}} \begin{pmatrix} Z_1 \\ Z_2 \\ Z_3 \\ Z_4 \end{pmatrix} \tag{5-7}$$

得到 $\boldsymbol{Y}$ 之后，根据式（5-5）进行逆变换就可获取随机生成的参数组合。

为了对巴丹吉林沙漠稳定下渗带的孔隙结构变异性进行 Monte-Carlo 模拟，我们对风积砂物性参数的测试数据进行分析，初步得到如表 5-3 所示的统计指标。利用这些统计指标，进行 V-G 参数随机向量的 Monte-Carlo 模拟，得到 5000 个模拟样本，统计直方图如图 5-7 所示。可以看出 5000 个 Monte-Carlo 模拟样本能够很好地与理论正态分布曲线匹配，可用于下一步分析。

表 5-3　巴丹吉林沙漠风积砂 V-G 参数统计指标

参数	X	A	B	Y	μ	$[\boldsymbol{L}]$			
$K_s/(\mathrm{m/d})$	X_1	0.5	75.0	Y_1	-1.03	1.351	-0.109	0.328	0.081
θ_r	X_2	0.00	0.06	Y_2	-3.81	0	0.598	0.258	-0.047
$\alpha/\mathrm{m^{-1}}$	X_3	0.0	6.0	Y_3	-0.42	0	0	0.143	-0.011
n	X_4	1.5	8.0	Y_4	1.16	0	0	0	0.017

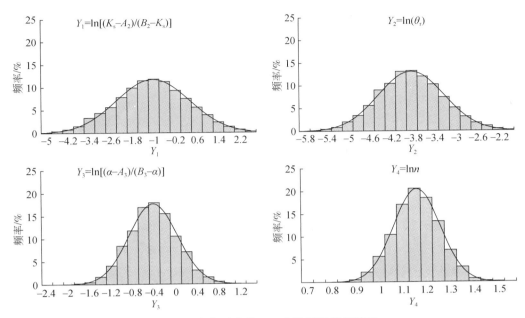

图 5-7　稳定下渗带 V-G 参数随机模拟结果

柱状图为 5000 个 Monte-Carlo 模拟样本结果，曲线为理论正态分布曲线

有了稳定下渗带孔隙结构参数的 Monte-Carlo 模拟样本之后，就可以对巴丹吉林沙漠地下水补给的发生概率进行评估。驱动包气带水运移的是水分势能的梯度，而水分势能主要取决于负压和重力势。在水分运移处于稳定的状态下（稳定下渗带近似满足这个条件），负压几乎处处相等，只有位置高度控制水分势能（重力势）的差别。位置越高，水分势能越大，造成的水力梯度为 1.0，垂直向下。根据 Darcy 定律，水分运移流速可计算为

$$q_z = K(\theta)I_z \approx K_s K_r(S_e) \tag{5-8}$$

式中，q_z 为下渗强度（m/d）；$K(\theta)$ 为对应含水率 θ 的渗透系数（m/d）；水力梯度 I_z 近似为 1，因此下渗强度与相对渗透系数 K_r 成正比，按照 V-G 公式其数值取决于饱和度 S_e。含水率与饱和度的关系见式（4-2），容易得到

$$\theta = \theta_r + (\theta_s - \theta_r)K_r^{-1}\left(\frac{q_z}{K_s}, n\right) \tag{5-9}$$

式中，$K_r^{-1}(\cdot)$ 表示 $K_r(S_e)$ 的反函数。Monte-Carlo 模拟已经给出 K_s、θ_r、α 和 n 的数值，饱和含水率可取平均值 $\theta_s = 0.38$，现在只要再给定 q_z，就可以代入式（5-9）得到含水率 θ，它也是一个随机变量。利用模拟样本，能够得到稳定下渗带的 5000 个含水率随机值。通过比较含水率实测数据（图 4-8）与随机模拟结果的统计特征，就可以对 q_z 的取值合理性进行判断。图 5-8 给出了 3 条累计频率的模拟曲线，分别对应 q_z 为 10mm/a、28mm/a 和 70mm/a 的情况，其中 10mm/a 和 70mm/a 的结果都显著偏离实测数据，达到最佳拟合效果的是 $q_z = 28$mm/a。实际上，只要 $q_z = 18 \sim 41$mm/a，累计频率模拟曲线与实测数据的最大误差都在 5% 以内。当 $q_z < 10$mm/a 或 $q_z > 70$mm/a 时，最大误差都超过 10%，说明下渗强度不太可能在这样的取值区间。

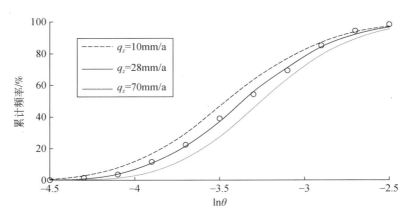

图 5-8　稳定下渗带含水率 Monte-Carlo 模拟结果与实测数据的对比

曲线为模拟结果，散点为实测结果

　　上述 Monte-Carlo 模拟方法充分利用巴丹吉林沙漠东南部各处包气带砂样的大量测试数据，能够在很大程度上反映沙漠南部的包气带水赋存与运动状态。从多年平均意义上来讲，必定存在一部分大气降水下渗到了深部包气带，下渗强度的合理取值为 $q_z = 18 \sim 41\mathrm{mm/a}$，这同时也应该是高大沙山中地下水补给的合理取值范围，即 $R_g \approx 18 \sim 41\mathrm{mm/a}$。根据式（1-1），并取巴丹吉林沙漠南部湖泊集中区的平均降水强度为 100mm，则入渗系数达到 $\alpha_g = 18\% \sim 41\%$，也就是沙山上的降水量可能有 $51\% \sim 82\%$ 被陆面蒸散消耗掉。不过，这个结果只适用于地下水埋深大于 6m 的区域。当地下水埋深小于 6m 时，浅表深度 3m 内的包气带水无法维持稳定，而潜水面的毛细水可上升到高度 3m 处，达到蒸发作用影响的极限深度，从而使潜水蒸发与陆面蒸散耦合在一起。在这种地下水浅埋区，降水入渗补给和潜水蒸发能够在不同的时间段交替发生，季节性动态十分显著。

5.3.3　关于气候变化的影响

　　陆面蒸散作用在某些地点、某些时期强一些，在其他地点和时期则弱一些，剩余下渗水量实际存在很强的时空变异性，式（1-1）定义的入渗系数 α_g 只是多年平均意义上的区域尺度参数。通过包气带水的 Monte-Carlo 模拟，我们初步得到 $\alpha_g = 0.18 \sim 0.41$。这个结果在时间尺度上的代表性，与稳定下渗带的演变历史有关。图 4-8 中所得到的含水率实测数据全部来自深度 25m 以内的包气带，其水分的季节性动态的确可以忽略不计，但并不清楚在 100 年、1000 年乃至上万年尺度上包气带水的动态趋势。有可能浅表 25m 厚度的包气带只能代表 1000 年以来的演变结果，而更深部的包气带水是由早于 1000 年的气候条件所决定的。受观测条件限制，目前巴丹吉林沙漠缺少深度 25m 以下的包气带信息，无法对这个问题给出可靠的解答。但是，可以利用一些间接手段对气候变化的影响进行评估。

　　关于 25m 厚度包气带所能记录的气候变化历史，前人采用氯离子平衡（chloride mass balance，CMB）分析法得到了一些结果。CMB 分析法有三个基本假设：①在很长历史时期内，由大气降水沉降到地表的 Cl⁻ 通量是恒定的；②入渗到浅表包气带的一部分水量蒸发，剩余水量携带全部 Cl⁻ 进入深部包气带，下渗的水越多，包气带水的 Cl⁻ 浓度越小；③包气带水向下发生活塞式运移，位置越深的水，其年龄越大。根据巴丹吉林沙漠附近气象站的现今降水量及其 Cl⁻ 浓度（马金珠等，2004），可推测本区域的 Cl⁻ 沉降（湿沉降）速率约为 $0.134\,mg/(m^2 \cdot a)$。根据 CMB 分析法的假定，如果包气带水的 Cl⁻ 浓度达到 $100\,mg/L$，则下渗速率为 $1.34\,mm/a$。再利用剖面上某个深度段的累计 Cl⁻ 质量，就可以求出该深度包气带水的年龄。一个厚度 22m 的剖面追溯到的最大年龄是 1200 年，按此经验想追溯 2000 年历史至少需要使用 30m 厚的剖面（马金珠等，2004）。这初步说明图4-8中的含水率数据大致只能代表 1000 年以来气候情景下的结果。迄今为止，所有在巴丹吉林沙漠使用 CMB 分析法（马金珠等，2004；Ma and Edmunds，2006；Gates et al.，2008b；Stone and Edmunds，2016）评估得到的下渗速率都小于 5mm/a，平均只有 1mm/a 左右，因为包气带水的 Cl⁻ 浓度普遍超过 $100\,mg/L$。这个结果显著低于本书中 Monte-Carlo 模拟方法得到的最有可能取值范围。CMB 法本身存在一定的不确定性，如忽略 Cl⁻ 干沉降可能会导致计算结果偏低（Stone and Edmunds，2016）。巴丹吉林沙漠的盐湖附近存在盐碱地，风力作用可将含盐量很高的粉尘带入空气并在沙丘表面发生 Cl⁻ 干沉降。然而，即使我们假设 Cl⁻ 干沉降速率与湿沉降相当，也只能把 CMB 法的结果增加 1 倍，下渗速率仍然低于 10mm/a。靠近地表的包气带水如果按活塞式运移，则实际运移速率与下渗速率 q_z 的关系为

$$u_z = q_z/\theta \tag{5-10}$$

式中，u_z 为水分实际运移速率（mm/a）。根据观测数据，含水率 θ 的平均值约为 0.039。设包气带剖面厚度为 D_p（m），则地表的水分运移到剖面底部需要的时间 T_p（10^3a）可计算为

$$T_p = D_p/u_z \tag{5-11}$$

式（5-11）中的 u_z 为平均值。如果 CMB 分析法平均结果取为 $q_z \approx 1\,mm/a$，则实际运移速率 $u_z \approx 25.6\,mm/a$，因此按活塞式运移到 $D_p = 25m$ 需要的平均时间是 0.975×10^3a，约为 1000 年。但是，如果用 $q_z = 18 \sim 41\,mm/a$ 来计算，则穿透同样的深度只要 23~55 年，相差巨大。CMB 分析法包含的一个潜在假设是地面高程不变，这在流动沙丘可能不成立。风积和风蚀作用会导致沙丘地面被不断抬高或降低，以 10mm/a 的高程变化速率，足以在 1000 年内新增一个 10m 的土柱或完全剥蚀掉一个 10m 的土柱。这一效应在现有的 CMB 分析法研究中没有考虑。如果穿透时间缩短到 50 年，那么土柱顶部移动 5m，相对 25m 厚度只是一个小量，不会有那么严重的影响。因此，我们认为传统 CMB 分析法在巴丹吉林沙漠的应用需要谨慎。

季节性波动问题的初级延伸，就是年际尺度的问题。比如，近 20~30 年的气象条件变化会对巴丹吉林沙漠稳定下渗带有什么影响呢？对于这个问题，Hou 等（2016）开展了数值研究。该研究所使用的模拟工具为 HYDRUS-1D，一个以土壤水动力学的垂向一维形式为基础建立起来的非饱和带水–热–溶质运移的有限差分模拟程序（软件）。根据土壤水动力学，包气带水分运移可用 Richards 方程描述（雷志栋等，1988），其一维形式为

$$\frac{\partial}{\partial z}\left[K(h_{\mathrm{p}})\;\frac{\partial(z-h_{\mathrm{p}})}{\partial z}\right]-S_{\mathrm{r}}(z)=\frac{\partial\theta}{\partial t}=\frac{\partial\theta}{\partial h_{\mathrm{p}}}\frac{\partial h_{\mathrm{p}}}{\partial t} \tag{5-12}$$

式中，z 为向上的垂向高度（m）；h_{p} 为土壤水的负压（mH_2O）；$K(h)$ 为随负压变化的渗透系数（m/d）；$\partial\theta/\partial h$ 为水分特征曲线的斜率，也可以表示为容水度（m^{-1}）；$S_{\mathrm{r}}(z)$ 为植物根系吸水强度（d^{-1}）。HYDRUS-1D 的开发者对 Richards 方程进行了细化改造，增加了热运移和溶质运移的耦合因素（Šimůnek et al.，1998）。不仅如此，最新版本的 HYDRUS-1D（Šimůnek et al.，2013）还融入了包气带水汽扩散的理论（Philip and Vries，1957），增加了对水汽运移的模拟，这可能对沙漠环境下包气带的水热运移比较重要（Zeng et al.，2009）。Hou 等（2016）利用如图 3-15 所示的土壤监测站观测数据，以最新版本的 HYDRUS-1D 为工具，建立了最大深度为 3m 的包气带水运移模型，把模型底部的下渗通量作为地下水补给。模型参数是通过拟合 2012～2013 年温度和水分季节性动态反演出来的，然后输入阿拉善右旗 1960～2012 年的气象数据，对气象环境年际变化的影响进行模拟，得到了 1983～2012 年深度 3m 处逐日下渗强度的变化。之所以没有得到 1960～1982 年的结果，是因为 1960 年包气带初始水分状态的不确定性可能影响长达 22 年，而 1983 年之后的模拟结果与初始条件无关。模拟结果如图 5-9 所示，可以看出深度 3m 处的逐年下渗量也存在年际尺度上的变化，平均值为 17mm，波动范围是 10～30mm，与降水量的波动范围 68～172mm 相比，变幅减弱为原来的 1/5 左右。这说明即使存在气象条件的年际变化，下渗量仍然是比较稳定的。

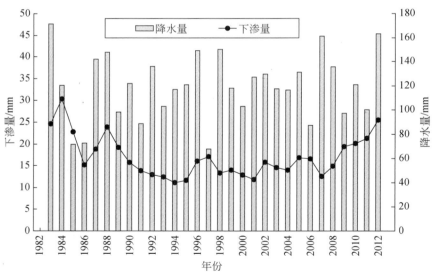

图 5-9　1982～2012 年水分通量逐年变化特征

据 Hou 等（2016）的研究结果重新绘制

　　如果稳定下渗带顶部的输入通量受气候变化的影响存在多年周期性的波动，那么在稳定下渗带的任意深度，下渗强度也可能存在多年周期波动，只不过振幅会由于包气带水的缓冲作用而衰减。针对普遍的周期波动问题，Bakker 和 Nieber（2009）推导出了一个解析解。他们的解析模型假设顶部入渗通量为余弦周期函数：

$$q_z(z=0, t) = q_s + A_q \sin(\omega t) \tag{5-13}$$

式中，z 为相对深度（m）；q_s 为平均下渗通量（m/d）；A_q 为顶部下渗通量的振幅（m/d）；ω 为角频率（d^{-1}）。模型下边界是无穷深处，且下渗通量为恒定值，即 $q_z(z \to \infty, 0) = q_s$。模型所用的水分特征曲线采用 Gardner-Kozeny 模型（简称 G-K 公式）描述：

$$K = K_0 \exp[-\beta_k(h_p - h_0)], \qquad \theta = \theta_0 \exp[-\mu_w(h_p - h_0)] \tag{5-14}$$

式中，h_0 为一个临界负压值（mH_2O）；K_0 和 θ_0 分别为渗透系数和含水率的临界值；β_k 与 μ_w 为特征参数（m^{-1}）。根据 Bakker 和 Nieber（2009）得到的解析解，下渗通量随深度的变化可以用公式表示为

$$q_z = q_s + A_q \exp(-z/\lambda_q) \sin(\omega t - k_q z) \tag{5-15}$$

式中，λ_q 为振幅衰减的特征长度（m）；k_q 为相位偏移系数（m^{-1}）。两者都取决于式（5-13）和式（5-14）中的参数。特征长度 λ_q 随着角频率 ω 而变化，计算公式可以表示为（Dickinson et al., 2014）

$$\lambda_q = \frac{2}{\beta_k \left(1 + \dfrac{16\omega^2}{\beta_k^4 D_w^2}\right)^{1/4} \cos\left[\dfrac{1}{2} \arctan\left(\dfrac{4\omega}{\beta_k^2 D_w}\right)\right] - \beta_k} \tag{5-16}$$

其中，

$$D_w = \frac{K_0}{\theta_0 \mu_w} \left(\frac{q_s}{K_0}\right)^{(\beta_k - \mu_w)/\beta_k} \tag{5-17}$$

根据上述解析解，周期越短的波动，频率越高，λ_q 越小，振幅的衰减也就越快。Dickinson 等（2014）把振幅衰减到地表波动的 5% 作为穿透深度，发现周期为 365d 的季节性波动的穿透深度在黏性土中一般为 1 ~ 30m，而在砂性土中可达 10 ~ 1000m，而且随着平均入渗强度 q_s 的增大，穿透深度也增加。我们可以把这个方法用于对巴丹吉林沙漠的包气带进行分析。为了在低含水率状态下拟合如图 4-9 所示的风积砂水分特征曲线，在 G-K 公式中取 $h_0 = 1mH_2O$、$K_0 = 0.1K_s$、$\theta_0 = 0.1$、$\beta_k = 5 \sim 7m^{-1}$、$\mu_w = 0.5 \sim 1.0m^{-1}$，饱和渗透系数取峰值概率数值，即 $K_s = 20m/d$。按照如图 5-9 所示的模拟结果，稳定下渗带顶部的下渗强度年际尺度波动的振幅可取为 10mm/a，即 $A_q = 2.74 \times 10^{-5}m/d$，平均下渗强度可取为 17mm/a，即 $q_s = 4.66 \times 10^{-5}m/d$。把参数代入式（5-17）得到 $D_w = 1.9 \times 10^{-3} \sim 3.9 \times 10^{-3}m^2/d$。如果平均下渗强度增加到 Monte-Carlo 模拟方法所得的 28mm/a，则 $D_w = 3.2 \sim 5.9$（$\times 10^{-3}$）m^2/d。因此不妨以 $1.9 \times 10^{-3} \sim 5.9 \times 10^{-3}m^2/d$ 作为 D_w 的取值区间。振幅衰减的特征长度 λ_q 随着 D_w 的增加以及波动周期的延长而增大，结果如图 5-10 所示。

如果气候波动周期为 10a，有 $\lambda_q = 0.4 \sim 1.7m$，下渗强度的相对振幅将按照图 5-10 中的 A 曲线与 B 曲线所围区间变化，按 5% 定义的穿透深度是 4.3 ~ 8.2m。如果气候波动周期达到 100a，则 $\lambda_q = 13 \sim 120m$，下渗强度的相对振幅将按照图 5-10 中的 C 曲线与 D 曲线所围区间变化，按 5% 定义的穿透深度是 42 ~ 363m。这说明 10 年尺度的气候波动一般不会影响到地下水补给，但 100 年尺度的气候波动可影响到巴丹吉林沙漠大部分地区的地下水补给。以此类推，1000 年尺度的气候波动应当可以直接影响到整个巴丹吉林沙漠的地下

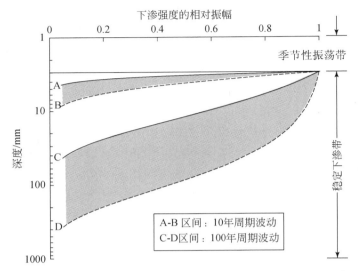

图 5-10　不同气候周期的包气带下渗强度波动振幅随深度的变化特征

水补给。当然，深度越大，对浅表气候变化的响应也越滞后，考虑有限的穿透深度，由 k_q 决定的滞后响应时间一般小于周期的一半。

5.4　水体同位素蒸发效应对水分来源的指示意义

已有不少关于巴丹吉林沙漠水体同位素的研究，存在解释上的多样化。最初的深大断裂远距离导水到巴丹吉林沙漠的假说（Chen et al.，2004；陈建生等，2006），就是以氢氧同位素特征作为主要依据。但是同样基于同位素信息，其他研究者给出了完全不同的解释（马金珠等，2007；马妮娜和杨小平，2008；Gates et al.，2008a；Yang et al.，2010）。实际上，早在20世纪90年代，人们已经发现巴丹吉林沙漠地下水氘盈余异常偏负的特点（Geyh 和顾慰祖，1998）。Zhao 等（2012）比较全面地分析了巴丹吉林沙漠及其周边水体氘盈余的空间分布特征，发现黑河流域地表水和地下水的氘盈余一般为正值，与沙漠地下水差别很大。他们倾向于认为沙漠地下水由大气降水补给，而且主要来源于历史低温湿润时期的入渗补给，因为低温更加容易形成氘盈余偏低的大气降水。然而，线性化的端元假设并不一定能够准确解释水分来源。从大气降水到补给还有很多中间过程，各种物理的和化学的作用足以造成氢氧同位素分馏，导致地下水与水源的氢氧同位素特征存在差异。显然，这不能成为否定来源关系的证据。本书认为巴丹吉林沙漠地下水氘盈余的偏移恰恰说明了补给方式的特殊性：入渗补给过程中发生了强烈的蒸发作用。虽然不是唯一原因，但有可能是最主要的原因。这一点在以往的研究中没有得到重视。

5.4.1　水体蒸发对氘盈余的影响

氘盈余是反映水体氢氧同位素状态的一个指标。在水体氢氧同位素含量的坐标系中，全球大气降水线（GMWL）由式（3-18）表示，而氘盈余定义为（Dansgaard，1964）

$$D\text{-}excess = \delta D - 8\delta^{18}O \qquad\qquad (5\text{-}18)$$

各个地区的当地大气降水线与 GMWL 不同，氘盈余水平在 10‰上下变化。干旱区的降雨过程伴随空中蒸发，D-excess 往往低于 10‰，如阿拉善地区降水的 D-excess 为 3‰～7‰（Zhao et al.，2012）。由降水产流形成的地表水其氘盈余一般为正，如黑河的河水在祁连山上游地区 D-excess≈16‰，流经中游张掖地区之后，在下游变为 D-excess≈13‰（Zhao et al.，2012）。如果地下水来自大气降水且没有发生氢氧同位素分馏，则其氘盈余应为正值，如祁连山区的地下水 D-excess 超过 15‰（Zhao et al.，2012）。然而，在巴丹吉林沙漠取地下水样测试得到 D-excess<0，且绝大部分数据落在−10‰～−30‰（Geyh 和顾慰祖，1998；Zhao et al.，2012）。因此，按照线性端元假设，巴丹吉林沙漠地下水不应来自祁连山地区。然而，线性端元假设不太适用于解释干旱区的地下水来源，因为干旱区大气降水入渗补给地下水的过程中会发生蒸发作用，导致 D-excess 减小甚至出现负值。

为了弄清楚沙漠环境中水体蒸发对氘盈余的影响，作者 2013 年在苏木吉林湖区组织进行了蒸发试验。试验所用的蒸发皿为圆柱形，内部直径 21cm，初始盛放地下水（取自民井）或湖水（苏木吉林北湖）到一定深度，然后置于沙丘地面同一地点的平整地面，在自然环境中进行蒸发。试验进行了 5 天，每天在蒸发皿中取出 10mL 水样用于测试氢氧同位素，同时记录空气环境指标和水深。有关试验过程和数据的具体情况见欧阳波罗（2014）和 Wu 等（2017）。水样的氢氧同位素是由美国佛罗里达州立大学同位素实验室测试的，数据见表 5-4，其中 7 月 6 日 07：00 采集的水样为地下水和湖水的原状水样。容易看出，随着蒸发的进行，水体中的重同位素越来越富集，而且 δD 的增大速率超过了 $\delta^{18}O$ 的增大速率。由蒸发皿的水深变化，可以计算出蒸发后剩余水体积占初始水体积的比例，即残余水体积比，用来反映蒸发作用的程度。盛放湖水的蒸发皿水深变化不如蒸发地下水的那么快，蒸发速率偏小，可能是水体高含盐量对蒸发起到了抑制作用。把氢氧同位素的含量数据代入式（5-18）可以计算出不同状态下的氘盈余值，与残余水体积比的关系如图 5-11 所示。伴随蒸发，残余水体积比减小，D-excess 也呈现增大的趋势，但两者没有严格的线性关系。天然状态的地下水和湖水氘盈余均为负值，且湖水的 D-excess 在−40‰以下。当残余水体积比高于 60%时，地下水和湖水的变化曲线近似平行，但之后两者存在较大差异，后期湖水的 D-excess 近似保持不变。在 $\delta D\text{-}\delta^{18}O$ 坐标系中，蒸发皿水样数据点大致落在同一条蒸发线上 [图 5-11（b）]，其斜率约 4.6，与 Zhao 等（2012）根据沙漠天然地下水数据给出的蒸发线斜率 4.5 十分接近。湖水的 δD 在超过 40‰后，其数据点落在一条似乎与 GWWL 平行、D-excess≈−75‰的直线上。残余水体积比较大的地下水，代表一种低含盐量、重同位素富集程度低的状态，在蒸发作用下其氘盈余近似呈线性增加，$\delta D\text{-}\delta^{18}O$ 关系也近似沿直线变化。在第一天的蒸发中，地下水的残余水体积比降低到

83%，D-excess 也从−18‰减小到−36‰。这说明沙漠环境的蒸发分馏效应可以解释地下水氘盈余超过−20‰的现象，并反映在蒸发线的延伸上。

表5-4　苏木吉林湖区水体蒸发同位素分馏试验（2013 年）数据表

时间	气温/℃	相对湿度/%	初始盛放地下水蒸发皿			初始盛放湖水蒸发皿		
			水深/mm	δ^2H/‰	$\delta^{18}O$/‰	水深/mm	δ^2H/‰	$\delta^{18}O$/‰
7 月 6 日 07：00	29	45	60	−46	−3.5	60	10	7.6
7 月 6 日 19：00	40	21	50	−28	1.0	51	22	11.3
7 月 8 日 07：00	22	53	40	−14	4.6	42	34	13.2
7 月 9 日 07：00	18	68	38	−10	5.4	41	35	13.3
7 月 10 日 07：00	19	58	31	10	8.6	35	42	14.3
7 月 11 日 07：00	33	20	12	66	23.2	21	70	18.2

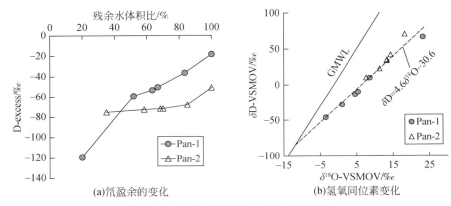

(a)氘盈余的变化　　　　　　(b)氢氧同位素变化

图 5-11　水体蒸发试验同位素变化特征

GMWL 为全球大气降水线。蒸发皿 Pan-1 初始盛放地下水，蒸发皿 Pan-2 初始盛放湖水

5.4.2　地下水和湖水的氢氧同位素演化路径

有了蒸发试验的结果，就可以用一种比较合理的模式根据氢氧同位素特征来解释地下水与湖水的演化关系。天然湖水的典型数据点绘制在图 5-12 中，它们的趋势线总体上与地下水的蒸发线一致，可以逆推到天然状态的地下水。这反映了湖水由地下水补给的来源关系。沿蒸发线朝着离开大气降水线的方向移动，氘盈余的数值逐渐降低。天然地下水（民井水样）落在 D-excess＝−20‰附近，而天然湖水一般落在 D-excess＝−40‰之外，两者之间似乎有一段空白。其实，在地下水向湖泊排泄的路径上，存在地下水浅埋带（局部溢出形成湿地），蒸发作用会导致 D-excess 在−40‰～−20‰变化。当然，湖水的 D-excess 如此之低，还有一个长时间蒸发积累的过程。目前，多数湖水的 D-excess 处于−60‰～−40‰，在今后的演化过程中还会继续增大。

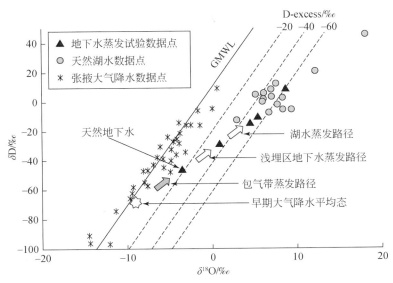

图 5-12 巴丹吉林沙漠水体同位素演化路径

5.4.3 大气降水转化为包气带水的同位素推演

在图 5-12 所示的蒸发线演化路径上，天然地下水与 GMWL 之间还存在一段空白，D-excess 相差 20‰左右。这段空白很重要，因为对它的解释决定了地下水来源的推测结论。国际原子能机构组织全球大气降水同位素的观测，张掖气象站属于国际观测站之一（1986～2003 年），数据可以在 IAEA-GNIP 网站上下载（http：//www. iaea. org/water）。张掖站是最靠近巴丹吉林沙漠的一个国际观测站，在区域尺度上具有代表性，其大气降水的氢氧同位素数据也绘制在图 5-12 中。可以看出，大气降水的 δD 变化范围很大，但大部分数据点落在 GMWL 附近，也有少数点出现在 D-excess 为 0‰～10‰甚至更低的区域。研究者在阿拉善地区零星取得的降水样品，D-excess 为 3‰～7‰（Zhao et al.，2012），也低于 10‰。这说明甘肃、阿拉善等地区的大气降水本身受到一些蒸发作用的影响。这样的降水如果属于地下水的来源，那么地下水氘盈余演变的起点值本身就比较低。但是，把图 5-12 中的蒸发线反推到与大气降水线交叉的位置，会得到 δD 偏低的数据点，其 δD 低于−60‰，而大多数降水数据点的 δD 高于这一数值。强行把现代大气降水与沙漠地下水关联起来，似乎需要与现有的蒸发线不同的路径。

作者推测巴丹吉林沙漠当前的地下水主要并不是来自近 50 年的大气降水，而是在某个更早时期由大气降水入渗到风积砂，再下渗穿过厚度很大的包气带，最终才补给到潜水面。早期大气降水的数据点仍然落在 GMWL 附近，但相对现代大气降水其重同位素偏少，另外也有 D-excess 低于 10‰的现象。其实不用追溯到久远的历史时期，全球变暖乃是近100 年来气候变化的强趋势，在此之前的平均气温较低时期大气降水的重同位素可能偏少一些。大气降水入渗到风积砂后，需要经历发生在浅表包气带的蒸发作用，继续下渗的残余水受此影响而富集重同位素，D-excess 可下降到−20‰ ~ −10‰。在稳定下渗带，包气带水不受蒸发影响，其 D-excess 基本保持稳定。我们在苏木吉林湖区进行了 3 个不同深度砂坑的人工降雨−入渗试验（Wu et al.，2017），模拟降雨的水源与放入蒸发皿 Pan-1 的地下水相同。结果表明，下渗水的氢氧同位素数据点也落在 Pan-1 的蒸发线（斜率为 4.3）附近，如图 5-13 所示。这说明浅表包气带蒸发作用形成的蒸发线与水面蒸发是类似的。在 Pan-1 蒸发皿试验中，当残余水体积从 100% 降低到 50% 时，D-excess 从 −18‰ 到−58‰。如果入渗水的氘盈余也按照这个速率变化，那么 D-excess 从大气降水的 10‰ 减小到−20‰，所对应的残余水体积是 85‰，也就是 100mm/a 的降水可以形成 85mm/a 的下渗补给。这样得到的下渗补给量则太大了。因此，在早期沙漠环境中，D-excess 随残余水体积下降而减小的速率可能没有现今这么强烈。实际上，在包气带还存在水汽扩散可能导致的同位素分馏效应，这一过程会对入渗水的氘盈余变化产生什么影响，目前还不太清楚，有待进一步研究。

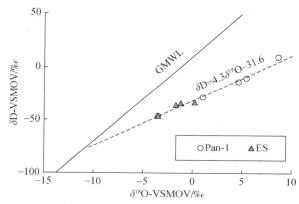

图 5-13　砂坑入渗试验同位素变化与蒸发试验的对比

ES 为砂坑，Pan-1 为初始盛放地下水的蒸发皿

5.5　咸淡水分布的指示意义

按照经验，我国西北地区大型山前盆地的地下化学空间分带特征一般是，山前倾斜平原地区为淡水，中游平原区是淡水−微咸水混合带，下游平原区以微咸水−咸水为主。这种分带特征与地下水的补给和排泄方式有关。在山前倾斜平原，地下水接受大量低 TDS 地表水或地下水侧向径流补给，因而该处的地下水呈现为淡水状态。随着径流途径的延长，盐分在地下水中逐渐富集，到下游平原区地下水埋深较浅还存在潜水蒸发浓缩作用，导致地下水的 TDS 增加到微咸水−咸水的程度。从地形地貌的总体位置上看，巴丹吉林沙漠似乎也可以视为山前盆地的中游或下游地区，应该有类似的水化学分带特征。然而，实际情况是差别很大。

图 5-14 显示的是根据井孔调查数据绘制的浅层地下淡水的分布情况。从图 5-14 中可以看出，在宗乃山、雅布赖山与北大山的山区和山前边缘地带，浅层地下水普遍为 TDS 在 1~3g/L 的微咸水，也有 TDS>3g/L 的咸水。在 5.2 节我们已知山区和山间盆地的地下水通过侧向径流补给到巴丹吉林沙漠。如果没有特殊情况，按照地下水 TDS 从上游到下游逐渐增加的规律，巴丹吉林沙漠的地下水也应该是微咸水或咸水。确实，在巴丹吉林沙漠的外围边缘，地下水的 TDS 一般在 1g/L 以上。然而，巴丹吉林沙漠腹地的浅层地下水反而以淡水为主，虽然在 U1 单元与 U2 单元的交界线附近有一个微咸水条带。这说明在巴丹吉林沙漠腹地，浅层地下水获得了不同于现代山前地区的淡水补给。最有可能的情况是沙漠腹地接受了从高大沙山包气带下渗的大气降水补给，形成浅层地下淡水，而山前侧向径流补给来的地下水形成深层微咸水或咸水。否则，只能推测在年代比较久远的历史时期（地下水从山前到沙漠腹地的运移时间很长），山区和山前地带的地下水也是淡水甚至发育地表水，补给到沙漠储存起来，成为现今沙漠腹地的浅层地下淡水。但这样还不太容易解释为什么 U1/U2 交界带是微咸水。我们倾向于认为淡水的分布特征指示了沙漠腹地存在持续而足够有影响力的大气降水入渗补给。

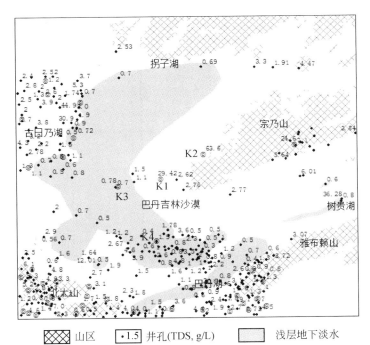

图 5-14　巴丹吉林沙漠及其周边地区浅层地下淡水的分布特征

第6章 区域地下水循环模式与水资源属性

6.1 巴丹吉林沙漠地下水循环模式的构建

构建地下水循环模式，就是采用概念化的或者定量化的方式，确定地下水补给来源、排泄去向以及在含水层系统的流动方向，使各个地下水循环要素联系成一个整体。对于巴丹吉林沙漠的含水层系统特征、最有可能的地下水补给来源以及地下水的宏观流向等问题，此前各章节已经进行了研究。本章将把有关的认识综合起来构建巴丹吉林沙漠的地下水循环模式。

6.1.1 区域地下水循环的概念模型

本书所建立的巴丹吉林沙漠地下水循环模式，其控制区域为图 4-4 中的 U1 单元和 U2 单元北部，界面 U1/U3、U1/U4、U1/U5 和 U1/U6 以及沙漠与古日乃湖平原、拐子湖盆地的交界面为该控制区的边界，在 U2 内部，黑山头及其以东的地下水分水岭作为沙漠东南部边界。针对该区域的地下水循环模式如图 6-1 所示。

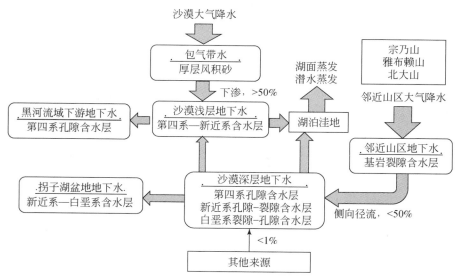

图 6-1　巴丹吉林沙漠地下水循环模式概念图

巴丹吉林沙漠地下水循环的补给来源主要是两个，即邻近山区地下水侧向径流补给和沙漠内部包气带水的下渗补给。也可能存在其他来源的地下水补给（如深部油气层高压地下水顺着断裂带向上逸出），但我们估计其所占的比例低于 1%，可忽略不计。从总量上，推测沙漠内部包气带下渗补给所占比例大于 50%，超过侧向径流的贡献。侧向径流主要转变为沙漠的深层地下水，而包气带水下渗成为浅层地下水。

巴丹吉林沙漠地下水循环的排泄途径有很多。在沙漠内部的湖泊盆地或无湖洼地，地下水既向湖泊流出排泄（最终以湖面蒸发的形式返回大气），也通过潜水蒸发的方式在地下水浅埋区进入大气。在沙漠的北部和西部边缘，地下水以侧向径流的方式排泄到拐子湖盆地或黑河流域下游盆地（古日乃湖平原）。巴丹吉林沙漠与古日乃湖的交界带存在地质构造上的隆起，可能导致白垩系地层缺失，并造成上部新近系含水层错开，具有一定的阻水作用。因此，沙漠的深层地下水应该很少能够穿越它们的交界面直接流出，而主要向上先转变为浅层地下水，然后通过连通的第四系孔隙含水层侧向流出到古日乃湖。拐子湖盆地基本上没有第四系含水层，其与巴丹吉林沙漠虽然可能为断层接触关系，但新近系—白垩系砂岩基本上是连通的，因此沙漠中的深层地下水可以穿过界面流出。巴丹吉林沙漠北部的第四系浅层地下水向下越流进入新近系砂岩含水层，然后向拐子湖地区排泄。

在巴丹吉林沙漠内部，湖泊洼地的耗水量既有浅层地下水的贡献，又有深层地下水的贡献。浅层地下水主要从湖岸附近的沙山横向排泄进入湖的周边。深层地下水则从湖的底部，以湖底均匀渗流或湖底泉的方式向上排泄进入湖中。湖中岛泉的地下水主要来自于深层地下水。

发生在第四系孔隙含水层中的地下水循环，是一种更新交替相对较快的积极地下水循环，与湖水一样存在季节性的动态变化。相对而言，深层地下水在第四系孔隙含水层的下部、新近系孔隙–裂隙含水层和白垩系砂岩含水层流动，更新交替较为缓慢，基本上不存在季节性的动态变化。

6.1.2 地下水循环的数值模拟方法

在图 6-1 所示的概念模型中，我们只能给出大于 50% 或小于 50% 这样模糊的量化判断，不能给出地下水补给量和排泄量的具体数值，特别是难以给出湖泊洼地的蒸发耗水量。还有一个明显的问题在于，这样的概念模式不能告诉我们地下水循环的空间分布特征。为了使地下水循环模式包含更加丰富的内容，需要在概念模型的基础上，采用区域地下水流数值模拟的方法开展定量分析。

地下水流数值模拟的一般方法包含若干处理步骤。

1）进行网格剖分，建立含水层系统的离散模型，并进行时间长度的剖分。

2）在离散模型基础上处理初始条件、边界条件和源汇项，包括随时间变化的条件。

3）给定每个离散单元的渗透系数等参数的数值，对于非均质的含水层，可以采用分区法进行处理，也可以采用 Monte-Carlo 法生成具有一定空间随机分布特征的参数值。

4）采用有限差分法或有限单元法等算法建立式（3-14）和式（3-15）的代数方程组，

进行求解。

5）将求解得到的水头与实测点的观测水头进行对比，评估模拟效果。

6）如果模拟效果不够好，则对步骤2）和3）进行优化。

7）得到效果足够好的模拟结果之后，进行流线追踪、水均衡计算等后处理工作，完成地下水循环特征的定量分析。

本次采用的模拟工具是 GMS，全称为 groundwater modeling system，是美国 AQUAVEO 公司发布的商业化地下水模拟软件，具有较强的三维可视化功能。GMS 已经嵌入了美国地质调查局发布的三维地下水有限差分模拟程序 MODFLOW（Mcdonald and Harbaugh，1986），包括新的通用版本 MODFLOW-2000（Harbaugh et al.，2000）。MODFLOW 采用矩形分层网格进行空间离散化，其建立地下水运动方程的有限差分算法为单元中心法（block-centered method），即待求变量（水头）和参数都设置在单元方块的中心点。尽管同一层网格的相邻单元之间可能发生上下错位，但在算法中起实际作用的是单元体的饱和带厚度，这使 MODFLOW 能够适应形态变化的含水层。MODFLOW 为代数方程组的求解提供多种模块，包括分片超松弛迭代法、共轭梯度法以及 MODFLOW-2000 中新开发的多重网格法等。在水均衡计算方面，MODFLOW 也提供了相应的模块用于分区计算和汇总。

6.2 区域地下水流场的模拟分析

本次研究的目标，是获得区域尺度、多年平均状态的地下水流场，用于对地下水循环模式做出一些定量的分析，并在此基础上划分宏观的地下水流系统。因此，采用 GMS 所建立的模型为地下水的稳定流模型，不需要对时间变化过程进行处理。

6.2.1 三维结构模型与参数赋值

根据资料掌握的情况，本次建模的区域包括巴丹吉林沙漠的大部分以及宗乃山、雅布赖山、北大山与沙漠地下水补给有关的部分，如图 6-2 所示。地下水模型的平面坐标采用基于 Gauss Kruger 投影的"1954 年北京坐标系"，投影范围属于 6°带第 18 区北。为了考虑主构造线走向对含水层渗透系数各向异性的影响，将地下水模型的矩形框架进行旋转（图 6-2），使矩形边框与构造主方向（约 NE29°）基本一致。模型在北东方向（X 坐标）长度 270km，在北西方向（Y 坐标）宽度 237km，单元格为正方形，尺寸均为 1km。将分辨率为 90m 的数字高程 DEM 数据粗化为 1km 分辨率，为了充分考虑地形对潜水蒸发的影响（这一点对巴丹吉林沙漠洼地很重要），粗化时以局部像素集合中的最低高程为准。

根据各个水文地质单元的含水层分布情况，模型在垂向上分为 3 个模拟层（分层数较少，不是严格的三维模型，而是准三维模型），其含水层属性的差别采用平面分区的方法处理。第 1 个模拟层对应第四系孔隙含水层（沙漠）和基岩裂隙含水层的浅层裂隙网络（山区）。第 2 个模拟层对应新近系孔隙–裂隙含水层（沙漠）和中等深度的基岩裂隙网络

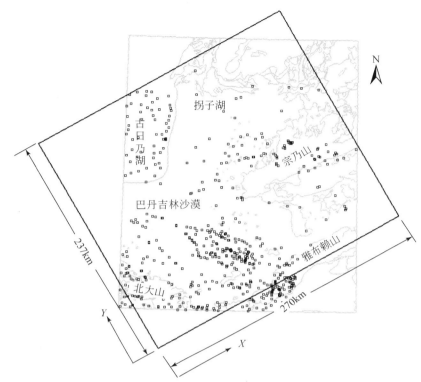

图 6-2　区域地下水流模型网格剖分的平面坐标框架

（山区）。第 3 个模拟层对应白垩系砂岩裂隙–孔隙含水层（沙漠）和深部基岩裂隙含水层（山区）。模型将白垩系以下的地层视为隔水底板。在巴丹吉林沙漠和各个山间盆地，这 3 个模拟层的厚度依据图 4-1 ~ 图 4-3 所示的数据资料确定。在基岩山区，裂隙含水层划分为 3 个不同深度段，与上述 3 个模拟层对应。根据对宗乃山的勘探调查，可以初步划分为 0 ~ 50m、50 ~ 200m、200 ~ 1000m 这 3 个深度段。其中：深度 0 ~ 50m 包含风化壳、卸荷裂隙强烈发育带和部分覆盖的第四系等，渗透系数较大；深度 50 ~ 200m 为岩体裂隙中等发育的区段；深度 200 ~ 1000m 主要为完整岩体，局部含有构造节理，平均渗透系数小于 0.001m/d。

　　稳定流模型所需要的含水层参数是渗透系数。考虑各向异性，K_x、K_y、K_z 的赋值各不相同，其中 K_y 的赋值通过在 MODFLOW 模型中设置单元体的 K_y/K_x 来实现。X 轴方向属于优势构造延伸方向，裂隙含水层沿着这个方向具有一定的张性，渗透系数更大，而在 Y 轴方向具有一定的挤压性质，渗透系数相对较小。第四系和新近系含水层以孔隙为主要导水通道，暂不考虑它们渗透性受构造作用的影响，而主要考虑白垩系砂岩含水层与山区的岩浆岩和变质岩。对于穿越白垩系地层和山区基岩的深大断裂带，模型初步考虑 1km 宽度的破碎带，在断裂延伸带上大幅度增加渗透系数。模型参数的总体设置情况见表 6-1。

表 6-1   区域地下水流模型渗透系数参数表

模拟层	渗透系数 /(m/d)	含水层			
		第四系	新近系	白垩系	基岩山区
1	K_x	5.8	0.5	0.2	0.1
	K_y/K_x	1.0	1.0	1.0	0.2
	K_z	0.6	0.03	0.02	0.01
2	K_x	—	0.2	0.1	0.01
	K_y/K_x	—	1.0	0.3	0.1
	K_z	—	0.01	0.01	0.001
	断裂带		1.0	1.0	1.0
3	K_x	—	—	0.02	0.001
	K_y/K_x	—	—	0.1	0.01
	K_z	—	—	0.004	0.0001
	断裂带			1.0	1.0

注：第 1 个模拟层为校正后结果

6.2.2   地下水循环要素的处理

首先处理边界条件（图6-3）。根据研究区水文地质单元划分和地下水位分布情况，在地下水模型中把南侧北大山、东南侧雅布赖山的地下分水岭视为零通量边界（等效处理为隔水边界）。模型的东侧，在树贵湖盆地和宗乃山北部初步取南北向的流线作为边界，也处理为隔水边界。在西侧，初步取一条从北大山指向古日乃湖的流线作为零通量边界。更靠沙漠西部区域则缺少实际数据，暂且不纳入模拟范围。古日乃湖、拐子湖等平原区的极低洼地（在沙漠核心区以外）属于区域地下水排泄带，在模型中处理为已知水头边界，根据观测到的地下水位确定。由于掌握的资料有限，对水文地质历史时期的变化也不是很清楚，本次模拟不可能建立一个精确的区域地下水流模型。上述边界条件只是目前的一种初步处理方法。此外，本次模拟还假设区域地下水流场处于多年平均的稳定流状态，因此这些边界的位置不变，定水头边界的水头数值也不变。

接下来处理源汇项。本模型的源汇项发生在上部边界（潜水面），接受大气降水的入渗补给。在潜水面埋深较小的地区，地下水发生蒸发排泄。模型的下边界设置为隔水边界，无源汇项。出于宏观分析的角度，本次模拟采用较为简略的方法处理入渗补给和潜水蒸发问题。

区域性的入渗补给强度采用入渗系数法处理，根据式（3-1）改写为

$$R_g(x, y) = \alpha_g(x, y) P_a(x, y) \tag{6-1}$$

式中，(x, y) 为平面坐标；P_a 和 R_g 均为较长历史时期多年平均状态的降水强度和入渗补给强度 $[L/T]$，随空间位置变化；$\alpha_g(x, y)$ 为分布式的入渗系数。这里的降水入渗考虑的是在发生潜水蒸发之前的入渗量，即初次补给的水量，潜水蒸发损失单独计算处理。

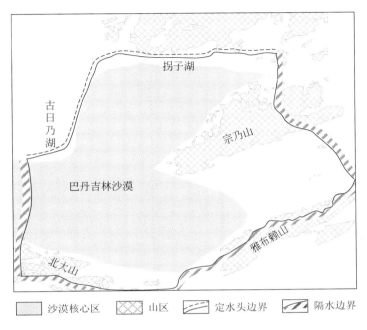

图 6-3　区域地下水流模型的边界条件示意图

前人在评估山区降水入渗系数时，往往采用沟谷潜流推算汇水面积范围内的有效径流量，已经扣除了潜水蒸发损失，因此得到的经验入渗系数是偏小的。对于巴丹吉林沙漠的南部地区，在第 3 章分析稳定下渗带时得到的下渗强度可能值为 18～41mm/a，而多年包气带动态模拟得到的下渗强度为 10～30mm/a，折中考虑取 20mm/a。降水量总体参照图 2-4 进行确定，但考虑到"较长历史时期"，沙漠范围的降水量适当增加，其中沙漠南部的湖泊分布区年降水量增加到 100mm。这样还原出来的巴丹吉林沙漠南部入渗系数为 0.20。沙漠中部（古日乃湖—宗乃山连线附近）和沙漠北部的气候更加干旱一些，入渗系数适当降低。各个特定地区的入渗系数见表 6-2。

表 6-2　区域地下水流模型的源汇项参数表

特定区域	气象要素平均值/(mm/a)		入渗系数 α_g
	降水量 P_a	水面蒸发量 E_0	
宗乃山	110	1300	0.17
雅布赖山	110	1250	0.25
北大山	100	1450	0.15
树贵湖区	80	1500	0.14
巴丹吉林沙漠南部	100	1300	0.20
巴丹吉林沙漠中部	80	1350	0.16
巴丹吉林沙漠北部	60	1400	0.12

潜水蒸发与地下水埋深 d 有关系，一般表示为以下函数：

$$E_g(x, y) = E_{max}(x, y)f(d) \qquad (6\text{-}2)$$

式中，E_g 为潜水蒸发强度 [L/T]；E_{max} 为当 $d=0$ 时的蒸发强度 [L/T]，近似处理为实际水面蒸发强度 E_0；$f(d)$ 为由潜水面埋深 d 决定的蒸发系数 [–]，而 d 也是随 (x, y) 而变化的。蒸发系数常用阿维里扬诺夫公式计算，在式 (3-4) 中取 $n=2$，得

$$f(d) = \left(1 - \frac{d}{d_{max}}\right)^2, \quad d < d_{max}; \quad f(d) = 0, \quad d \geqslant d_{max} \qquad (6\text{-}3)$$

其关键参数为极限埋深 d_{max} [L]。前人在水文地质普查报告中[①]给出的极限埋深经验值为 $4 \sim 5m$，这主要根据平原区的少量观测信息得到的。实际上埋深 3m 以下的蒸发量往往被忽略，其不确定性与降水入渗量的不确定性几乎相当。在如图 3-16 所示的包气带水剖面中，潜水面只能显著影响相对高度 1.5m 处的含水率，表明毛细水上升到 3.0m 是极为困难的。因此，本次模拟取极限埋深为 $d_{max}=3m$。另外，水面蒸发强度 E_0 通过阿拉善右旗气象站观测到的小型蒸发皿数据进行换算，见式 (2-3)。蒸发皿校正系数取为 $\alpha_e=0.4$，计算得到的特定地区蒸发量见表 6-2。

老版本的 MODFLOW 中有一个处理潜水蒸发的模块 EVT，假设的是线性蒸发 (Mcdonald and Harbaugh，1986)，即在式 (6-3) 中用指数 $n=1$ 取代 $n=2$。这种模型简化与实际的潜水蒸发机制严重不符。为此，MODFLOW-2000 设计出了一个新的模块 ETS，采用分段线性函数近似描述一条非线性的蒸发系数曲线 (Mcdonald and Harbaugh，1986)。为此，需要把式 (6-3) 所决定的曲线用若干个点的连线来逼近，本模型采用的分段数据点如下：① $d/d_{max}=0$，$f=1.00$；② $d/d_{max}=0.4$，$f=0.33$；③ $d/d_{max}=0.7$，$f=0.07$；④ $d/d_{max}=1.0$，$f=0.00$。这样做会产生一定的误差，但还在可接受的范围内。

湖泊属于地下水的排泄区，在本模型中并不做特殊的处理，而是自动包含在源汇项中。对于第一个模拟层（顶部），当一个模型单元的地下水位超过地面高程时就属于湖泊，有 $d<0$，这时 ETS 模块按照蒸发系数的分段曲线自动计算出 $f=1.0$。这种湖泊单元的蒸发强度可达到 $1200 \sim 1500mm/a$，在模型中按照潜水蒸发的方式等效处理了，虽然水量平衡中的降水量由于入渗系数的折算损失了一部分，但相对蒸发强度而言其数值是很小的，可以考虑为数据的扰动误差，不会对模型的总体水均衡造成很大影响。

6.2.3　模型识别验证

本次模拟只采用手动调参的方法粗略反演了第 1 个模拟层的参数（结果见表 6-1），使模拟出来的地下水位分布与实际浅层地下水位分布方式基本一致。第 2 个、第 3 个模拟层的水位属于深层地下水，观测资料基本为空白，所以没有作为反演对象。因此，表 6-1 中

---

① 绳宝印，李嘉斌，张哲.1981. 区域水文地质普查报告（1：20 万）—雅布赖盐场幅；可景洪，孔令寿，王永勤，等.1982. 区域水文地质普查报告（1：50 万）—务陶亥、特罗西滩幅；时洪清，郝荫斌，李超奎.1983. 甘肃北山—内蒙阿拉善地区水文地质编图报告（1：50 万）.

深部白垩系砂岩含水层、基岩裂隙含水层和断裂破碎带的参数值只具有数量级上的意义。K_y/K_x 为水平方向的各向异性系数，以 NE 向的主构造线方向为优势渗透系数方向，K_y/K_x 比值根据经验确定，也只具有数量级上的意义。模拟过程中也发现，浅层地下水位的分布状态主要受第 1 个模拟层参数的影响，对下部模拟层的参数变化不太敏感。

　　图 6-4 给出了浅层地下水的观测水位和模拟水位（第 1 个模拟层）的对照。由图 6-4 可以看出，对于绝大多数观测点，模拟得到的水位值落在观测值附近，但模拟结果似乎总体上偏低。偏低的情况在山区比较严重一些（实测水位高于 1450m 的地区）。这种偏低实际是比较合理的，因为山区第 1 个模拟层的厚度约为 50m，而观测点的井孔深度很少超过 10m。在补给区，地下水有向下渗流的分量，导致水头随着深度而下降，因此，50m 深度的平均水头应当比浅表地下水的水位更低一些。另外，山区裂隙水的水头空间变异性强，局部起伏大，在多年平均状态下取沟谷低洼地区的地下水位更加稳定可靠一些。所以，我们认为模型存在一些误差，但总体上的效果是良好的。

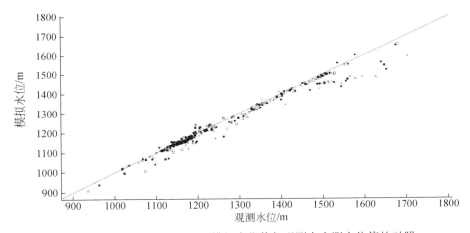

图 6-4　区域地下水流模型的模拟水位值与观测点实测水位值的对照

　　也可以采用等值线图的方式对模拟效果进行观察，如图 6-5 所示。第 1 个模拟层的等水位线图，基本上能够与根据观测点绘制的等水位线保持一致，说明地下水位的模拟结果总体上符合实际。两者的局部形态有一些变化，如在巴丹吉林沙漠的中部和北部，等值线的走向有偏差。这些地带的观测点本来就比较稀少，前期手绘的等水位线图也未必准确。模拟得到的等水位图在因格井和沙漠腹地等地点出现了封闭的小环，这种局部的等水位线封闭是手绘过程中无法掌握的，但数值模拟能够给出更加多的细节，可能更加合理一些。

6.2.4　模拟结果分析

　　模拟结果在趋势上能够与实测水位保持一致（图 6-4 和图 6-5），说明模型的框架与参数设置基本上是合理的、可用的，能够重现区域地下水流的特点。从三维的角度来看，3 个模拟层的水位空间分布很相似（图 6-6），似乎没有反映出地下水流场垂向上的

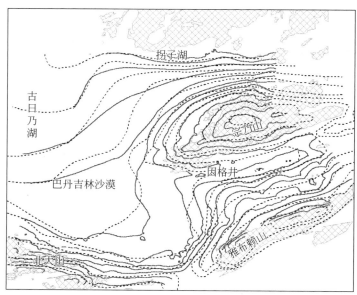

图 6-5　模拟地下水位分布（实线）与根据观测点绘制的等水位线（虚线）的对比图

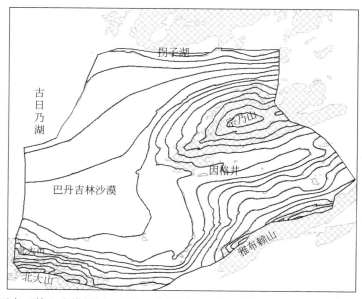

图 6-6　深层地下水（第 3 个模拟层，黑线）与浅层地下水（第 1 个模拟层，灰线）等水位线对比图

变化，这可能是分层数太少造成的（准三维模型）。在宗乃山水位最高处，第 1 模拟层的
水位是 1540.1m，第 3 模拟层水头是 1537.5m，水头差 2.6m，具有自上而下的流动趋势，
符合补给区的地下水运动规律。在因格井洼地，第 3 模拟层的水位比第 1 模拟层高出
8.9m，具有自下而上的流动趋势，符合排泄区地下水运动规律。

利用现有的模拟结果对整个模拟区（图6-3）进行了水均衡分析，结果见表6-3。可以看出，在模型中总排泄量与总补给量几乎相等，相对误差不到1%，说明模型具有足够的精度。模拟区的总补给量略大于$7×10^8 m^3/a$，其中86%被区内的潜水蒸发和湖泊蒸发所消耗，剩余部分排泄到古日乃湖和拐子湖地区的最低洼处，最后大部分实际上也是通过蒸发消耗掉的，可能只有很少一部分继续流向额济纳旗平原。模型的西部和北部边界并非严格意义上巴丹吉林沙漠与平原区的边界，因此表6-3中的边界排泄量（$1.1×10^8 m^3/a$）并不代表巴丹吉林沙漠向外的侧向径流量。如果以巴丹吉林沙漠核心区（图6-3）为水均衡分析区，则水量数据有较大的变化，因为出现了侧向径流补给。从表6-3给出的数据可知，巴丹吉林沙漠核心区侧向径流排泄的水量为$1.98×10^8 m^3/a$，远大于该区域接受的侧向径流补给量（$0.72×10^8 m^3/a$），说明还有相当一部分沙漠腹地的大气降水入渗补给转化为了指向西部和北部边界的侧向径流排泄。沙漠核心区的入渗补给量占全部补给量的84%，是侧向径流补给量的5倍多，这符合前述对地下水循环模式的定性判断。在第5章，通过断面计算评估得到的U1侧向径流补给量是$1.43×10^8 m^3/a$，大于本次模拟计算得到的沙漠核心区侧向径流补给量。造成这个差异的原因，一方面是沙漠核心区在模拟区的范围（不包含沙漠南部的西段，但包含巴丹湖地区）与U1（包含沙漠南部的西段，但不包含巴丹湖地区）不同，另一方面是第5章的概略计算存在误差。根据第5章的推测，从U2（图5-2）流向U1的侧向径流量达到$0.76×10^8 m^3/a$。而按照区域地下水流模型，则U2/U1界面的侧向径流只有$0.32×10^8 m^3/a$。这说明表5-2中U2/U1单元水量交换的推算结果总体是偏大的。另外，沙漠核心区的潜水蒸发和湖面蒸发的总量接近$2.5×10^8 m^3/a$，若以$22km^2$作为沙漠腹地湖泊的总面积、以$1200mm/a$为湖面蒸发量扣除降水量得到的净蒸发损失，则地下水排泄到湖泊的总量为$0.26×10^8 m^3/a$，只有总蒸发损失量的约10%。这意味着沙漠潜水蒸发的耗水量远远超过了湖面蒸发耗水量。

表 6-3　区域地下水流模型的水均衡计算结果

均衡项	地下水补给量		地下水排泄量		水均衡相对误差/%
	降水入渗补给/$(10^8 m^3/a)$	侧向径流补给/$(10^8 m^3/a)$	蒸发量（含湖面蒸发）/$(10^8 m^3/a)$	侧向径流排泄量/$(10^8 m^3/a)$	
模拟区	7.30	0.00	6.25	1.10	0.58
沙漠核心区	3.69	0.72	2.47	1.98	0.97

6.3　地下水流系统分区及其水均衡特征

6.3.1　地下水流系统的划分

对于区域地下水流系统的划分，目前还没有成熟的方法。从剖面的角度，如图3-3所示，大致可以分成局部、中间和区域流动系统3个层次。从水平面的角度，如图3-4所示，可以按照从一个补给区到不同排泄区的流线组合成若干流动系统。然而，在三维空间定义流动系统难度很大。我们从补给区与排泄区的关系出发，初步定义地下水流系统为一个连续补给区到一个连续排泄区的流线所组成的渗流空间。因此，一个地下水流系统只有一个补给区和一个排泄区，且它们都在各自的分布区间连续。这种地下水流系统的概念与基于含水层分布特征定义的水文地质单元概念差异较大。

在划分地下水流系统之前，必须在平面上划定补给区和排泄区。如果一个地点的多年平均大气降水入渗大于潜水蒸发，应该将其归属为补给区，反之则属于排泄区。对于巴丹吉林沙漠及其周边地区，严格而准确地划分补给区和排泄区是比较困难的，因为很多局部地带都能够细分出补给区和排泄区，导致微观尺度上特征过于复杂。我们以认识地下水流系统宏观特征为目标，把地下水入渗量整体上大于潜水蒸发量的山区作为关键补给区，把面积较大而相对完整的湖泊集中区、平原区和地势低洼地带作为关键排泄区，而其他地区作为径流带。关键补给区在宗乃山、雅布赖山和北大山等地区，实际上雅布赖山与北大山的山间盆地南部属于关键补给区，它将雅布赖山—北大山补给连接成一个连续的长条状补给区。关键排泄区在古日乃湖平原、拐子湖平原巴丹吉林沙漠东南部湖泊集群区以及乌兰苏海洼地、树贵苏木洼地、因格井洼地等。

本章所建立的区域地下水流模型是准三维模型，三个模拟层的水头差别相对较小，等水头线的分布格局高度一致。因此，很难做到如图 3-3 所示在垂向上划分流动系统。为此，我们主要根据地下水流场的平面特征来划分流动系统，即在水平面上绘制流线连接补给区和排泄区，然后按照补给–排泄的组合关系确定不同的流动系统。结果如图 6-7 所示。

在区域尺度上，地下水流系统可分为 3 个组群，即巴丹吉林沙漠组群、宗乃山—雅布赖山的山前盆地组群和北大山—雅布赖山南部组群。巴丹吉林沙漠组群包含 5 个相对独立的地下水流系统：（Z3）宗乃山—拐子湖地下水流系统；（Z2）宗乃山—古日乃湖地下水流系统；（Y3）雅布赖山—古日乃湖地下水流系统；（B1）巴丹—苏木吉林地下水流系统；（B2）北大山—古日乃湖地下水流系统。宗乃山—雅布赖山的山前盆地组群包含 4 个相对独立的地下水流系统：（Z1）宗乃山—因格井地下水流系统；（Z4）宗乃山—树贵苏木地下水流系统；（Y1）雅布赖山—树贵苏木地下水流系统；（Y2）雅布赖山—因格井地下水流系统。北大山—雅布赖山南部组群只包含 2 个相对独立的地下水流系统：（Y5）雅布赖山南部地下水流系统；（B3）北大山南部地下水流系统。其中，（Y5）和（B3）系统都与巴丹吉林沙漠关系不大，在此不必讨论。以因格井和树贵苏木为中心的宗乃山—雅布赖山的山前盆地组群，主要汇集宗乃山南部和雅布赖山北部的地下水，其浅层地下水全部在系统内被消耗，只有小部分深层地下水会穿越（Z1）和（Y2）的西侧边界进入沙漠腹地，但本章的区域地下水流模型尚难对此进行准确评估。因此，下面的分析对宗乃山—雅布赖山的山前盆地组群也不做深入讨论，而是把重点放在巴丹吉林沙漠组群，分为沙漠南部和沙漠北部两个地区进行分析。

6.3.2 沙漠南部地下水流系统的水均衡特征

巴丹吉林沙漠南部有 3 个地下水流系统（B1）、（B2）和（Y3），总面积超过 14 000km^2。

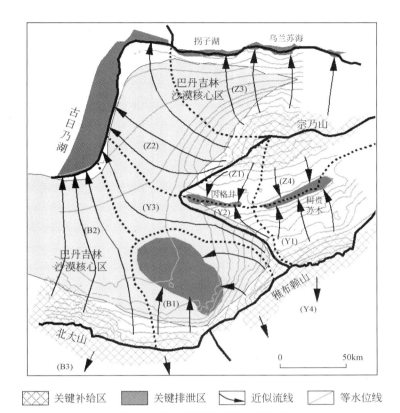

图 6-7   区域地下水流系统划分图

总体上讲，它们的补给区在沙漠东部、南部的雅布赖山、北大山及其山间盆地，当地下水流入沙漠时，一部分被湖泊群所吸引形成流动系统（B1），而位于湖泊群两侧的地下水则沿着较长的路径到达古日乃湖地区，分别形成流动系统（B2）和（Y3）。下面分别对它们进行分析。

（1）（B1）巴丹—苏木吉林地下水流系统

该系统在沙漠核心区的面积约为 5400km^2，以雅布赖山西北部和北大山东北部为关键补给区，以巴丹吉林沙漠湖泊群为关键排泄区，不排除会有部分深层地下水流向古日乃湖。沙漠核心区也存在降水入渗和潜水蒸发，但大量湖泊的蒸发是消耗地下水的重要方式。该区域内的浅层地下水位主要在 1120～1500m，水流具有汇聚形态，水力梯度在补给区超过 5.0‰，但在巴丹吉林沙漠迅速减少到低于 1.0‰。湖泊群一带平均梯度约为 0.5‰，地下水位还受到湖泊的局部扰动。根据水均衡计算结果（表 6-4），在巴丹吉林沙漠核心区内 B1 水流系统获得的总补给量达到 $1.45×10^8$ m^3/a，而且潜水蒸发与湖面蒸发量之和超过了降水入渗补给量，因此侧向径流补给对于维持湖泊集中区的水均衡是必要的，尽管它在总补给量中的比例还不到 18%。6.2.4 节中已经指出，巴丹吉林沙漠南部湖泊的总蒸发量约为 $0.26×10^8$ m^3/a，这个水量消耗绝大部分发生在 B1 水流系统中，但实际上不到潜水蒸发量的 23%。这说明在湖泊集中区，无湖洼地和湖泊周边的地下水浅埋区造成了更大量的地下水蒸发消耗。B1 水流系统只有 2% 的补给水量以深层地下水侧向径流的形式到达下游。

表 6-4　巴丹吉林沙漠南部地下水流系统水均衡特征

流动系统编号	沙漠核心区面积/km²	沙漠核心区地下水补给量		沙漠核心区地下水排泄量	
		降水入渗补给/($10^8 m^3/a$)	侧向径流补给/($10^8 m^3/a$)	蒸发(含湖面蒸发)/($10^8 m^3/a$)	侧向径流排泄/($10^8 m^3/a$)
B1	5 380	1.201	0.252	1.427	0.029
B2	5 123	0.869	0.172	0.610	0.423
Y3	3 531	0.266	0.102	0.102	0.263
合计	14 034	2.34	0.53	2.14	0.72

（2）（B2）北大山—古日乃湖地下水流系统

该系统在沙漠核心区面积约为 5100km²（未统计地下水流模型以西的部分），以北大山北部为关键补给区，以古日乃湖为关键排泄区，在沙漠核心区也存在降水入渗补给、潜水蒸发排泄和少量的湖泊蒸发。该区域内的浅层地下水位主要在 1000~1500m，水流向北，近似为平行流形态，水力梯度在关键补给区达到 6.0‰，而在沙漠核心区介于 1‰~2‰。从表 6-4 可以看出，该区域的降水入渗量和潜水蒸发量（含少量湖水蒸发）都略低于 B1 水流系统，但向下游古日乃湖贡献的水量是沙漠南部各水流系统中最大的。

（3）（Y3）雅布赖山—古日乃湖地下水流系统

该系统在沙漠核心区的面积约为 3500km²，以雅布赖山西北部一小段为关键补给区，以古日乃湖为关键排泄区，在沙漠腹地有降水入渗补给和潜水蒸发，基本没有湖面蒸发。该区域内的浅层地下水位主要在 1000~1600m，水流向西北，略呈发散形态，水力梯度在关键补给区达到 6.0‰，而在沙漠核心为 1‰~3‰。根据表 6-4，该区域的潜水蒸发量与侧向径流补给量相等，而向古日乃湖贡献的侧向径流量与入渗补给量相当，约占沙漠南部贡献侧向径流排泄量的 37%。

6.3.3　沙漠北部地下水流系统的水均衡特征

巴丹吉林沙漠北部有两个地下水流系统（Z2）和（Z3），总面积超过 8000km²。它们的补给区都在宗乃山西北部，一部分地下水流向古日乃湖平原（Z2），另一部分则流向北侧的拐子湖和乌兰苏海地区（Z3）。由于沙漠北部只有 1~2 个面积很小的湖泊，地下水以湖面蒸发方式的消耗可以忽略补给，而主要通过潜水蒸发的方式消耗。水均衡情况见表 6-5。

（1）（Z2）宗乃山—古日乃湖地下水流系统

该系统在沙漠核心区面积约为 5300km²，以宗乃山西部为关键补给区，以古日乃湖为关键排泄区，浅层地下水位主要在 950~1350m，水流总体向西，呈发散流形态，水力梯度在关键补给区达到 5.0‰以上，而在沙漠核心区为 1‰~3‰。表 6-5 给出了沙漠北部的水均衡计算结果，表明沙漠北部的降水入渗补给量显著低于沙漠南部，但潜水蒸发量也显著低于沙漠南部的蒸发耗水量。（Z2）水流系统向古日乃湖地区贡献的水量超过 $0.6 \times 10^8 \mathrm{m}^3/\mathrm{a}$，比沙漠南部各个水流系统单独的贡献都要大，当然有一部分水量其实是贡献给了西北部的额济纳旗平原。这些侧向径流排泄水量大部分来自沙漠北部的降水入渗补给。

表 6-5　巴丹吉林沙漠北部地下水流系统水均衡特征

流动系统编号	沙漠核心区面积/km²	沙漠核心区地下水补给量		沙漠核心区地下水排泄量	
		降水入渗补给 /($10^8\mathrm{m}^3$/a)	侧向径流补给 /($10^8\mathrm{m}^3$/a)	潜水蒸发 /($10^8\mathrm{m}^3$/a)	侧向径流排泄 /($10^8\mathrm{m}^3$/a)
Z2	5359	0.777	0.102	0.266	0.617
Z3	2967	0.558	0.120	0.080	0.602
合计	8326	1.34	0.22	0.35	1.22

（2）（Z3）宗乃山—拐子湖地下水流系统

该系统在沙漠核心区面积约为 3000km²，以宗乃山北部为关键补给区，以拐子湖洼地和乌兰苏海洼地为关键排泄区，浅层地下水位主要在 900~1300m，水流向北，总体呈平行流，略有发散，水力梯度较大，主要为 3‰~5‰。根据表 6-5，（Z3）水流系统的降水入渗补给量较小，但侧向径流补给量较大，因此也能够向北部低洼区贡献 $0.6 \times 10^8 \mathrm{m}^3/\mathrm{a}$ 以上的侧向径流排泄。这些水量基本上都在拐子湖和乌兰苏海地区以潜水蒸发的形式消耗掉了，少量消耗于低洼区的湖水蒸发。

6.4　地下水资源的属性与演化趋势

地下水资源是指参与全球水循环的、可更新的和可利用的地下水量，在水质上一般指地下淡水，在水量上一般根据地下水的补给条件来定量评价。巴丹吉林沙漠属于极端干旱区，水资源匮乏，但是根据已经建立的地下水循环模式，其地下水是可更新的，而且从图 5-14 了解到沙漠腹地大面积存在地下淡水。因此，巴丹吉林沙漠也具备可利用的地下水资源。这对当地的社会经济发展可能是一个有利的条件。不过，已有的调查研究也清楚地表明，沙漠的周边是咸水区，沙漠腹地存在大量盐湖，在地下水侧向径流的驱动下，这些咸水构成对沙漠浅层地下淡水资源的潜在威胁。巴丹吉林沙漠地下水在将来会不会最终全部变为咸水？对于这个问题，我们需要从地下水循环模式的角度判断沙漠地下水资源的属性，确定地下水的水质演化机理和变化趋势，为当地水资源的合理开发利用提供依据。

6.4.1　巴丹吉林沙漠的地下淡水资源

淡水分布区总面积约 13 900km²，其中宗乃山—雅布赖山的树贵盆地淡水分布区占 220km²，其他均位于巴丹吉林沙漠腹地或邻近地区。巴丹吉林沙漠核心区的地下淡水面积约为11 560km²，可分为北部片区、南部片区和东部片区3个不同区域（图6-8）进行评价。北部和南部片区的分界线，为图6-7中（Z2）与（Y3）水流系统的分界线。地下淡水主要是依靠大气降水补给形成的，然后向沙漠外部排泄或在沙漠内部以蒸发的形式消耗掉，循环的过程中地下淡水储存在含水层的孔隙或裂隙通道内。

图6-8 巴丹吉林沙漠核心区地下淡水资源分布情况

东部片区的地下淡水面积最小，根据降水入渗补给评估得到的地下水补给资源量接近0.2×10⁸m³/a，约为55 000m³/d。这些补给的地下淡水主要被当地的湖泊所消耗。由于第四系和新近系沉积物的饱和带厚度都很小（一般小于20m），这些地下淡水主要储存在白垩系砂岩含水层中。如果取上部100m厚砂岩作为有效的地下水储层，取砂岩孔隙率为20%，则东部片区地下淡水储量达到183×10⁸m³。当然，能够被利用的地下水储量是很少的，比例可能低于1%，除非采用不计后果的疏干式开发利用。

南部片区面积最大，地下水补给资源量超过0.9×10⁸m³/a，相当于25×10⁴m³/d，实际上，这个片区还以约0.6×10⁸m³/a的流量［（B2）和（Y3）水流系统］向古日乃湖地区输送地下淡水。该区域第四系和新近系含水层的有效厚度各自都普遍超过100m，是地下淡水的主要储存场所。取200m为总的有效厚度，取平均孔隙率为25%，则南部片区地下淡水的储量达到2960×10⁸m³。如果以水位整体下降1m为代价，第四系含水层给水度以

0.1 来计算，则地下淡水的可消耗储量至少在 $5 \times 10^8 m^3$ 以上。

北部片区地下水补给资源量略超过 $0.6 \times 10^8 m^3/a$，相当于 $17 \times 10^4 m^3/d$，主要通过 Z2 和 Z3 水流系统向古日乃湖、拐子湖地区输送。该区域地下淡水主要储存在第四系和新近系含水层，总有效厚度也能达到 200m，储量超过 $2300 \times 10^8 m^3$。同样以水位整体下降 1m 为代价，第四系含水层给水度以 0.1 来计算，其地下淡水的可消耗储量至少在 $4 \times 10^8 m^3$ 以上。

实际地下淡水资源的分布比上述描述更加复杂，因为图 6-8 仅仅反映的是浅层地下水的水质情况，而且没有充分考虑被淡水包围的小型咸水体（由湖泊或蒸发强烈的洼地造成）。

6.4.2 地下水咸化机理及其影响

在图 6-8 中地下淡水分布区的外围，地下水都是 TDS 大于 1g/L 的微咸水或咸水。它们以侧向径流的方式，向西或向北侵入沙漠腹地。由于咸水密度更大，会倾向于下渗形成深层地下水。从这个角度来看，巴丹吉林沙漠的深层地下水不太容易以淡水的形式存在。

实际上，在宗乃山、雅布赖山和北大山的局部地带，也存在由大气降水入渗补给形成的地下淡水，主要分布在海拔较高的地区。这些地下淡水向下游汇集的过程中，随着岩浆岩矿物的不断溶解，TDS 逐渐升高，加上蒸发浓缩作用，在山前地带的沟谷中往往就已经形成 TDS 3g/L 以上的咸水。地下水在山区驻留的时间越长，到达山前地带时 TDS 就越大。这可能是巴丹吉林沙漠在山前边缘区地下水属于微咸水或咸水的主要成因。另外，地下水从山区流到倾斜平原时，水力梯度大幅度减小，径流大幅度变慢，而且局部埋深变浅，容易在长期的蒸发作用下富集盐分，形成咸水。

沙漠东南部的伊克力敖包一带，也属于微咸水分布区，把南部淡水片区和东部淡水片区分割开来，而且越向西部，这个微咸水分布区的范围越大。关于这个微咸水分布区的成因，目前不是特别清楚。一种潜在的可能性，就是这个地区原来分布有大量的咸水湖，在近期气候干旱化趋势下湖水干涸，咸水下沉侵入浅层地下水，并向西部和北部地区扩散。实际上，在沙漠南部可以找到很多古湖干涸的证据。如果气候湿润度逐渐恢复到原有水平，地下水补给加强，则很多湖泊会重现，而这个咸水区可能缩小，并最终导致南部淡水片区和东部淡水片区连接成一个整体。反之，该咸水区将逐渐扩大。

沙漠腹地的盐湖显然可以导致湖泊周围变成地下水的咸水区，表现为下沉式的侵入，与海水入侵类似。不过，这样的咸水带围绕湖泊会有多大的范围、咸水下移的深度有多大，仍然是尚未解决的问题。在大多数情况下，湖泊造成的咸水体并没有影响附近民井的水质。例如，苏木吉林北湖南岸的 W1 井（图 3-13）就在湖边线上，井深接近 2m，但井水仍然是淡水。从动力学上讲，如果一定深度地下淡水的水分势能超过高密度的盐湖水，其向上的对流作用可以抵消卤水下移的趋势。因此，沙漠腹地盐湖对地下淡水的影响也许是很有限的。

地下水埋深很浅的无湖洼地，在长期持续的蒸发作用下，也会导致地下水的咸化，形成咸水体。这种咸水体随着区域地下水位的高低变化可能是很不稳定的，会发生侧向的移动，从而影响周边的地下淡水。然而，从总体上来看，只要能够得到源源不断的大气降水入渗补给，沙漠中大面积的地下淡水还是能够维持的。

6.5　地下水资源可利用性初探

6.5.1　巴丹吉林沙漠地下水开发利用形势

巴丹吉林沙漠的地下淡水，长期以来只有牧民利用作为居民饮用水和牲畜用水，用量十分有限。即使按200口民井每天采2m³地下水来计算，地下水的利用量也不够$0.2 \times 10^6 \mathrm{m^3/a}$，远远低于南部和东部片区地下水补给资源量。从这一点来看，似乎巴丹吉林沙漠的地下水资源还有巨大的开发利用潜力。然而，沙漠淡水区远离巴丹吉林镇、雅布赖镇等人口聚集区，开采地下水的运输成本相当高。

阿拉善右旗是一个严重缺乏饮用水的地区。在2017年之前，城镇供水主要通过抽取南部潮水盆地白垩系含水层的地下水，远距离运送到城区。而且，巴丹吉林镇采取咸淡水混合供水模式，淡水只供饮用，不满足其他生活、绿化和工业用水需要。从2016年开始，阿拉善右旗在巴丹吉林沙漠绍白吉林湖以南的地带兴建了一个集中供水水源地（图6-9）。

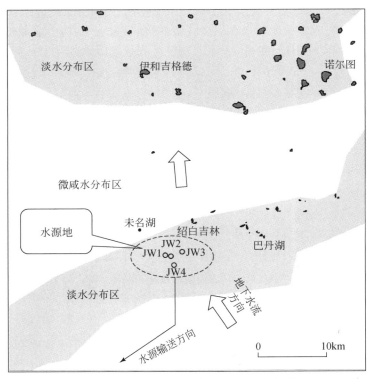

图6-9　阿拉善右旗新建水源地及其周边情况
JW1~JW4 为抽水井

该水源地包括 4 口深度为 80 ~ 100m 的抽水井，钻进白垩系砂岩含水层中，地下水抽出后通过管道系统输送到 60km 以外的巴丹吉林镇。目前，实际只有两口井在开采，另外两口井备用，总开采量达到 2000 ~ 3000m³/d，最大开采量接近 $1.1 \times 10^6 m^3/a$，基本能够满足当地城镇居民生活用水。水源地二期工程的开采能力预计要达到 $3.0 \times 10^6 m^3/a$。另外，近年中原油田在巴丹吉林的西部和北部进行油田勘探，也钻取了一些水源井用于满足勘探工程供水，具体开采量不详。

6.5.2 地下水规模化开采的生态环境效应

长期以来，在巴丹吉林沙漠只有牧民采用分散的方式利用地下水，用量很少而且与自然生态环境达到了平衡状态。偶尔会发生咸水侵入民井的现象，但案例较少，说明少量、分散式持续开采地下水没有造成严重不良的环境反馈。根据 60 多年来阿拉善地区不同时期的自然环境调查报告，巴丹吉林沙漠中湖泊的数量和面积似乎有所减少，但主要是气候干旱化的原因，与当地的地下水开发利用方式关系不大。

巴丹吉林沙漠已经成为国家级、世界级沙漠地质公园的一部分。从地质公园保护这一角度来看，沙漠湖泊、湿地等风貌景观最好能够保持自然状态，尽量避免人类活动导致的衰退。巴丹吉林镇新建的水源地距离绍白吉林湖只有 4 ~ 7km。该水源地开采地下水，必然形成局部地下水漏斗，夺取一部分地下水补给，会不会影响到附近的湖泊景观？这是值得关注的问题。

在干旱区，集中水源地对生态环境的影响主要体现在两个方面：①在开采区形成地下水漏斗，水位下降导致表层土壤更加缺水，制约植被的生长，不利于防风固沙；②水源井夺取了一部分地下水的天然补给量，导致下游方向地下水的侧向径流减弱，使下游的河流、湖泊或湿地得不到正常的供水而发生退化。对于前一种效应，需要评估天然状态与开采状态地下水埋深的变化，后一种效应需要评估下游目标生态系统的需水量。

对于图 6-9 中巴丹吉林镇新建水源地，主要呈现沙丘地貌，沙丘上植被稀少且与地下水关系较弱，只有一些洼地植被可能与地下水有关。该水源地自然状态的浅层地下水位为 1290 ~ 1300m，以洼地为参考面，地下水埋深 3 ~ 10m。由于埋深较大，地下水对天然植被的供水作用是十分有限的。水源地的开采可能会导致附近的地下水位逐渐下降 5 ~ 20m，即使导致个别密集灌丛的退化，对整体生态环境的影响也是微弱的。不过，一个潜在的影响是制约了当地湖泊的可恢复性。如果未来 50 年受气候暖湿变化趋势的影响，区域地下水位抬升幅度达到 3m，巴丹吉林沙漠南部很多洼地都会恢复成小型湖泊。实际上，抽水井 JW4 就坐落在古湖泊沉积物的附近。水源地的水位降落漏斗可能使得这些古湖泊的恢复变得困难。

水源地的北部，即下游方向，有绍白吉林、沃门吉林、敦德吉林等湖泊，西北部还有一个很小的未名湖，另外分布有一些存在密集灌丛的洼地（估计地下水埋深小于 2m）。虽然单个湖泊的面积小于 $0.05 km^2$，但 8 个这样的湖泊或洼地，总面积也接近 $0.5 km^2$，蒸发耗水量可能接近 $0.6 \times 10^6 m^3/a$。这属于维持湖泊和湿地的必要蒸发耗水，可考虑为现状生态需水量。

水源地二期工程开采量 $3.0 \times 10^6 \mathrm{m}^3/\mathrm{a}$，达到这些湖泊和洼地现状生态需水量的 5 倍多，即使是当前开采量，也接近生态需水量的 2 倍。显然，水源地仅仅依靠夺取它们的生态需水量是不够的，还需要夺取更大范围的生态耗水才能够维持。水源地坐落在图 6-7 中的 B1 水流系统，地下水从南部获得侧向径流补给，平均 1km 长度上通过的流量约为 $0.25 \times 10^6 \mathrm{m}^3/\mathrm{a}$。因此，水源地的开采需要夺取 5~10km 长度上的侧向径流补给才能维持，而在天然状态下这些地下水补给到了北部的绍白吉林等湖泊和洼地。可以预料，西北部的未名湖和东北部的绍白吉林将会是第一批退缩干涸的湖泊，随后其他小湖也将陆续萎缩。这种自然生态景观的萎缩，直接原因就是地下水位下降，通过被动降低蒸散耗水量来补偿水源地的开采。不管还存在多少降水入渗补给，地下水位的下降趋势都是不可避免的。

当然，水源地对北部湖泊的影响不会立即显现，因为目前还处于消耗含水层地下水储量的早期。水源地的圈划面积约有 $50 \mathrm{km}^2$，取砂岩含水层的给水度为 0.05，则圈划区地下水位普遍下降 1m 能够释放的储量将达到 $2.5 \times 10^6 \mathrm{m}^3$。围绕开采井 100m 范围属于漏斗中心，地下水位下降幅度预计将超过 10m。因此，从整体上讲，水源地圈划区地下水可利用储量大致满足 3 年的开采量。我们估计，要从 2020 年开始绍白吉林等湖泊才会发生显著的变化。

随着淡水区的地下水位漏斗形成，南部咸水将加快向北侵入，而且有可能北部的咸水也会掉头向南侵入淡水区。这种咸水入侵的整体速率应该很小，估计每年移动 10~20m，至少需要 50 年才能移动 1km。然而，很难预料淡水区深度 20~100m 范围是否存在局部的微咸水或咸水透镜体，或者存在咸水运移的优势通道，不排除 10~50 年附近咸水或微咸水侵入水源井的可能性。

实际水源地对地下水的动力学影响，以及所引发的生态环境变化是十分复杂的过程，要想做出准确的评估，必须进行更加细致的调查研究。我们建议在水源地的下游方向加强地下水和湖泊的监测，以便在面临生态环境退化问题时采取及时而可靠的调控措施。

第 7 章 地下水与湖泊的相互作用

7.1 地下水向湖泊的排泄

7.1.1 概述

  干旱区的湖泊有各种各样的成因类型。有些湖泊依靠地表水长期或间歇式的汇入而维持，如黑河下游的尾闾湖居延海。有些湖泊则依赖于地下水排泄而维持存在，地下水的贡献占湖泊耗水量的比例超过 50% 甚至接近 100%。这种湖泊可称为"地下水补给型湖泊"（groundwater-fed lakes）。地下水排泄到湖泊的一种重要方式，就是透过湖底沉积物垂直向上渗流进入湖水中，排泄的强度随位置变化。已有研究表明，湖底地下水排泄强度在湖岸线附近最大，越靠近湖心强度越小，近似呈指数衰减（Winter，1978；Winter，1983；Cherkauer and Nader，1989）。实际排泄强度的分布特征与很多因素都有关系，如含水层的各向异性、非均质性以及湖泊的形态。湖泊与地下水的补排关系还存在时空变异性。同一个湖泊在某些位置接受地下水补给，也可能在另一些位置反过来渗漏补给地下水。当湖泊水位与周边地下水位随季节变化交替出现一高一低的现象时，某些季节湖水接受地下水的排泄，某些季节湖水又成为地下水的补给源。即使是地下水补给型湖泊，在个别月份也可能把湖水排泄到地下水中。因此，干旱区地下水与湖水的具体关系相当复杂。

  干旱区或沿海的地下水补给型湖泊，很容易演变为盐湖，因为这种湖泊往往长期处于封闭状态。地下水与盐湖各种演化形态的组合关系，被称为盐水系统（saline system）。根据 Yechieli 和 Wood（2002）的研究，盐水系统大致可分为滨海型（图 7-1 中 A）和内陆型（图 7-1 中 B）两个系列，其中内陆型又可以发育成盐湖（saline lake，指常年有水湖泊）、盐沼（playa，指干盐湖或几乎干涸的盐湖）和盐碱滩（sabkha，指地下水埋深很浅的盐碱化斜坡滩地）等，而盐田（salina）是两种盐湖系统的混合产物。地下水埋深很浅的盐沼仍然存在强烈的潜水蒸发，属于地下水局部排泄区。如果地下水位处于盐沼下方并具有足够的埋深，则大气降水入渗可以携带盐分补给到地下水中。盐碱滩的地下水主要发生侧向径流，局部溢出。

  巴丹吉林沙漠缺少地表径流，其中的众多湖泊都属于地下水补给型湖泊。这些湖泊宽度常达到 500~2000m，也有一些宽度不足 500m 的小湖。如果只考虑沙漠第四系含水层（厚度一般小于 300m），则很多湖泊的宽度都超过含水层厚度的 1.2 倍，意味着湖底的地下水排泄可能是向湖心衰减的。湖泊越大，湖岸附近的地下水排泄量越占主要地位，盐湖

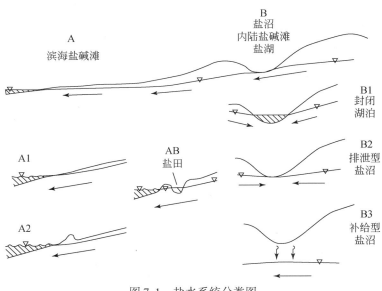

图 7-1　盐水系统分类图

译自 Yechieli 和 Wood（2002）

的变密度流可能进一步强化这种特征。实际上，地下水不仅以分散的湖底渗流方式向湖泊排泄，还能够以局部集中的方式流出并转变为湖水，这就是泉水。湖泊周边泉的存在，反映了沙漠含水层介质以及地下水动力学条件的非均匀性。沙漠腹地的湖泊多数具有长期封闭性，已经发展为盐湖。盐湖的湖岸缓坡有时候会形成盐碱滩。还有不少洼地属于盐湖干涸之后形成的盐沼。少数湖泊发育暂时性的地表径流，属于半封闭型湖泊。沙漠盐水系统的类型变化会影响地下水排泄的方式。

7.1.2　泉的分类特征

泉是肉眼可见的地下水集中排泄。我们可以把泉作为地下水补给地表水的直接证据，也可以通过泉水来了解地下水的水动力和水化学特征。在水文地质学中（王大纯等，1995；张人权等，2011），把泉水分为下降泉和上升泉两类。下降泉是地面切割潜水面形成的，泉水的流向与区域地下水总体流向一致。上升泉，则是承压含水层中的地下水顺着某些地质体通道流出地表形成的，比如沿断裂发育的温泉。泉水可以成为河流、湖泊等地表水的重要源头，我国北方的一些岩溶大泉甚至是支撑城镇用水的重要水源地。

在巴丹吉林沙漠，几乎每个湖泊都可以找到若干泉眼及其形成的过渡型地表水体。相对含水层的厚度而言，巴丹吉林沙漠的湖水很浅，周边出露的地下水（含泉水）都属于浅层地下水，因此没有严格意义上的上升泉。但是，在局部地段，地下水可以通过垂直向上的方式排泄出来，或者穿过局部的弱透水层（相当于承压含水层顶板）发育成泉，也可视为上升泉。实际上，巴丹吉林沙漠的泉具有多种形态，不宜简单采用下降泉和上升泉进行分类。我们根据野外观测到的主要特征，将巴丹吉林沙漠的泉水分为以下 4 种类型（见附图 2 ~ 附图 8）。

1）渗流型下降泉。这实际上是地下水位与湖岸斜坡大致齐平，造成地下水以带状、片状形式溢出形成的渗出面，并不是泉点。溢出带在景观上往往是一片草地（见附图 2）。地下水在渗出后，会以坡面流的形式缓慢流向下游，最终进入湖中，或在下游某个积水区蒸发掉。由于有坡面流，泉水即使持续蒸发也不会积盐，保持为淡水，作为草本植物蒸腾水源。如果地下水位显著下降，以致泉水干涸，这种斜坡就可能发育成为盐碱滩。

2）沟流型下降泉。这种泉是负地形切割潜水面之后，源头形成泉池，泉水又向下游冲出一条沟，像河流一样输送地下水到附近的湖泊中。巴音诺尔湖附近就发育一个沟流型下降泉（见附图 3），沟水弯曲延伸的长度超过 300m，流量达到 95 ~ 130m³/d。这种泉水流动形成的沟槽深度一般小于 1.0m，很少呈直线。实际上，沟底沿线都有地下水持续渗出，因此入湖的流量比源头流量大一些。从泉沟的地形下降趋势，可以大致判断湖岸地下水面的坡度。

3）湖底泉（sublacustrine springs）。这是一种特殊的泉，它们从水下湖底涌出，直接混入湖水中。由于发育在水下，直接观测有难度。在苏木吉林北湖，靠近湖岸处发育若干湖底泉，泉水涌出形成湖面波纹可直接观察到（附图 4）。这种泉的形成与湖底地下水的渗透介质不均匀有关。湖底沉积物总体渗透性较弱，但局部也发育一些渗透性强的"天窗"，使地下水强烈涌出而成泉。湖底泉既可以是下降泉也可以是上升泉，取决于地下水是否有良好的封闭条件。

4）岛状上升泉。在巴丹吉林沙漠一些较大的湖泊中，发育圆柱状的小岛，其基质为碳酸钙沉积物，顶部略高出湖面。钙质沉积物往往存在裂缝，使得湖底的地下水从小岛顶部或侧面的孔洞中流出成泉。从动力学上讲泉水具有承压性，因为地下水的水头必须高于湖面才能向上流出，属于上升泉。图 1-3 就反映了德国学者对诺尔图岛状上升泉的解译概念。音德日图中部的一个湖心岛地面高出湖面约 20cm，长满芦苇（附图 5），钙质胶结物中形成大量泉眼，形成岛状上升泉。该处泉水的 TDS 不到 1g/L，而湖水的 TDS 超过 200g/L，说明泉水上涌过程中没有被湖水污染。

7.1.3　湖底泉的调查识别

湖底泉是发育在湖底的一种特殊泉类，因为隐藏在水中，肉眼很难看到。当湖水较浅时，泉水上涌造成的同心圆状水波可以被直接观察到，作为识别湖底泉的标志之一。深度更大的湖底泉不会产生湖面变化，需要进行特殊的探测才能发现。我们对苏木吉林洼地南湖和北湖的湖底泉进行了专门的观测研究。这两个湖泊都是盐湖，表面湖水的平均 TDS 大于 100g/L。苏木吉林北湖的湖岸发育少量沟流型和渗流型下降泉，南湖的地表只发育渗流型下降泉。

苏木吉林北湖的东岸附近发育湖底泉，被当地牧民称为"诵经泉"。它实际上是由3个泉口组成的泉群，大致与湖岸呈平行的线条状分布，间距在10m以内，其周围湖底水深只有约0.2m。泉口在湖底呈倒锥形，最宽处直径可达4～5m，最大水深超过1.0m。从泉口涌出的地下水携带湖中的生物碎屑向上翻滚，使湖面壅高成鼓丘状，并有同心圆状的波浪向外扩散。2014年夏季，作者使用手摇钻孔器对湖岸和湖底沉积物进行取样，并插入PVC管井形成测压计。根据钻探调查结果，完成了湖底泉的剖面解释图（Gong et al.，2016），如图7-2所示。探孔L1和L2位于湖岸，确定这一带的浅表沉积物为细砂，含钙质胶结夹层。L1揭露这个胶结层的深度是1.1m，厚度是5cm，L2只在底部揭露钙质胶结层，判断该胶结层向湖底延伸。L3在湖底下钻，混入湖水形成泥浆态，难以直接识别沉积物的变化，但我们推测这个钙质胶结层是连续分布的，属于苏木吉林北湖在历史干涸时期形成的表面壳层（在沙漠现代干湖中也常见这种壳层）。钙质胶结层的渗透性显著低于松散砂层，可视为相对隔水层，使下伏细砂中的地下水处于相对封闭的承压状态。在湖底泉S1的位置上，钙质胶结层被穿透了。由于下部承压水的压强大于湖水的压强，下伏细砂层的地下水沿着S1缺口上涌而形成湖底泉。上涌的泉水与湖水混合密度增加，又在周边下沉，于是在泉口锥体空间产生循环流。测压孔L3贯穿湖底深度达到1m，测出地下水位高于湖水位11.3cm，表明即便有泉水的流出，钙质胶结层所造成的承压条件依旧存在，也证实了钙质胶结层在这一带湖底的延展性。在距离诵经泉3m远处，观测到湖水温度为24.1℃、电导率为245.1mS/cm，推测湖水TDS为153.5g/L。在湖底泉的锥体中部，观测到泉水的温度为22.9℃、电导率为191mS/cm，推测泉水TDS为122.4g/L。相对而言，L1和L2中的地下水TDS均小于1.0g/L。这说明，在湖底泉的泉口处，泉水与湖水发生了较为充分的混合，以至于TDS远高于天然状态的地下水TDS。实际上，钙质胶结层也具有一定透水性，允许下伏细砂层的地下水向上以面状形式排泄到湖中，但渗流强度远低于湖底泉。

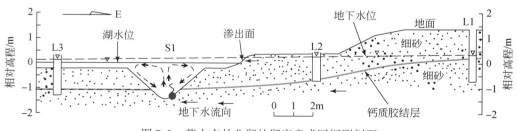

图7-2 苏木吉林北湖的湖底泉成因探测剖面

改自Gong等（2016）

我们没有在苏木吉林南湖发现浅水环境的湖底泉，但通过剖面探测发现了深部的湖底泉。2012年9月在苏木吉林南湖进行的剖面探测成果（陈添斐等，2015）表明，深部湖水存在低TDS异常区，呈条带状分布，平均矿化度为75g/L，不到上部湖水平均TDS的60%，也低于周边湖水TDS均值的50%。正常情况下深部湖水的TDS大于浅部湖水，因为TDS越高，密度越大，从而下沉到湖泊底部。正常区和异常区的同时存在，导致湖水

TDS 随深度的变化呈现分叉现象（图3-14）。初步推测该 TDS 异常低值区为湖底泉的涌出带。深层地下水在这里集中排泄，进入湖泊后和湖水混合，所以导致该处的湖水 TDS 明显变低。这说明即使在深达 10m 的湖底也有地下水集中排泄的现象。

综合上述发现，可以把巴丹吉林沙漠地下水向湖底的分散排泄和泉的集中排泄形式总结为图 7-3（a）。地表泉水的发育形态与地形地貌有关，而湖底泉的发育特征与含水层非均质性甚至钙质沉积物的形成机制有关。如果在湖底泉的泉口不断发生钙质沉积，有可能演变形成岛状上升泉。盐湖附近还可能存在另外一种地下水排泄，就是卤水的自循环排泄。如图 7-3（b）所示，高密度的盐湖水下沉转变为含水层的卤水，与低密度的淡水相遇混合变轻成为咸水，在浮力作用下又上升，最终从湖边的浅水区排出到湖中。其机理与海底地下水排泄中的海水自循环类似。盐湖水的自循环有利于推高湖岸浅层地下水的水位，导致溢出带发育形成渗流型泉水。

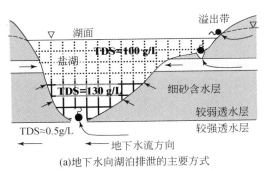
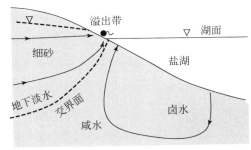

(a)地下水向湖泊排泄的主要方式   (b)盐湖近岸含水层咸淡水界面及卤水自循环排泄模式

图 7-3 巴丹吉林沙漠湖底泉与地下水其他排泄方式的综合对比

7.1.4 湖岸带地下水的水质特征

湖岸带是地下水和湖水交汇之处，存在一些小尺度上的物理化学过程，会导致湖岸带地下水的水质变化。图 7-3（b）概要性地说明了咸淡水相互作用过程在盐湖岸的表现，咸淡水界面实际上反映了地下水的水质突变特征。还有一些随时间变化的过程，如湖面高低变化引起的盐碱滩现象。一些缓坡湖岸反复被湖水覆盖，使高密度的咸水间歇性地下沉到湖岸含水层，又间歇性地被地下淡水挤出，这可能导致比较复杂的水化学空间变化。

为了弄清楚湖岸带地下水的水质特征，我们与香港大学的研究者合作，在苏木吉林湖和巴丹湖附近开展探测。探测剖面的布置如图 7-4 所示。苏木吉林南湖剖面位于北岸，长度约 30m，覆盖了一段浅水区，布置探测孔 5 个，最大测深接近 1.5m［图 7-4（a）］。巴丹东湖剖面位于东北岸，长度约 20m，布置探测孔 3 个，最大探测深度接近 1.3m［图 7-4（b）］。在每一个探测孔处，用一个探针式圆管取样器扎入湖底沉积物，到达指定的深度，然后通过连接的蠕动泵抽出地下水，早期抽出的残留水放弃，然后进行过滤取样。水样的 pH、溶解氧（DO）含量、电导率和温度在现场使用便携式探头测量。保存的水样送到实验

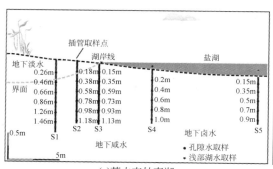
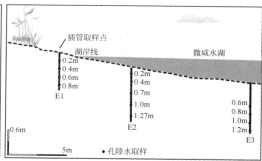

(a)苏木吉林南湖   (b)巴丹东湖

图 7-4   湖岸带地下水的水化学探测剖面

改自 Luo 等（2016）

室进行水化学成分的测试分析，包括 Cl^-、SO_4^{2-}、F^-、Br^- 等阴离子和 Na^+、K^+、Mg^{2+}、Ca^{2+} 等阳离子，另外也进行了放射性氡同位素（^{222}Rn）、镭同位素（^{223}Ra、^{224}Ra、^{226}Ra、^{228}Ra）以及氢氧稳定同位素（D、^{18}O）的测试。部分数据见表 7-1 和表 7-2，以及图 7-5 和图 7-6。详细分析见 Luo 等（2016，2017）的研究。苏木吉林南湖是一个盐湖（TDS>90g/L），巴丹东湖是一个微咸水湖（TDS<3g/L），这种差异同时也导致了湖岸带水化学上的差异。

表 7-1   苏木吉林南湖的湖岸带水化学数据（Luo et al.，2016）

距离/m	深度/m	pH	盐度/‰	含量/（mg/L）								
				DO	F^-	Cl^-	Br^-	SO_4^{2-}	Na^+	K^+	Mg^{2+}	Ca^{2+}
−4 (S1)	0.26	8.3	1	3.4	18.9	175.4	0.4	147.5	403.6	32.1	284.3	19.1
	0.46	8.7	0.6	3.6	17.1	59.2	0.6	52.8	150.2	18.7	146.9	16.9
	0.66	9	6.7	3.7	31.2	4 054	6	604	3 633	249	49.3	2.8
	0.86	9	43.4	3.3	77.8	31 537	52	7 993	24 143	1 909	13.4	31.3
	1.06	9.3	74	2.5	125.6	73 190	69	15 039	39 513	3 717	11.9	52.4
	1.26	9.2	80	0.9	80.2	73 651	85	14 919	48 407	4 647	12.9	88.6
	1.46	9.2	90	2.9	73.2	62 943	50	12 969	53 094	4 998	11.8	26.4
−2 (S2)	0.18	9.5	2.8	3.8	40.9	970	4	275	1 410	356	19.1	0.8
	0.38	9.3	54	1.9	89.1	39 372	39	10 142	31 548	2 979	17.3	14.4
	0.58	9.2	84	3.3	36.8	66 769	87	13 603	38 448	3 765	9.9	16.9
	0.78	9.2	72	3.7	18.3	59 618	43	12 396	46 339	4 469	1.8	51.0
	0.98	9.2	74	2	20.6	60 816	44	12 370	42 696	4 127	6.8	55.5
	1.18	9.1	76	1.3	21.5	64 092	181	13 242	12 294	1 479	1.6	30.1

续表

距离/m	深度/m	pH	盐度/‰	含量/(mg/L)								
				DO	F⁻	Cl⁻	Br⁻	SO₄²⁻	Na⁺	K⁺	Mg²⁺	Ca²⁺
0 (S3)	湖水	—	43.2	0	78.1	40 526	73	8 188	28 111	2 783	54.9	40.1
	0.15	9.3	88	2.8	59.2	46 048	84	10 061	34 312	3 211	37.2	26.7
	0.35	9.3	68	3	58	54 657	145	12 220	39 123	3 677	21.5	94.8
	0.59	9.3	68	2	40.8	49 209	70	11 024	39 058	3 611	6.2	20.7
	0.73	9.3	64	1.9	48.2	47 288	26	10 820	38 474	3 648	9.7	23.7
	0.93	9.5	70	1.4	32.6	57 029	38	13 013	41 637	4 007	10.1	32.0
	1.13	9.3	76	1.1	61.8	63 477	234	14 003	39 491	3 920	7.8	114.6
5 (S4)	湖水	9.3	92	6.5	123.3	38 449	71	7 260	27 461	2 713	88.3	40.4
	0.2	9.1	86	1.8	96.4	61 766	74	11 799	49 143	4 808	19.2	54.4
	0.4	9.2	80	2.2	65.1	70 842	73	10 464	47 374	4 643	4.3	55.5
	0.6	9.2	80	1.6	55.2	61 411	46	9 067	42 961	4 213	1.1	10.9
	0.8	9.3	82	2	97.9	77 486	60	10 383	45 717	4 400	—	34.3
	1	9.2	80	1.8	49.4	66 857	52	14 095	35 031	3 647	0.9	18.5
15 (S5)	湖水	9.3	92	6.8	120.2	98 759	100	19 423	50 490	4 770	173.2	15.7
	0.15	9.2	88	1	119.6	93 923	119	18 171	48 095	4 786	7.0	—
	0.35	9.2	84	2.3	154.3	99 443	120	18 265	43 486	4 493	5.1	9.2
	0.5	9.2	78	2.5	183.6	70 303	89	17 308	48 514	5 352	6.7	43.8
	0.7	9.2	82	1.9	164.8	53 820	72	13 446	44 014	5 089	1.7	22.4
	0.9	9.2	82	2.8	136	57 282	68	13 914	46 127	5 369	2.0	43.1

表 7-2 巴丹东湖的湖岸带水化学数据 (Luo et al., 2016)

距离/m	深度/m	pH	盐度/‰	含量/(mg/L)										
				DO	Li⁺	Na⁺	NH₄⁺	K⁺	Mg²⁺	Ca²⁺	F⁻	Cl⁻	Br⁻	SO₄²⁻
1 (E1)	0.2	7.1	1.17	1.25	0.066	545.3	—	41.3	146.9	32.3	1.7	468.9	0.22	228.8
	0.4	7.1	1.10	1.38	0.026	483.8	—	48.7	130.7	38.4	2.4	418.1	0.3	163.8
	0.6	6.9	1.10	1.22	0.026	501	—	44.9	109.1	53	4.8	394.2	0.4	144.8
	0.8	6.9	1.08	1.17	0.023	536.3	—	45.2	66	43.3	4.9	361.9	0.3	107.9
−5 (E2)	0.2	7.1	1.14	1.09	n. a.	552.1	—	26.3	131.1	45.3	2.9	458.1	1.3	114.6
	0.4	7.2	1.04	1	0.025	472.5	8.1	32.2	118	28.3	3.1	360.4	0.4	54.4
	0.7	7.6	0.97	1.54	0.029	417.3	7.2	27.2	110.6	29.7	3.1	391.7	0.7	126.8
	1	7.8	0.96	1.64	0.02	419.5	6.5	26.5	102.1	42.7	3.6	361.6	0.6	93.8
	1.27	7.7	0.92	1.69	0.02	399.3	1.8	27.1	98.4	51.5	3.6	319	0.4	51.2

距离/m	深度/m	pH	盐度/‰	含量/（mg/L）									
				DO	Li$^+$	Na$^+$	NH$_4^+$	K$^+$	Mg^{2+}	Ca^{2+}	F$^-$	Cl$^-$	Br$^-$	SO$_4^{2-}$
−15（E3）	0.6	6.8	1.26	1.17	0.029	575.3	17.9	52.1	179.2	71.6	4.5	535.6	0.9	80.5
	0.8	7.5	1.08	1.01	—	553.3	6.1	37.6	114.6	36.2	3.6	457.8	0.7	31.7
	1	7.6	1.04	1.01	—	508.8	3.3	26.9	98.7	26.7	3.5	403.5	0.9	6.9
	1.2	7.9	1.04	1.37	—	486	8.1	32.6	128	50.2	3	402.2	0.6	16.2
湖水	—	8.42	1.32	11.21	0.024	627	—	56.1	157.3	78.5	0.9	564.7	1.5	180.4

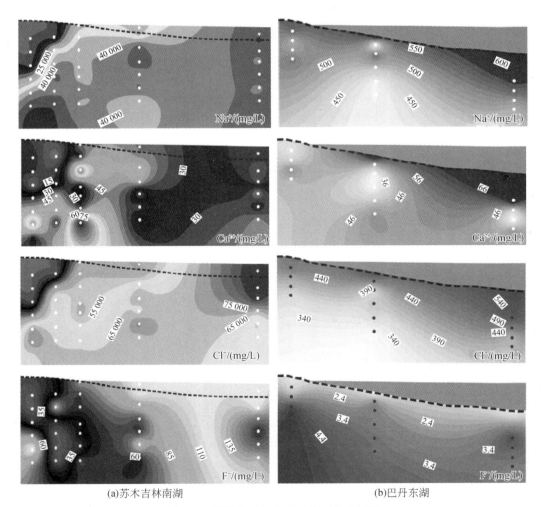

(a)苏木吉林南湖　　　　　　　　　　(b)巴丹东湖

图 7-5　湖岸带地下水离子浓度分布特征

译自 Luo 等（2017）

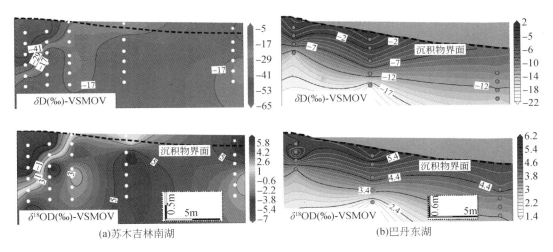

(a)苏木吉林南湖 (b)巴丹东湖

图 7-6　湖岸带地下水氢氧稳定同位素分布特征

译自 Luo 等（2017）

　　从表 7-1 可以看出，在苏木吉林南湖，位于湖岸的 S1 孔浅层地下水（深度 0.5m 以内）Cl⁻浓度不超过 0.2g/L，而远离岸边的 S5 孔处的湖水 Cl⁻浓度接近 99g/L，两者的差别是巨大的。在湖岸上，埋深越大，地下水的 Cl⁻浓度越高，明显受到湖水的影响；而在湖中，越靠近岸边，湖水的 Cl⁻浓度越低，明显受到地下水排泄的影响。根据地下水 Cl⁻浓度确定的咸淡水界面如图 7-5 所示，该界面坡度约为 1/5，与湖底斜交。这样的界面同样体现在 Na⁺浓度的变化上。然而，Br⁻浓度和 Ca⁺浓度的分布却没有表现出这样的特征，说明只有主量成分 Na⁺和 Cl⁻才能较好地指示咸淡水界面的存在。

　　从表 7-2 可以看出，在巴丹东湖，湖岸 E1 孔地下水的 Cl⁻浓度为 0.3～0.5g/L，比苏木吉林南湖附近地下水的 Cl⁻浓度高一些，而巴丹东湖的湖水 Cl⁻浓度只有约 0.6g/L，远低于苏木吉林南湖。由于地下水与湖水的咸淡水平十分接近，巴丹东湖的湖岸含水层分辨不出与湖底斜交的咸淡水界面（图 7-5）。但是从 Cl⁻和 Na⁺浓度的不规则分布格局来看，E2 孔附近可能存在地下水排泄的优势通道。

　　苏木吉林南湖与巴丹东湖的湖岸，在 F⁻浓度分布和氢氧稳定同位素的分布上也存在较大的差别。图 7-5 表明，苏木吉林南湖地下水中的 F⁻浓度低于 50mg/L，而湖水中的 F⁻浓度大于 100mg/L，反映了湖水蒸发浓缩富集氟元素的机制。然而，在巴丹东湖，地下水和湖水的 F⁻浓度都低于 5mg/L，而且湖水的 F⁻浓度还更低一些，说明巴丹湖附近含水层氟元素背景值偏低，而且湖水没有因为蒸发作用而富集氟元素。这可能与巴丹东湖并非封闭性湖泊有关。关于湖岸带地下水氢氧同位素的特征表现在图 7-6 中。苏木吉林南湖附近地下水的 δD 和 δ¹⁸O 均为负值，而湖水的 δ¹⁸O 为正值，反映了盐湖蒸发作用富集重同位素的规律。在巴丹湖的附近，地下水中 δD 和 δ¹⁸O 值明显高于苏木吉林南湖附近的地下水，而且 δ¹⁸O 值为正，似乎表明巴丹湖附近的浅层地下水在流入湖中之前就经历了蒸发浓缩作用。从地下水 Cl⁻浓度在巴丹湖附近高于苏木吉林南湖附近这一点来看，氢氧同位素的差异可能的确反映了两处浅层地下水经历了不同程度的蒸发作用。

7.2　封闭盐湖的水盐动态变化

具有稳定封闭环境的干旱区湖泊，由于湖泊水体无法通过地表径流排泄掉，随着蒸发的不断进行，盐分逐渐在湖水中积累，最终演变为盐湖。盐湖终极状态是各种盐分都达到饱和，析出盐结晶沉淀，只有嗜盐细菌才能生存在这种高盐度环境中（见附图8）。不管是年际尺度上的气候变化，还是年内的季节性气象条件变化，都会导致盐湖水位和含盐量的变化，但是湖水位在一定时期内可以表现为重复性的波动，而湖水盐度总体上呈现逐渐增加的趋势。在巴丹吉林沙漠，封闭盐湖的水盐动态演变是气候与地下水共同作用的结果，本节将通过建立水盐均衡模型加以研究。

7.2.1　封闭湖泊的水盐均衡模型

如果把单个湖泊视为一个盛有水溶液的容器，则湖泊水体（溶液）的质量增加速率就是进出湖泊水文过程产生的净输入质量流量，表示为

$$\frac{\mathrm{d}M_{\mathrm{w}}}{\mathrm{d}t} = \frac{\mathrm{d}(\rho_{\mathrm{l}}V_{\mathrm{w}})}{\mathrm{d}t} = \rho_{\mathrm{in}}Q_{\mathrm{in}} - \rho_{\mathrm{out}}Q_{\mathrm{out}} \tag{7-1}$$

式中，M_{w} 和 V_{w} 分别为湖泊水体质量［M］和体积［L³］；ρ_{l} 为湖水平均密度［M/L³］；Q_{in} 和 Q_{out} 分别为进入湖中和离开湖泊的水体积流量［L³/T］；ρ_{in} 和 ρ_{out} 分别为入湖与出湖水的平均密度［M/L³］。对于巴丹吉林沙漠的封闭湖泊，入湖水体只有地下水和降水两个来源，密度略有不同，可描述为

$$\rho_{\mathrm{in}}Q_{\mathrm{in}} = \rho_{\mathrm{g}}Q_{\mathrm{g}} + A_{\mathrm{lake}}\rho_{\mathrm{p}}P \tag{7-2}$$

式中，Q_{g} 为地下水向湖泊的排泄流量［L³/T］；P 为降水强度［L/T］；A_{lake} 为湖水面积［L²］；ρ_{g} 和 ρ_{p} 分别为地下水和大气降水的密度［ML⁻³］。封闭湖泊的唯一耗水途径是湖面蒸发，而蒸发量按照损失淡水（处理为纯净水）的厚度计算，因此有

$$\rho_{\mathrm{out}}Q_{\mathrm{out}} = A_{\mathrm{lake}}\rho_{\mathrm{f}}E_0 \tag{7-3}$$

式中，E_0 为蒸发强度［L/T］；ρ_{f} 为纯净水的密度［M/L³］。把式（7-2）和式（7-3）代入式（7-1），得

$$\frac{\mathrm{d}(\rho_{\mathrm{l}}A_{\mathrm{lake}}h_{\mathrm{w}})}{\mathrm{d}t} = \rho_{\mathrm{g}}Q_{\mathrm{g}} + A_{\mathrm{lake}}(\rho_{\mathrm{p}}P - \rho_{\mathrm{f}}E_0) \tag{7-4}$$

式中，h_{w} 为湖泊的平均水深［L］。水均衡模型的目标主要是解释 A_{lake} 和 h_{w} 的变化。

湖水的密度主要取决于含盐量，但也受到温度的影响。我们假设在多年平均意义上湖水与地下水处于等温状态，暂不考虑温度对密度的影响。一般水体盐分的总浓度可用 TDS 来表示，并且密度 ρ_{w} 与 TDS 的关系近似为

$$\rho_{\mathrm{w}} = \rho_{\mathrm{f}}(1 + \gamma_{\mathrm{s}}[\mathrm{TDS}]) \tag{7-5}$$

式中，γ_s 为比例系数 $[L^3/M]$，当 TDS 的单位是 g/L 时，γ_s 的单位是 L/g。封闭湖泊的蒸发不会带走盐分，因此在稳定状态下（不发生干涸）总是处于盐分的积累过程中，可近似描述为

$$\frac{dM_s}{dt} = \frac{d([TDS_l]A_{lake}h_w)}{dt} = [TDS_g]Q_g + A_{lake}[TDS_p]P - A_{lake}\varphi_{sub} \tag{7-6}$$

式中，M_s 为湖中盐分总质量 $[M]$；$[TDS_l]$、$[TDS_g]$、$[TDS_p]$ 分别为湖水、地下水和大气降水的平均溶解性总固体含量 $[M/L^3]$；φ_{sub} 为大气干沉降（粉尘降落）、湖水盐沉淀（湖底盐结晶、钙质胶结物生成）和生物活动（藻类微生物光合作用、动物呼吸及碎屑沉降）等相互抵消形成的平均盐分去除率。式（7-6）代表封闭湖泊的盐分均衡模型，目标主要是解释 $[TDS_l]$ 的变化。

融合式（7-4）~式（7-6），得到封闭盐湖水盐均衡模型的展开式方程组：

$$\left(\frac{1 + \gamma_s[TDS_l]}{A_{lake}}\right)\frac{d(A_{lake}h_w)}{dt} + \gamma_s h_w \frac{d[TDS_l]}{dt} = \gamma_s\left([TDS_g]\frac{Q_g}{A_{lake}} + [TDS_p]P\right) + \frac{Q_g}{A_{lake}} + (P - E_0) \tag{7-7}$$

$$[TDS_l]\frac{d(A_{lake}h_w)}{A_{lake}dt} + h_w\frac{d[TDS_l]}{dt} = [TDS_g]\frac{Q_g}{A_{lake}} + [TDS_p]P - \varphi_{sub} \tag{7-8}$$

如果湖盆的形状不变，那么 A_{lake} 一般可表示为 h_w 的确定性函数，那么在给定初始条件的情况下，根据式（7-7）与式（7-8）可对湖泊的平均水深与 TDS 变化进行求解。该水盐均衡模型可以进一步推导为

$$\frac{1}{A_{lake}}\frac{d(A_{lake}h_w)}{dt} = \frac{Q_g}{A_{lake}} + (P - E_0) + \gamma_s\varphi_{sub} \tag{7-9}$$

$$h_w\frac{d[TDS_l]}{dt} = [TDS_l]E_0 - ([TDS_l] - [TDS_g])\frac{Q_g}{A_{lake}} - ([TDS_l] - [TDS_p])P - \frac{\rho_l}{\rho_f}\varphi_{sub} \tag{7-10}$$

其中式（7-9）给出了相对简单的水均衡方程。

如果忽略湖水盐分去除率（假设 $\varphi_{sub} = 0$），同时又把地下水排泄的面积平均值简写为

$$q_g = \frac{Q_g}{A_{lake}} \tag{7-11}$$

即地下水排泄强度 $[L/T]$，则水盐均衡模型可进一步简化为

$$\frac{d(A_{lake}h_w)}{dt} = A_{lake}(q_g + P - E_0) \tag{7-12}$$

$$h_w\frac{d[TDS_l]}{dt} = [TDS_l](E_0 - q_g - P) + [TDS_g]q_g + [TDS_p]P \tag{7-13}$$

如果湖泊的剖面形态近似为 U 形，即湖水的面积相对而言变化很轻微，则式（7-12）还可以表示为

$$\frac{dz_{lake}}{dt} = q_g + P - E_0 \tag{7-14}$$

式中，z_{lake} 为湖泊的水位高程。式（7-14）意味着湖泊的水位变化取决于地下水排泄强度、降水强度与湖面蒸发强度的抵冲结果。

在一定时期的稳定气候条件下，z_{lake} 将维持在多年平均水平，地下水排泄与气候要素的关系为

$$q_g = E_0 - P \tag{7-15}$$

将其代入式（7-13），得

$$\frac{d[TDS_l]}{dt} = [TDS_g]\frac{E_0 - P}{h_w} + [TDS_p]\frac{P}{h_w} \tag{7-16}$$

式（7-16）反映多年平均状态下封闭湖泊的 TDS 变化速率与气候要素和湖泊水深的关系。当其他条件都相同时，湖泊 TDS 增加的速率与平均水深成反比，也就是越浅的湖泊盐分浓度增加越快。

7.2.2　苏木吉林湖区的气象要素动态

式（7-14）和式（7-16）均表明，气象条件是封闭湖泊水位和盐分浓度变化的控制因素。实际气象要素可以在日尺度、年尺度和多年尺度上变化，从而导致多种时间尺度的湖泊动态。下面以苏木吉林湖区为例，对气象要素的多尺度变化特征进行分析。

如 3.2.3 节中所述，苏木吉林南湖气象站观测的气象要素包括气温、风速、气温、气压、空气湿度、净辐射、大型蒸发皿（E601 型）蒸发量等，此外也对湖中深度 10cm 和 20cm 的水温以及湖底压强进行了观测。这些要素的典型逐小时动态特征如图 7-7 所示。不管是在冬季还是夏季，气温都存在白昼增加、夜晚下降的波动 [图 7-7（a）]，最高气温出现在 15：00 左右，波动幅度可达到 10℃以上。相比之下，湖水的昼夜温度波动幅度低于 5℃ [图 7-7（b）、（c）]，而且温度达到峰值的时刻早于气温峰值时刻，说明湖水吸收太阳辐射产生了较快的加热效果。深度 10cm 和 20cm 的水温并不存在显著的差别，这是浅部湖水对流混合作用的结果。气温和水温波动都滞后于净辐射的波动。湖面上空的空气相对湿度也存在昼夜波动 [图 7-7（d）]，与气温的升高降低过程相反，总体上冬季相对湿度显著高于夏季。夏季最高净辐射通量可以达到冬季的 2 倍以上 [图 7-7（e）]，同时 8 月净辐射超过 110W/m² （考虑不超过 0.1 的反射率后可作为计算日照时数临界值）的小时数（约 8 小时）也达到 1 月（约 4 小时）的 2 倍。苏木吉林湖区的日照时数差不多比阿拉善右旗少 2 小时，这是盐湖东部和西部高大沙丘阻挡太阳光线的结果。另外，苏木吉林南湖气象站在夜间观测到负的净辐射（$-100 \sim -50$W/m²）反映了湖水的夜间放热作用。风速的变化具有随机性 [图 7-7（f）]，昼夜差异不太显著。湖底的压强变化 [图 7-7（h）]主要受到气压升降 [图 7-7（g）] 的影响，但也掺杂了湖水位波动的信息，因此在振荡幅度上与气压略有不同。蒸发皿观测到的蒸发量，夏季显著高于冬季 [图 7-7（i）]，但在逐小时尺度上存在毫米级的随机振荡，可能是压力传感器不稳定导致的。

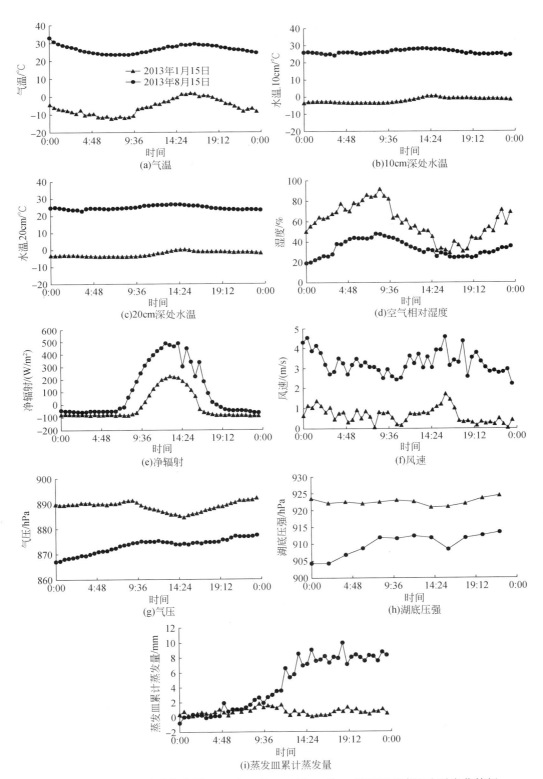

图 7-7　苏木吉林南湖气象站 2013 年 1 月 15 日和 8 月 15 日观测要素逐小时变化特征

在逐小时尺度上，蒸发皿的蒸发量与气温、10cm 或 20cm 深度水温、净辐射和风速具有较强的相关性。这种相关性可以推广到逐日时间尺度，即逐日蒸发量与浅表湖水温度（或气温 T_a，℃）、空气相对湿度（R_h，%）、净辐射通量（N_r，W/m²）和风速（W_s，m/s）逐日平均值的相关性最显著，将数据进行归一化处理后，可建立如下的线性回归模型。

$$E_{pan} = 0.293T_a + 0.152N_r + 0.289W_s - 0.64R_h - 0.038 \tag{7-17}$$

式中，E_{pan} 为蒸发皿的逐日累计蒸发量（mm）。气温与净辐射存在很强的正相关性，空气相对湿度与气温之间存在较强的负相关性，所以实际有动力学影响的因素还可以减少。从空气动力学的角度来看，开阔水面的蒸发主要受风速和空气湿度的影响，可以表示为

$$E_{pan} = f(u)(e_s - e_a) \approx (a_w + b_w W_s)(e_s - e_a) \tag{7-18}$$

式中，$f(u)$ 为风速函数，可用 a_w 与 b_w 两个参数进行线性化近似；e_s 为取决于水面温度的饱和水汽压（10^3Pa）；e_a 为取决于气温的实际水汽压（10^3Pa）。考虑水汽压与温度的关系，式（7-18）可进一步表示为

$$E_{pan} \approx (a_w + b_w W_s)\left[\exp\left(\frac{17.27T_s}{273.3 + T_s}\right) - R_h\exp\left(\frac{17.27T_a}{273.3 + T_a}\right)\right] \tag{7-19}$$

式中，T_s 为湖面温度（℃），可近似用 10cm 深度水温表示。风速函数与当地的情况存在十分密切的关系。实际上，国际通用的 Penman 公式一般也需要用当地风速函数来计算空气动力学阻抗。我们根据苏木吉林气象站的逐日观测数据，假设 $E_0 \approx E_{pan}$ 拟合得到 $a_w = 2.26$mm、$b_w = 0.90$mm/(m/s)。实际蒸发皿内的水体盐分会发生蒸发浓缩（尤其在夏季），受蒸发的盐度效应（盐度越大、水面蒸发越弱）影响，导致 E_{pan} 的数值可能偏低。然而，蒸发皿的换热和水体对流空间都远远小于湖泊，可能需要拿出更多的热量用于蒸发而不是进行热传导，这会导致 E_{pan} 的数值偏大。由于没有对蒸发皿内水体与湖水的温差进行观测，这一点尚难判断。式（7-19）拟合得到的逐日蒸发曲线如图 7-8（a）所示，与蒸发皿实测动态相比，周期波动特征更加平稳，峰值强度出现在 7 月和 8 月，接近或超过 8mm/d，而极小值出现在 1 月，低于 1mm/d。其实式（7-17）和式（7-19）的结果在总体上是相近的［图 7-8（b）］，但是在强蒸发曲线（$E_{pan}>8$mm/d）上，式（7-17）的结果略偏小。

苏木吉林南湖架设的大孔径闪烁仪（LAS）也可以用于评估湖面的蒸发强度变化，但需要进行能量平衡分析。闪烁仪直接观测到的是湖面上空的空气折射指数结构参数 C_n^2［$L^{-2/3}$］，与空气–湖面感热交换有关的是温度振荡引起的结构参数 C_T^2，可表示为（Wesely，1976）

$$C_T^2 = 1.644C_n^2\left(\frac{T_a^2}{P}\right)^2\left(1 + \frac{0.03}{\beta_r}\right)^{-2} \tag{7-20}$$

式中，C_n^2 的单位取 m$^{-2/3}$；T_a 为空气的热力学温度（K）；P 为大气压（MPa）；β_r 为波文比，是感热和潜热通量的比值，即

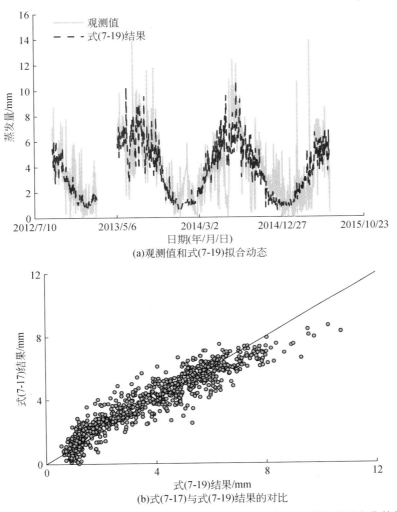

(a)观测值和式(7-19)拟合动态

(b)式(7-17)与式(7-19)结果的对比

图 7-8 苏木吉林南湖气象站大型蒸发皿 2012～2014 年逐日蒸发量的变化特征

$$\beta_{\mathrm{r}} = \frac{H_{\mathrm{sen}}}{L_{\mathrm{w}} E_{\mathrm{m}}} = \frac{H_{\mathrm{sen}}}{N_{\mathrm{r}} - G_0 - H_{\mathrm{sen}}} \tag{7-21}$$

式中，H_{sen} 为感热通量（W/m²）；L_{w} 为蒸发潜热（≈2475J/g）；E_{m} 为用质量流速表示的水面蒸发速率 [g/(m²·s)]；G_0 为湖水热传导吸热通量（W/m²）。根据近地面大气湍流的 Monin-Obukhov 相似理论（Monin and Obukhov，1954），空气结构参数 C_{T}^2 与摩擦风速 U_{f} 和温度尺度因子 S_{f} 之间存在确定的函数关系，后者可以借助于 Monin-Obukhov 长度计算出来（计算方法在此不赘述），而感热通量与摩擦风速和温度尺度因子的关系为

$$H_{\mathrm{sen}} = -\rho_{\mathrm{a}} c_{\mathrm{p}} U_{\mathrm{f}} S_{\mathrm{f}} \tag{7-22}$$

式中，ρ_a 为空气密度（g/m³）；c_p 为空气的定压比热 [J/(g·K)]；U_f 的单位是 m/s；S_f 的单位是 K。在计算过程中，波文比是一个不太容易确定的参数，因为它并不是一个常数。在许多情况下，波文比是通过气象因素换算得到的或利用涡度相关仪进行测量，对观测场地尺度（<100m）有验证效果，但不一定适用于大孔径闪烁仪所观测的景观尺度（>1km），式（7-21）中 G_0 的显著不确定性可能诱发波文比计算的巨大误差。为此，McJannet 等（2011）提出联合 Penman 公式进行迭代计算的办法，因为 Penman 公式也可以用感热通量表示如下（Vercauteren et al.，2009）：

$$E_m = \frac{\Delta}{\gamma}\frac{H_{sen}}{L_w} + E_A \qquad (7\text{-}23)$$

式中，Δ 为饱和水汽压曲线的斜率（10³Pa/K）；γ 为干湿球常数（10³Pa/K）；E_A 为空气干燥力 [g/(m²·s)]。空气干燥力取决于空气动力学特征，既可以用一般的空气阻抗公式计算（McJannet et al.，2011），也可以用经验风速函数计算。把式（7-21）代入式（7-23）有

$$\left(\frac{1}{\beta_r} - \frac{\Delta}{\gamma}\right)\frac{H_{sen}}{L_w} - E_A = 0 \qquad (7\text{-}24)$$

这就是不用解决 G_0 问题的闪烁仪感热计算迭代方程。我们采用上述方法对苏木吉林南湖上空大孔径闪烁仪的观测数据进行了分析，得到典型观测期波文比、感热通量和潜热通量的变化，如图7-9所示。在2014年6月21日~7月20日，闪烁仪观测到的空气折射指数 C_n^2 在 0.61×10^{-15} ~ 8.08×10^{-15} 波动 [图7-9（a）]，平均值约为 2.9×10^{-15}；波文比 β_r 的变化范围为 0.001 ~ 0.044 [图7-9（b）]，平均值小于0.02，这说明蒸发过程对大气-湖面热交换起到了绝对主导作用；计算得到感热通量 H_{sen} 的波动范围是 0.12 ~ 4.68W/m² [图7-9（c）]，平均值为 1.60W/m²；通过闪烁仪和蒸发皿计算的潜热通量 L_wE_m 变化范围分别为 37.81 ~ 404.78W/m² 和 73.69 ~ 490.78W/m² [图7-9（d）]，平均值分别为 127.90W/m² 和 172.83W/m²。总体而言，根据大孔径闪烁仪得到的潜热通量小于蒸发皿结果。这可能既与闪烁仪的安装位置有关，也与气象站的代表性有关。如图3-13所示，闪烁仪的发射端安装在苏木吉林南湖的北岸，与湖岸线距离约150m，接收端安装在南岸，与湖岸线距离约100m。因此闪烁仪所观测的大气湍流结构会受到湖岸陆地-大气热交换的影响，而陆地的蒸散强度远小于湖面蒸发，造成综合蒸发量计算结果偏小。另外，气象站靠近湖泊盆地的中部，与盆地的边缘地区相比，接受日光直射的时间更长一些，可能导致观测到的蒸发量整体偏大。我们认为实际湖面蒸发量介于上述两种结果之间。

通过综合分析和统计，我们得到苏木吉林湖区的逐月降水量和蒸发皿蒸发量在2012~2014年的变化，如图7-10所示。降水虽然主要发生在夏季，但降水量存在很大的随机性，2013年和2014年的年降水量均为115mm，但按月分布方式差异较大。相对而言，蒸发量呈现更加有规律的波动，夏季月蒸发量达到150~250mm，峰值在7月，冬季的月蒸发量降低到10~80mm，其中在1月低于30mm。2013年和2014年蒸发皿的年蒸发量分别达到1334mm和1417mm，均比年降水量超出1100mm以上。

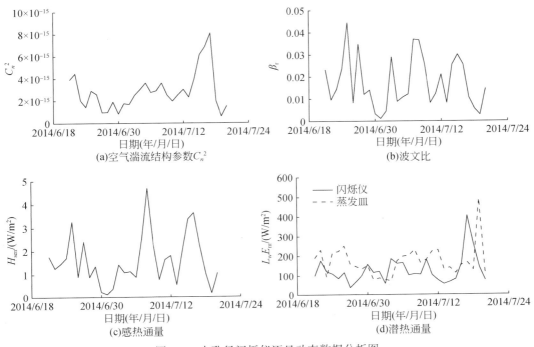

图 7-9　大孔径闪烁仪逐日动态数据分析图

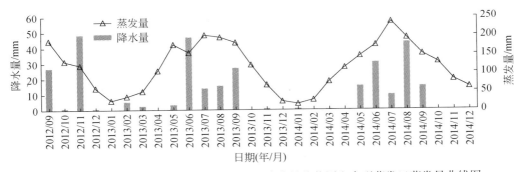

图 7-10　2012～2014 年苏木吉林湖区逐月降水量柱状图和大型蒸发皿蒸发量曲线图

7.2.3　湖水位动态指示的地下水排泄量

从气象要素的动态特征可以看出，苏木吉林湖区的年蒸发量超出年降水量的幅度大于 1000mm，如果没有地下水补给，湖泊水量亏损厚度将超过 1m/a，即每年水位下降的幅度将超过 1m。然而，实际观测到的湖水位年变幅小于 0.3m。湖水位的这种稳定性，是依靠地下水长期稳定的排泄所维持的。利用水均衡模型，可以对地下水排泄量进行反演推测。

采用时间上导数的差分格式，可以把式（7-14）改写为以下差分公式：

$$\frac{z_{t+1} - z_t}{D_{t+1}} = (q_g + P - \alpha_e E_{pan})_{t+1} \tag{7-25}$$

式中，t 为月份；D_{t+1} 为第 $t+1$ 个月的时间长度（d）；z_t 为第 t 个月的月末湖泊水位（m）；水面蒸发强度用大型蒸发皿的蒸发强度 E_{pan} 校正换算，校正系数 α_e 待定。式（7-25）等号右边各项要素的单位均取 m/d。地下水向湖的排泄靠的是水力梯度驱动。在湖岸线附近，水力梯度正比于地下水–湖水的水位差。根据这个动力学原理，我们可以把图 3-13 中 W7 钻孔的水位作为湖泊附近地下水位的代表值，近似采用下式计算地下水向湖泊的排泄强度：

$$q_{g,\ t+1} = k_{dis}(H_{t+1} - z_{t+1}) \tag{7-26}$$

式中，H_{t+1} 为观测井（W7）指示的第 $t+1$ 月末的地下水位（m）；k_{dis} 为与含水层渗透性有关的排泄系数（d^{-1}）。将式（7-26）代入（7-25），得到湖水位逐月递推公式

$$z_{t+1} = \frac{z_t + D_{t+1}\left[k_{dis}H_{t+1} + (P - \alpha_e E_{pan})_{t+1}\right]}{1 + k_{dis}D_{t+1}} \tag{7-27}$$

只要利用观测已知的气象数据（P，E_{pan}）和如图 7-11 所示的地下水水位（H_t）数据，就可以从湖水位的初始值（z_0）出发，依次代入式（7-27）模拟每月的湖水位变化。不过，还存在 k_{dis} 与 α_e 的不确定性问题。

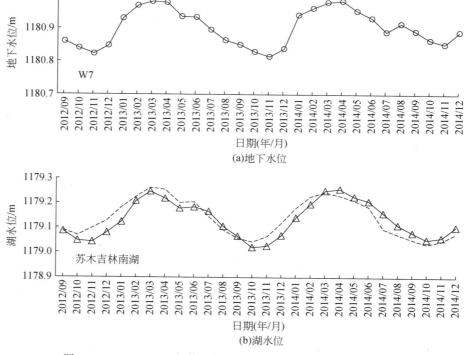

图 7-11 2012～2014 年苏木吉林湖区地下水位和湖水位逐月动态
虚线为湖水位模拟曲线

我们利用实测的湖水位（图 7-11）对式（7-27）中的待定参数 k_{dis} 与 α_e 进行了优化，以最小误差平方为目标函数。从图 7-11 可以看出，地下水以及湖水水位具有相似的季节性波动，即在夏季由于蒸发加强而下降，在冬季升高，年变幅均不超过 0.3m，地下水位变幅更小一些。优化得到的参数值分别为 $k_{dis} = 0.001\ 32d^{-1}$ 和 $\alpha_e = 0.72$，模拟曲线（图 7-11）与实测湖水位波动曲线基本一致，年变幅的相对误差小于 5%。蒸发皿校正系数 α_e 的优化值小于 1，说明实际的湖面蒸发强度很可能低于苏木吉林南湖气象站大型蒸发皿的观测结果。这也符合大孔径闪烁仪数据分析所得到的结论。

把参数代入式（7-26）可以得到地下水的排泄强度 q_g，其月累计值在 65～75mm，平均强度是 $q_g = 2.33mm/d$，相当于 853mm/a，季节性变幅的相对值低于 15%。这代表了苏木吉林南湖单位面积上接受地下水补给速率，其数值与校正后平均年蒸发量（991mm）减去平均年降水量（115mm）大致相等。在 2012～2014 年，降水量与地下水排泄量的总和比蒸发量少了约 40mm，多出来的水分损失造成 2014 年湖水位比 2012 年略有下降。

显然，相对降水量和蒸发量的强烈季节性变化来讲，地下水排泄强度是十分稳定的。因此，也可以在多年平均的水均衡态上讨论地下水的排泄。根据前述模拟结果，取 $E_0 = 991mm/a$，$P = 115mm/a$，代入式（7-15），得到 $q_g = 876mm/a$。考虑苏木吉林南湖的面积约为 $A_{lake} = 1.24km^2$，地下水补给到湖水的流量将达到 $1.09 \times 10^6 m^3/a$。苏木吉林南湖的上述结果代表了巴丹吉林沙漠封闭湖泊的一般特征，即地下水的持续稳定排泄确保了湖泊水位不发生强烈的季节性振荡，在年际变化上也具有很好的缓冲作用。

7.2.4 湖水积盐时间的估算

只要保持长期稳定的封闭环境，通过不断地蒸发浓缩，湖泊的盐分将逐渐积累，其含盐量最终超过海水，成为盐湖。地下水补给型湖泊的盐分主要来源于地下水排泄和大气干-湿沉降。在阿拉善高原，当前大气降水样品的 TDS 一般为 40～80mg/L，阳离子中的 $Na^+ + K^+$ 为 5～20mg/L、$Ca^{2+} + Mg^{2+}$ 为 7～18mg/L，阴离子中的 HCO_3^- 为 18～30mg/L、Cl^- 为 4～22mg/L、SO_4^{2-} 为 3～17mg/L（Gates et al.，2008a）。巴丹吉林沙漠盐分的干沉降可能不低于湿沉降，因为有大量的沙尘漂移活动。湖岸盐碱滩土壤中富含盐尘粒（Yang et al.，2010），可在风力作用下就近飘落到湖泊中，造成某种意义上的盐分内循环，也可以远距离飘落到沙丘上，成为包气带的盐分来源。

式（7-10）包含盐分干-湿沉降对封闭湖泊的影响，可作为分析湖水溶解性总固体变化的控制方程。然而，不同溶解组分的质量分配变化也会导致 TDS 的变化，该过程对 φ_{sub} 的定量影响是比较难以评估的。根据水化学的一般规律，随着湖水含盐量的增高，（Ca^{2+} + Mg^{2+}）-CO_3^{2-} 组分浓度会首先超过饱和度，从而发生结晶沉淀，而 Na^+-Cl^- 体系的溶解度很高，最终成为盐湖的主要离子成分。多数沙漠盐湖存在嗜盐物种（如卤虫、盐藻等），它们的死亡残体往往直接沉入湖底被掩埋，也可携带盐分沉淀到湖底沉积物中。由于溶解—沉淀—生物化学过程涉及大量因素，要定量分析各种盐分变化及其对封闭湖泊 TDS 演化的影响是十分困难的。考虑到这一点，保守型离子 Cl^- 的浓度变化被作为定量研究湖泊演化历史的最佳因子（Langbein，1961）。

如果离子体系都低于溶解度，且湖底的盐沉淀速率与干沉降速率近似能够抵消，也可以假设没有化学沉淀，直接对 TDS 的变化进行粗略分析。在长期的稳定气候与水文地质条件中，只要忽略 φ_{sub}，就可以按照式（7-16）来推测 TDS 的长期变化趋势，即

$$\frac{\Delta[\text{TDS}_1]}{\Delta t} = [\text{TDS}_g]\frac{E_0}{h_w} - ([\text{TDS}_g] - [\text{TDS}_p])\frac{P}{h_w} \tag{7-28}$$

在苏木吉林湖区，地下水的 TDS 约为 0.5g/L，大气降水的平均 TDS 可取 0.05g/L，苏木吉林南湖的平均深度约为 8m，长期大气降水量取 $P = 0.1\text{m/a}$、水面蒸发强度取 $E_0 = 1\text{m/a}$，代入式（7-28）估算出 TDS 增加的速率为 0.057（g/L）/a。如果按照这样的速率，湖水从地下水的初始条件出发，大约经过 1700 年就可以演变为 TDS = 100g/L 的盐湖。陈立等（2012）对比过巴丹吉林沙漠若干湖泊 1999 年和 2009 年实测湖水化学指标，发现多数湖泊的 TDS 在这 10 年期间有所增加，但增加幅度相差很大，最大变幅超过 100g/L。这在定性上与封闭盐湖的积盐趋势符合，但湖水取样地点、季节等都会影响测试结果，定量上不一定具有代表性。

上述苏木吉林湖的计算结果，意味着现今湖水的 TDS 对湖泊向盐湖演化的历史具有指示意义。为此，已有国外学者提出了积盐时间（salts accumulation time）这样的指标来判断盐湖演化历史（Langbein，1961；Yechieli and Wood，2002）。积盐时间是指在稳定气候状态下，一个历史上的淡水湖经盐分积累达到现今水平所需要的时间。目前的研究主要使用现今水分通量数据来估算积盐时间。由于水文地质条件和气候都存在某种程度的不稳定性，实际湖泊的盐分变化过程复杂，很难准确恢复其演变历史，估算出来的积盐时间只代表宏观上的判断。

如果以某种保守型离子来计算积盐时间，可以直接把式（7-28）改写为

$$\frac{\Delta C_1}{\Delta t} = C_g\frac{E_0}{h_w} - (C_g - C_p)\frac{P}{h_w} \tag{7-29}$$

式中，C_1、C_g 和 C_p 分别表示该离子在湖水、地下水和大气降水中的浓度。假设各项影响因素都保持不变，则积盐时间计算为

$$\Delta t_A = \frac{(C_1 - C_g)h_w}{C_gE_0 - (C_g - C_p)P} \tag{7-30}$$

式中，Δt_A 表示积盐时间，湖水的初始状态取为地下淡水。

作者选择 Cl⁻ 作为保守型离子，计算了图 2-7 中 G2 湖泊群的若干封闭盐湖积盐时间，有关数据见表 7-3。计算中采用长期平均大气降水量 $P = 0.1\text{m/a}$、水面蒸发强度 $E_0 = 1\text{m/a}$，大气降水的 Cl⁻ 平均含量取为 15mg/L。Gong 等（2016）用 $E_0 = 1.20 \sim 1.55\text{m/a}$ 也对这些湖泊的积盐时间进行了计算，因为没有对水面蒸发强度进行折算，所得结果偏小。表 7-3 中所有盐湖的积盐时间都超过 1000 年，多数在 2000 年以上，表明巴丹吉林沙漠大多数盐湖的演化历史持续了数千年之久。在这 5 个湖泊中，音德日图 Cl⁻ 浓度最大，积盐时间达到 4000 ~ 8000a，不确定性也较大。诺尔图湖水最深，积盐时间为 5000 ~ 6000a，不确定性较小。对于苏木吉林南湖，用式（7-28）估计的积盐时间（约 1700a）小于用 Cl⁻ 浓度计

算的积盐时间 (超过 2000a),可能是忽略碳酸盐沉淀导致的后果。这 5 个盐湖都在 G2 湖泊群,但积盐时间存在显著差异,成因尚不明确。诺尔图的积盐时间明显超过附近的苏木吉林南湖和北湖,可能的确意味着诺尔图在历史上出现得更早 (其湖盆切割深度也更大)。苏木吉林南湖的积盐时间略大于北湖,则并不一定意味着两者成因上的先后关系,因为在历史上它们可能是同一个湖泊分裂而成的。

表 7-3 巴丹吉林沙漠典型封闭湖泊的积盐时间估算结果

湖名	面积/km²	平均水深/m	湖水 [Cl⁻] /(g/L)	地下水 [Cl⁻] /(g/L)	积盐时间/a
诺尔图	1.7	14±1	33.6	0.094	5058~5837
音德日图	0.9	6±2	81.4	0.087	4075~8152
苏木吉林北湖	0.6	5±1	40.5	0.119	1487~2231
苏木吉林南湖	1.3	8±2	39.5	0.119	2175~3626
呼和吉林	1.0	7±2	29.4	0.126	1274~2293

用式 (7-30) 计算的积盐时间可以粗略判断封闭盐湖的演化历程,但并不能代表湖泊的实际年龄,因为沙漠湖盆的演化环境不是完全稳定的。地质历史上的全球性气候变化必定会引起 E_0 和 P 的波动,并导致 h_w 的增加或减小。在湿润气候期,P 较大而 E_0 较小,h_w 相对较大,实际积盐时间会拉长。否则,实际积盐时间会缩短。只有掌握气候变化历史,才能对封闭盐湖的演化过程做出更加准确的判断。

7.3 半封闭湖泊的水盐均衡模式

如果一个湖泊盆地总体上是封闭的,但在某些季节或某些年份,盆地中可以发育地表径流使得某个湖泊中的水流到另外一个地方,或者把其他地方的水引入某个湖泊中。这样的湖泊称为半封闭型湖泊,其水盐动态具有比封闭性湖泊更加强烈的季节性变化和年际变化。巴丹吉林沙漠腹地的湖泊虽然多数属于封闭湖泊,但也有一些典型的半封闭湖泊,表现出与封闭盐湖差异很大的特性。

7.3.1 巴丹吉林沙漠的微咸水湖及其成因

在巴丹吉林沙漠东南侧靠近雅布赖山的地带,即图 2-7 中的 G1 湖泊群,有一些微咸水湖,它们的 TDS 为 1~3g/L。早期地质工作者已经对这些湖泊的特征有所研究,发现它们常常呈八字形分布格局 [图 7-12 (a)],即在一座沙丘的两侧各有一个湖泊,每个湖泊近似椭圆形,长轴方向与沙丘边缘走向平行,从而形成一定的夹角。这些湖泊既小又浅,面积一般不超过 0.2km²,最大深度一般不足 2.0m。最奇怪的是,配对的八字形湖泊中,往往一个是微咸水湖,而另一个是 TDS 很大的咸水湖或盐湖。另外,在图 2-7 中的 G2 湖泊群,也有微咸水湖–盐湖配对现象。例如,在额肯吉林湖盆有两个湖泊,西部面积较小的基本上属于微咸水湖 (TDS=3.3g/L),东部面积较大的则是盐湖 (TDS=377g/L)。

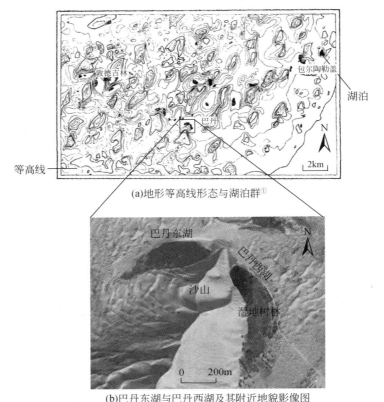

(a)地形等高线形态与湖泊群①

(b)巴丹东湖与巴丹西湖及其附近地貌影像图

图7-12 巴丹吉林沙漠东南边缘的湖泊分布特征

巴丹湖区沙丘两侧的湖泊，就是典型的八字形配对方式，如图7-12（b）所示。两湖之间的沙山高度在50m以内，山脊沿着NEE向延伸，东西两侧斜坡近似对称，但西坡更陡一些。第3章中已经介绍了在该沙丘进行物探调查的情况，图3-6给出了沙丘的剖面形态。沙山南高北低，在湖区北面尖灭于一块平坦的盐碱滩地。巴丹东湖位于小沙山的东部，属于微咸水湖；巴丹西湖在小沙山的西部，属于盐湖。它们相距不到200m，湖水的含盐量却相差很大（表7-4）。两个湖泊都很小。巴丹东湖的水体主要出露在西北部，而东南部大部分被湿地树林覆盖，总面积约有$2.7×10^4m^2$。巴丹西湖东西向较宽、南北向较窄，面积约为$8.0×10^4m^2$。从20世纪70年代至今，巴丹东湖已经维持微咸水状态至少40年了。

表7-4 巴丹湖区的水体化学特征

水样	取样时间	TDS /(g/L)	离子浓度/(g/L)					
			Na^+	K^+	$Ca^{2+}+Mg^{2+}$	Cl^-	SO_4^{2-}	$CO_3^{2-}+HCO_3^-$
巴丹东湖	2014年8月	1.8	0.43	0.03	0.10	0.32	0.20	0.61

① 绳宝印，李嘉斌，张哲. 1981. 区域水文地质普查报告（1∶20万）—雅布赖盐场幅.

续表

水样	取样时间	TDS /(g/L)	离子浓度/(g/L)					
			Na^+	K^+	$Ca^{2+}+Mg^{2+}$	Cl^-	SO_4^{2-}	$CO_3^{2-}+HCO_3^-$
巴丹西湖	2014 年 8 月	65.9	25.01	1.77	2.84	17.26	11.95	7.03
地下水	2013 年 8 月	0.6	0.16	0.01	2.84	0.14	0.15	0.03

对巴丹东湖这样的典型微咸水湖，中国地质大学（北京）曾经进行了监测。巴丹东湖的监测装置安装在湖中心附近，为加拿大 Solinst 公司生产的水压、水温和电导率三参数传感器，监测期为 2012 年 9 月～2014 年 5 月。利用电导率和 TDS 的关系，可以换算出湖水的 TDS。已经整理出的湖水位、TDS 逐月变化数据如图 7-13 所示。显然，巴丹东湖的水位夏季低、冬季高，年变幅小于 0.2m，与图 7-11 所示的苏木吉林南湖水位动态有相似波动特征。巴丹东湖 TDS 的波动与水位相反，夏季逐渐升高到接近 2.0g/L，冬季逐渐降低，至 4 月最低 TDS 约为 1.2g/L。这说明巴丹东湖存在一种消除盐分积累的自然过程。

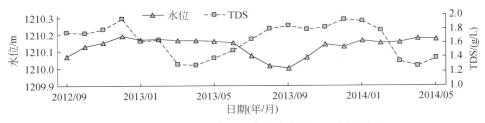

图 7-13　2012～2014 年巴丹东湖水位和 TDS 逐月变化

其他研究团队也对巴丹东湖和西湖开展了探测研究。2013 年 8 月，北京大学的研究者使用测温光纤对巴丹东湖的水温分布进行详细的观测，确定了湖水温度在水平方向和垂直方向的变化，发现几处低温异常区，推测属于地下水在湖中的溢出带（Liu et al.，2016）。2013 年 8～9 月，香港大学的研究者（Luo et al.，2016）在巴丹东湖进行了湖底沉积物地下水取样调查，并对东湖和西湖进行了放射性同位素^{222}Rn 的释放特征观测，根据测试分析结果，评估得到东湖和西湖的湖底地下水排泄强度（q_g）及其变化，它们的均值分别达到 7.6mm/d 和 6.4mm/d。Liu 等（2016）和 Luo 等（2016）都意识到要维持巴丹东湖的微咸水状态，湖水必须存在外排的途径，于是建立了一些推测的地下水流模型（图 7-14）。Luo 等（2016）认为：巴丹东湖的水可以在西侧发生渗漏，进入沙山，并一路渗流穿透沙山排泄到巴丹西湖 [图 7-14（a）]。而 Liu 等（2016）则认为沙山可以获得降水入渗补给，形成隆起的潜水面，地下水同时向两边渗入东湖和西湖 [图 7-14（b）]。这一点与本书图 3-6 所示的物探解译结果具有一致性。为了给巴丹东湖的水提供外排出路，Liu 等（2016）推测湖盆北部盐碱滩的地下水位低于巴丹东湖，以致巴丹东湖的水可以在北侧发生渗漏 [图 7-14（c）]，转化为地下水流到其他位置。

根据 RTK 地形测绘结果，巴丹东湖的水位确实略高于巴丹西湖，具备发生直接水力联系的驱动因素。然而，通过地下水渗流方式，能够带走的盐分通量是十分有限的。以有

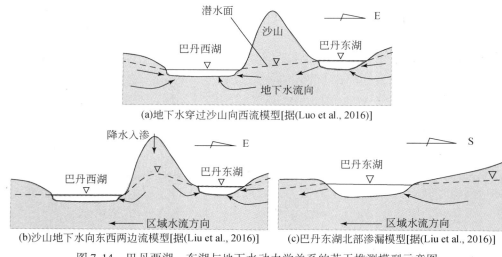

(a)地下水穿过沙山向西流模型[据(Luo et al., 2016)]

(b)沙山地下水向东西两边流模型[据(Liu et al., 2016)]　　　(c)巴丹东湖北部渗漏模型[据(Liu et al., 2016)]

图 7-14　巴丹西湖、东湖与地下水动力学关系的若干推测模型示意图

效面积为 $2.0×10^4m^2$ 计算，巴丹东湖的蒸发耗水可达到 20 000m³/a，地下水排泄量与此相当。以地下水盐分浓度 0.6g/L 计算，则每年巴丹东湖接受的盐分总质量约为 12t。在两湖之间，地下水的水力梯度不足 0.2%，砂层属于细砂，渗透系数的数量级为 10m/d，按照 Darcy 定律计算渗流速率，大致可以达到 0.02m/d。取长度 100m、厚 20m 的渗漏带，则渗漏量可能达到 1500m³/a。以湖水盐分浓度 1.8g/L 计算，每年通过渗漏带走的盐分总质量只有 2.7t，远远不能抵消输入的盐分总量。按照这种趋势，巴丹东湖将在若干年内演变为咸水湖。可见，如图 7-14 所示的模型无法充分解释巴丹东湖长期维持微咸水状态的成因。

其实，巴丹东湖与西湖的真正关系，在冬季或春季去调查才会揭晓。因为在冬季和春季巴丹湖的水位上涨，最终没过沙丘北部的平地，溢流形成一条排水沟（图 7-15），持续把东湖的水输送到西湖。小沟窄处为 40～50cm，水很浅，深度不超过 10cm。到夏季来临，湖水位开始下降，这条排水沟逐渐消失，等待冬季再次出现。这个现象说明巴丹东湖并不是一个完全封闭湖泊，而是一个暂时性溢流湖，只在夏季和秋季具有封闭性，属于半封闭湖泊。如图 7-13 所示，巴丹东湖的水位在 1～4 月基本稳定在同一高度附近，是季节性溢流的表现。经地形测绘，发现两个湖之间的滩地高程约 1210.16m。在夏季，巴丹东湖的水位下降低于该高程，并在 9 月达到最低水位（约 1210.0m）。与此相对应的是，TDS 在夏季低于 1.5g/L，持续增长到 12 月，达到 1.8g/L。到 1 月湖水位上升到接近 1210.2m，发生溢流，冲走滩地表面的一层细砂形成排水沟。开始溢流后，巴丹东湖的水位稳定在 1210.16m 附近，随之湖水的 TDS 快速下降（意味着排水沟带走了大量的盐分），直到 5 月又开始增加。1～4 月仍然属于低温季节，表层水可能结冰，但冰下存在持续的液态水流可以带走盐分。

在巴丹吉林沙漠，并不只有巴丹东湖属于半封闭湖泊。在 G2 湖泊群的额肯吉林洼地，西湖水位较高、东湖水位较浅，夏季和秋季两者之间为盐碱滩，在冬春季节也发育形成地表溢流通道。这是额肯吉林西湖基本保持微咸水状态的成因。沙漠中可能还有更多这样的半封闭湖泊。当然，并非沙漠及周边地区的所有淡水湖或微咸水湖都可以用半封闭湖泊来定性，实际湖泊盐分状态的形成和变化与很多因素有关，对具体湖泊需要具体分析。

图 7-15　冬春季节在巴丹东湖以及巴丹西湖之间形成的排水沟

7.3.2　半封闭湖泊的水盐均衡模型

考虑到巴丹东湖的半封闭性，以及两湖之间沙山物探调查的结果。我们对图 7-14 所示的模型有些新的判断。在沙山下部地下水状态这一点上，图 7-14（b）可能更加符合实际。图 7-14（c）认为巴丹东湖北部存在湖水的渗漏，但从我们夏季进行探坑调查的结果来看，北部滩地的地下水埋深很浅，水位也十分平缓，地下水侧向径流应很微弱，不足以带走湖泊中的大量盐分。新的解释模型如图 7-16 所示。在封闭期（5~12 月），巴丹东湖水位较低，水均衡要素以较大的蒸发、一定量的降水和持续的地下水排泄为主，由于其封闭性而盐分不断积累。在溢流期（1~4 月），湖水位较高，在北部滩地溢出地表，形成地表径流 Q_s，蒸发相对较小，而地下水排泄仍然持续，盐分随着地表径流被带走而导致 TDS 降低。

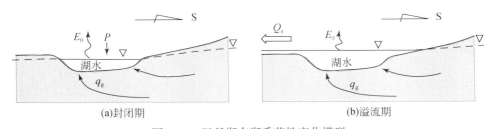

图 7-16　巴丹湖东湖季节性变化模型

如图 7-16 所示的半封闭湖泊，其水均衡模型需要考虑间歇性产生的地表径流，可在式（7-4）的基础上加入排水流量（Q_s）的影响，即

$$\frac{\mathrm{d}(\rho_l A_{\mathrm{lake}} h_{\mathrm{w}})}{\mathrm{d}t} = A_{\mathrm{lake}}(\rho_g q_g + \rho_p P - \rho_f E_0) - \rho_l q_s \qquad (7\text{-}31)$$

式中，$q_s = Q_s / A_{lake}$ 为平摊到湖泊面积上的湖水外泄速率 ［L/T］，在封闭期 $q_s = 0$。利用式（7-5），式（7-31）可改写为

$$\left(\frac{1 + \gamma_s [TDS_l]}{A_{lake}} \right) \frac{d(A_{lake} h_w)}{dt} + \gamma_s h_w \frac{d[TDS_l]}{dt} = \gamma_s([TDS_g] q_g + [TDS_p] P$$
$$- [TDS_l] q_s) + (q_g + P - E_0 - q_s) \quad (7\text{-}32)$$

半封闭湖泊的盐分均衡模型更要考虑 Q_s 的影响，其作用相当于增加了式（7-8）中的盐分去除率 φ_{sub}。如果不考虑其他因素对盐分去除率的影响，则有

$$\varphi_{sub} = [TDS_l] q_s \quad (7\text{-}33)$$

将其代入式（7-8），得

$$[TDS_l] \frac{d(A_{lake} h_w)}{A_{lake} dt} + h_w \frac{d[TDS_l]}{dt} = [TDS_g] q_g + [TDS_p] P - [TDS_l] q_s \quad (7\text{-}34)$$

联合式（7-32）与式（7-34），同时忽略 A_{lake} 随时间的变化，可以将半封闭湖泊的水盐均衡动态描述为

$$\frac{dh_w}{dt} = q_g + P - E_0 - q_s \quad (7\text{-}35)$$

$$h_w \frac{d[TDS_l]}{dt} = [TDS_l](E_0 - q_g - P) + [TDS_g] q_g + [TDS_p] P \quad (7\text{-}36)$$

显然，式（7-36）与式（7-32）是一样的。如果已有气象资料并获取了 q_g 和 q_s，则可以根据上述方程预测湖水位和湖水 TDS 的变化趋势。

如果半封闭湖泊的水位和 TDS 总是在多年平均状态上下周期波动，则式（7-35）和式（7-36）在一个周期内的积分为零，可推导出：

$$q_s = q_g + P - E_0 \quad (7\text{-}37)$$

$$[TDS_l] = \frac{[TDS_g] q_g + [TDS_p] P}{q_s} \quad (7\text{-}38)$$

式中，TDS_l、TDS_g 和 TDS_p 为各个水体 TDS 的多年平均值；q_g、q_s、P 和 E_0 为各个通量要素的年累计值。式（7-37）和式（7-38）属于半封闭湖泊稳定态的状态方程。从式（7-38）可以看出，随着湖泊外排水流强度的增加，湖水稳定态的平均 TDS 减小，即积盐程度减轻。当 $q_s \to 0$ 时，该式会导致 TDS 增大到无限大，意味着封闭湖泊不存在稳定态。实际封闭湖泊的 TDS_l 不会增加到无穷大，因为随着含盐量逐渐达到饱和，会不断地有盐析出沉淀，式（7-33）不再成立。

7.3.3 巴丹东湖的水盐动态分析

要想定量解释图 7-13 所示的巴丹东湖水位与盐分季节性动态，仅仅知道式（7-35）和式（7-36）的形式是不够的，还必须建立触发 $q_s > 0$ 和 $q_s = 0$ 的机理模型。我们已经知道两湖之间的滩地对湖水起到了阻隔作用，滩地的高程（约为 1210.16m）对触发地表径流具有控制作用。当湖水位超过滩地最低高程后，坡面径流的速率随着水深的增加并非线性增大，同时过水断面的宽度也会有所增加，不妨建立以下非线性模型：

$$q_s = k_s \ (z_{lake} - z_0)^2, \qquad z_{lake} > z_0 \tag{7-39}$$

$$q_s = 0, \qquad z_{lake} \leq z_0 \tag{7-40}$$

式中，z_{lake} 为湖水位高程 ［L］；z_0 为湖间滩地的最低地面高程 ［L］；k_s 为径流因子 ［L^{-1} T^{-1}］。利用该模型可以把式（7-35）改写为以下差分格式：

$$\frac{z_{t+1} - z_t}{\Delta t} \approx (q_g + P - E_0)_{t+1} - C_q(z_{t+1} - z_0) \tag{7-41}$$

式中，C_q 为根据 k_s 计算出来的线性化排水系数 ［T^{-1}］。当 $z_t > z_0$ 时，$C_q = k_s \ (z_t - z_0)$；否则 $C_q = 0$。式（7-41）提供了逐步计算湖水位的递推公式，为了提高非线性计算部分的精度，宜取时间步长为 1d，即进行逐日计算。

我们采用苏木吉林南湖气象站的降水量和蒸发量（图 7-10），考虑 7.2.3 节中得到的蒸发皿校正系数 $\alpha_e = 0.72$ 计算出湖面蒸发量，逐月累计值在每个月份内平摊到逐日，作为巴丹东湖水位动态模型的驱动数据。初步确定 $z_0 = 1210.16m$。尚不完全确定的参数有 k_s 和 q_g。鉴于在苏木吉林南湖发现地下水排泄的季节性变化很弱，在此初步假设地下水的排泄强度 q_g 为常量。参数的优化以达到最佳拟合（图 7-13）的水位波动数据为准，根据误差最小二乘法确定，最终得到：$k_s = 5.2m^{-1}d^{-1}$，$q_g = 2.84mm/d$。模拟效果总体上的波动特征与观测值一致，说明该模型对机理的解释是基本可靠的。模拟曲线相对实测动态曲线存在波动相位上的偏移，年变幅也有差异，这些可能是巴丹湖区气象因素变化与苏木吉林湖区不同造成的。计算得到巴丹东湖流向巴丹西湖的地表径流强度，$q_s > 0$ 的月份主要在 1～4月，其数值一般低于 2.5mm/d，考虑湖泊面积（$\approx 2 \times 10^4 m^2$）则外排水的流量一般在 $Q_s = 50m^3/d$ 以内，比较小。湖水外排的年累计深度为 140～160mm，即径流量可达到 $Q_s = (0.28 \sim 0.36) \times 10^3 m^2/a$，相当于约 15% 的地下水排泄总量转化为地表径流输送到了巴丹西湖。

湖水 TDS 的动态模拟需要确定式（7-36）中湖水平均深度与湖水位的关系，我们假设：

$$h_w = z_{lake} - z_r \tag{7-42}$$

式中，z_r 为一个参考高程 ［L］。进一步，把式（7-36）改写为以下差分格式：

$$\frac{[TDS_l]_{t+1} - [TDS_l]_t}{\Delta t} \approx [TDS_l]_t \frac{(E_0 - q_g - P)_{t+1}}{z_{t+1} - z_r} + \frac{([TDS_g]q_g + [TDS_p]P)_{t+1}}{z_{t+1} - z_r}$$

$$\tag{7-43}$$

式（7-43）提供了逐日计算湖水 TDS 的递推公式。我们利用上述湖水位的模拟结果，对巴丹东湖的 TDS 也进行了模拟计算，取 $[TDS_p] = 0.05g/L$，待定参数为 TDS_g 和 z_r。通过最佳拟合图 7-13 中的 TDS 波动数据，得到：$[TDS_g] = 0.18g/L$，$z_r = 1209.8m$。模拟效果如图 7-17（b）所示，总体上与观测动态相近，但也存在一定的相位偏差，TDS 剧烈下降曲线段尚未得到很好的拟合。z_r 的数值仅比 z_0 低 0.36m，反映了巴丹东湖水很浅这个实际情况。另外，得到补给巴丹东湖的地下水 TDS 不足 0.2g/L，在地下水 TDS 的正常取值范围内，但是略偏低。巴丹东湖水浅，北部湖底具有缓坡的形态，使得湖水的覆盖面积随着水位高低起伏存在较大的变化，忽略 A_{lake} 变化的可能会导致上述模型存在计算误差，有待进一步改进。

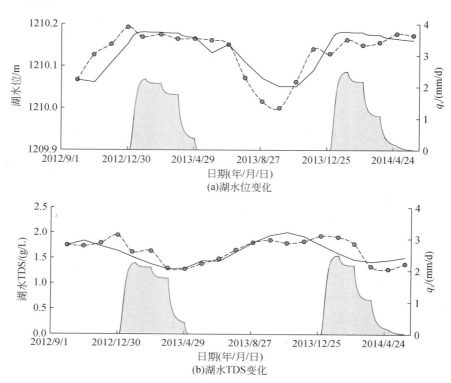

图 7-17　巴丹湖东湖季节性变化的模拟结果

曲线为模拟值，圆圈点为观测值。灰色区域表示湖水外泄速率 q_s 的变化

如果单独对多年平均的稳定态进行分析，把式（7-37）与式（7-38）中的 q_s 和 q_g（多年平均值）都视为待求变量，则联立方程组可以解出：

$$q_s = \frac{[\mathrm{TDS_g}]E_0 - ([\mathrm{TDS_g}] - [\mathrm{TDS_p}])P}{[\mathrm{TDS_l}] - [\mathrm{TDS_g}]} \tag{7-44}$$

$$q_g = \frac{[\mathrm{TDS_l}]E_0 - ([\mathrm{TDS_l}] - [\mathrm{TDS_p}])P}{[\mathrm{TDS_l}] - [\mathrm{TDS_g}]} \tag{7-45}$$

这就意味着从稳定态的角度来看，q_g 与 q_s 是耦合在一起的两个变量。因此，可以暂且不考虑 q_s，单独从式（7-45）来分析稳定态半封闭湖泊的湖水 TDS 如何随气候条件变化，即

$$[\mathrm{TDS_l}] = \frac{[\mathrm{TDS_g}]q_g + [\mathrm{TDS_p}]P}{P + q_g - E_0} = \frac{[\mathrm{TDS_g}](q_g/P) + [\mathrm{TDS_p}]}{1 + (q_g/P) - (E_0/P)} \tag{7-46}$$

式中，E_0/P 为从气候背景上考虑的干旱指数。式（7-46）表明，当 $\mathrm{TDS_p}$ 确定不变时，半封闭湖泊的稳定态 TDS 取决于三个因素：$[\mathrm{TDS_g}]$、q_g/P 以及 E_0/P。在巴丹吉林沙漠，$[\mathrm{TDS_g}]$ 一般为 0.1~0.6g/L。而且，为了维持半封闭状态，必须有 $q_g/P > (E_0/P-1)$。这些条件限定了半封闭湖泊的稳定态湖水 TDS 取值范围。如图 7-18（a）所示，当 $\mathrm{TDS_g} = 0.1\mathrm{g/L}$ 时，随着干旱指数 E_0/P 的增加，湖水的 TDS 呈现非线性的增大趋势，在 $E_0/P < q_g/P$

情况下，满足 $TDS_l < 2g/L$，即湖水能够维持淡水或微咸水状态，一旦 $E_0/P > q_g/P$，则湖水 TDS 很难稳定，随着 E_0/P 的增加可迅速增加到 5g/L 以上。如果 $TDS_g = 0.6g/L$，则湖水的 TDS 对干旱指数 E_0/P 的变化更加敏感，只要 $E_0/P > 14$ 就会导致 $TDS_l > 3g/L$，因此维持湖水微咸水状态比较困难。巴丹东湖的平均 TDS 约为 1.64g/L，这是在 $E_0/P \approx 9$、$q_g/P \approx 11$ 和 $TDS_g < 0.6g/L$ 的情况下形成的。如果气候进一步干旱化使得 E_0/P 增加，或者地下水衰退导致 q_g/P 减小，则可能演变为半封闭咸水湖或进一步演变为封闭湖泊。

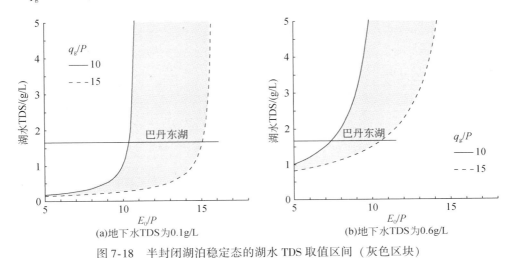

图 7-18　半封闭湖泊稳定态的湖水 TDS 取值区间（灰色区块）

7.4　湖泊群对地下水流场的扰动作用

在巴丹吉林沙漠，不管是封闭湖泊还是半封闭湖泊都依赖于地下水的排泄而维持。反过来，地下水也受到湖泊的作用。图 7-3 中已经明确了盐湖下部含水层中发生的变密度流，咸淡水混合对湖岸带地下水的水力学和水化学特征都有影响，这属于小尺度的反作用。巴丹吉林沙漠湖泊对地下水的影响，主要表现为群体蒸发作用导致的区域地下水流场变化。通过 6.2 节的区域尺度地下水流数值模拟，我们已经了解湖泊群以关键排泄带的方式形成了地下水的汇聚流（图 6-7）。这是整体表现，实际上湖与湖之间也会形成局部的干扰。这些湖泊相邻间距一般小于 5km，甚至不到 1km，可能产生竞争性"吸水"格局。每个湖泊都尽可能"夺取"更多的地下水补给以维持稳定，增加自己的汇水范围。湖泊群宏观地下水流场，是全部湖泊对地下水流场扰动的叠加结果，反过来也决定了单个湖泊的实际汇水范围。本节对这个问题进行初步的探讨。

7.4.1　湖泊群与井群作用的类比

巴丹吉林沙漠南部的地下水宏观上向北、向西流动，到达单个湖泊时，就改为局部的向心流动。驱动这种向心流动的是湖泊的蒸发耗水。这一点在机理上类似于天然侧向径流中的抽水井。湖面蒸发量就相当于抽水井的地下水开采量。单向、均匀地下水稳定流场中一个抽水井的作用，在地下水动力学中是个经典问题，已经得到求解（Bear，1972）。如图 7-19 所示，均匀稳定的地下水侧向径流，如果被一个抽水井所扰动，将在抽水井附近形成弯曲的等水头线和流线，一部分地下水汇入抽水井中。平面汇水范围（捕获区）由分水线所包围。分水线在上游方向延伸到地下水补给源区，分水线之间的最大宽度为

$$L_{cap} = \frac{Q_w}{V_0 b} \tag{7-47}$$

式中，L_{cap} 为汇水范围面向上游的最大开口宽度 [L]；Q_w 为抽水流量 [L^3/T]；V_0 为地下水侧向径流的 Darcy 流速 [L/T]；b 为含水层的厚度 [L]。分水线在下游方向延伸到一个驻点 $P(x_s, y_s)$ 处，其中 $y_s = 0$，而 x_s 满足：

$$x_s = -\frac{Q_w}{2\pi K V_0 b} \tag{7-48}$$

式中，K 为含水层的渗透系数。显然，渗透系数越大，驻点越靠近抽水井。单个湖泊的汇水范围可能与此类似。

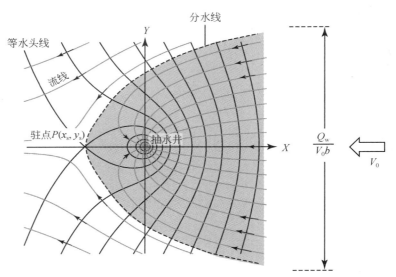

图 7-19　夺取侧向径流的抽水井平面汇水范围（灰色区域）

多个湖泊的竞争性"吸水"，就如同多个抽水井在同一个含水层抽水，会导致汇水范围的相互扰动叠加。因此，湖泊群对地下水流场扰动行为与地下水动力学井群叠加的行为具有相似性。不过，就巴丹吉林沙漠湖泊的实际情况来看，比经典地下水动力学中的抽水井情况更加复杂，主要存在以下差别。

1）在研究抽水井时，往往把抽水井视为平面上的一个汇点，这是因为抽水井的直径一般很小（<1m），相对含水层的延展空间来讲可以忽略不计。然而，湖泊的空间尺度达到 100~1000m，不能简化为汇点。

2）如图 7-19 所示的扰动流场是在完整井假设基础上解出的，即抽水井的滤管在垂向上穿透整个含水层，因此可以采用平面二维流模型。但是，在巴丹吉林沙漠，湖泊深度普遍小于 20m，相对厚度超过 100m 的含水层而言很小，在穿透程度上具备非完整井而不是完整井的性质，不能用平面二维流解释，必须考虑三维流特征。

3）上述关于抽水井汇水范围的理论公式，还存在一个重要的假设，即含水层只存在侧向径流，没有其他地下水补给和排泄方式。这一点在巴丹吉林沙漠是不符合实际的，因为沙漠中既有降水入渗补给又有潜水蒸发排泄，额外的地下水补给和排泄方式可能导致汇水范围空间分布的复杂化。

以上三点差异，说明对巴丹吉林沙漠湖泊群扰动流场的研究，不能简单套用地下水动力学中井群叠加的解析方法，而应采用符合基本条件的数值模拟方法。近几年，针对巴丹吉林沙漠局部地下水流场与湖泊的关系，已有一些初步的数值模拟分析（王旭升等，2014；陈添斐，2014；张竞，2015；张竞等，2017；巩艳萍，2017），得到了一些关键性的认识。本书对这些认识加以总结归纳，强化对巴丹吉林沙漠湖泊与地下水相互作用的理解。

从技术方法上来讲，湖泊群的数值模拟必须针对前述几个与抽水井的不同之处，提出合理的处理方法。

1）在平面网格的剖面足够细，使一个湖泊包含很多个计算单元，而且这些单元组成的轮廓形态与湖岸线近似，必须具有几乎相同的总面积（误差在允许范围内）。巩艳萍（2017）所建立的模型与陈添斐（2014）所建立的模型都是基于 MODFLOW 矩形网格，但网格单元的尺寸从 200m 减小到 100m，增加了空间分辨率。

2）考虑湖泊穿透含水层的非完整性，必须建立地下水三维流模型，而且模型在垂向上的剖分层数需要足够多，一方面浅部模拟层的厚度应与湖泊的平均水深基本一致，另一方面应能够再现地下水的水头在垂向上的分布差异。第 6 章中区域尺度的地下水流模型只划分了 3 个模拟层，分别与第四系、新近系与白垩系含水层对应，虽然能够能够得到宏观流场，但不足以刻画垂向上的水流特征。相比之下，陈添斐（2014）的模型在第四系含水层划分出了 4 个模拟层，显著提高了垂向分辨率，但是模型没有包含新近系和白垩系含水层。巩艳萍（2017）的模型在第四系 4 个模拟层的基础上，增加了新近系（2 个模拟层）和白垩系（4 个模拟层）含水层，总模拟层数达到了 10 层，使模型中的水流垂向空间得到扩大。显然，随着网格剖分精细程度的增加，计算工作量也呈几何级数增加。

3）在模型中需要加入对降水入渗、潜水蒸发的处理。陈添斐（2014）和巩艳萍（2017）的模型都是基于传统版本的 MODFLOW 所建立的，降水入渗直接使用了 Recharge 模块赋值于湖泊之外的单元，潜水蒸发则使用了 Evapotranspiration 模块，取蒸发极限埋深为 2～3m，在极限埋深以内蒸发强度随地下水埋深线性减小。这个潜水蒸发模块不符合非线性关系，因此两个模型在处理这一点上是有缺陷的，对无湖洼地和湖泊附近地下水浅埋区的地下水排泄量计算不准确。不过，对模拟湖泊周边三维地下水流场的总体特征可能没有显著影响。

4）需要从地下水模型的角度处理湖泊单元。在湖泊区，单元中的水位应像湖水位那样共同升降，为了做到这一点，简便的做法就是将湖泊所在的单元赋值很大的渗透系数，使得这些单元具有极强的水力联系，行为与地表水体类似。另外，湖水的多年平均蒸发量可通过 MODFLOW 中的 Well 模块，以抽水量的形式作用到模型中的湖泊单元（在最顶部的模拟层）。陈添斐（2014）和巩艳萍（2017）的模型都进行了这方面的处理。

除此之外，上述已有的模型均模拟的是稳定流。这些模型处理方法并不完全符合巴丹吉林沙漠的实际情况，只属于初步的尝试，但由此得到的模拟结果，在反映湖泊群对地下水扰动作用方面具有一定的代表性，发现了若干普遍存在的特征。

7.4.2 水头分布的局部扰动特征

在湖泊群建立的精细三维模型能够比区域地下水流模型更加详细地展示湖泊对地下水流场的扰动影响。陈添斐（2014）和巩艳萍（2017）都取苏木吉林湖区为中心，圈定了一个矩形区域建立模型，包含十多个湖泊。矩形模拟范围的外侧并不是自然边界，在研究中设置为已知水头边界，按照区域地下水位的分布特征输入，进行矩形区域内的稳定流场数值模拟。这样得到的模型不能模拟湖泊群与外部流场的相互作用，但可以专门用于探讨局部范围地下水的水头分布如何受到湖泊的干扰。下面以巩艳萍（2017）的模拟结果为重点进行讨论分析。

图 7-20 给出了湖泊群的潜水面高程模拟结果。地下水位总体上保持东南高、西北低的分布格局，最大水头差接近 70m，宏观水力梯度一般为 4‰~7‰，在苏木吉林湖区以西以北的地带，水力梯度减小到 2‰以下。诺尔图湖区以东和以南的湖泊没有显著改变地下

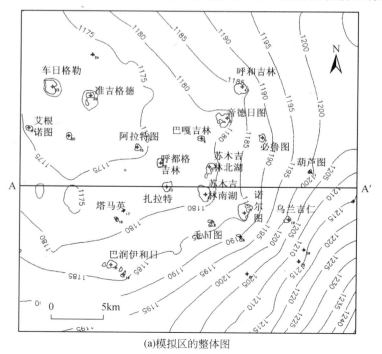

(a)模拟区的整体图

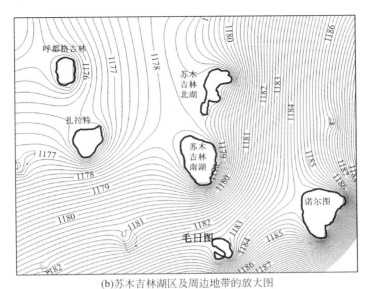

(b)苏木吉林湖区及周边地带的放大图

图 7-20　湖泊群第四系含水层潜水面高程（m）模拟结果

A-A'为剖面线。

引自巩艳萍（2017）

水位等高线的形态，但在诺尔图以西的地区，地下水位等高线在湖泊附近发生不规则的弯曲。实际上，每个湖泊都由一根高度数值与湖面一致的等水位线包围。这种圈闭形态会迫使湖泊附近的其他高程水位线也弯曲成圈闭趋势，而在远处则水位线恢复到区域水流所控制的形态。模拟范围西北部的等水位线明显向湖泊群弯曲，形成近似 U 字形的曲线。这意味着不仅存在指向单个湖泊的局部向心流，还存在指向湖泊群的更大尺度的向心流。

在图 7-20 中还可以发现一些呈圈闭形态的水位线中心并没有湖泊。水位线在这些地方出现圈闭，是因为存在较大的洼地，在洼地中心地下水埋深较浅，有强烈潜水蒸发作用造成了地下水的集中排泄，产生了局部的地下水位降落漏斗。这个现象说明，真正对地下水流场形态起到扰动作用的，是地下水的集中排泄，并不一定要通过湖泊的形式才起作用。

深层地下水的水头分布模拟结果，即新近系与白垩系含水层的情况，如图 7-21 和图 7-22 所示。可以看出，等水头线的宏观形态与图 7-20 所示浅层地下水的水位线图相似，在湖泊群的西北部变为 U 字形，产生指向湖泊群的向心流。不过，它们的等水头线相对更光滑，而且在单个湖泊附近并没有出现圈闭形态。新近系含水层的等水头线在诺尔图、苏木吉林等较大湖泊附近有局部突出现象（图 7-21）。相比之下，白垩系含水层的等水头线没有受到这样的局部扰动（图 7-22）。这说明随着深度的增加，单个湖泊的扰动作用减弱，只表现为湖泊群整体对深部地下水流向的扰动作用。

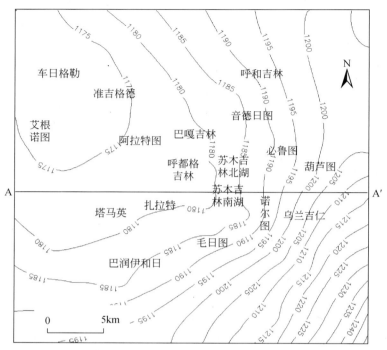

图 7-21 湖泊群新近系含水层上部的水头（m）模拟结果

引自巩艳萍（2017）

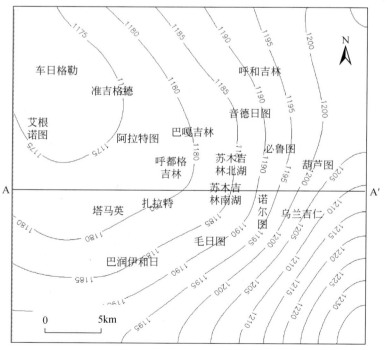

图 7-22 湖泊群白垩系含水层底部的水头（m）模拟结果

引自巩艳萍（2017）

虽然在宏观上看，深部地下水与浅层地下水的流向一致，但实际上存在差异。从图 7-23 可以对此进行判断。该 A–A′ 剖面经过苏木吉林南湖和扎拉特两个湖泊，东部为上游区。可以看出，东侧边界附近浅层水头高于深层，驱动地下水向下流动。相反，在西部地段则深层水头高于浅层，驱动地下水向上流动。浅层地下水在苏木吉林南湖和扎拉特下部受到较强的扰动，出现了很多近似呈半圆形（U 字形）的等水头线，驱动地下水发生指向湖泊的向心流。这种局部扰动的深度可以达到潜水面以下 100～200m。还有几处西部的无湖洼地也造成了这种扰动。中间部位的等水头线会发生波浪状的弯曲，反映水力梯度（控制水流方向）的空间摆动，是湖泊"吸水"作用与地下水流向下游远处的区域侧向径流驱动作用的交叠结果。越向深部，等水头线越趋于在铅直方向延伸（即水头值近似不随深度变化），地下水的流向变化越小，基本上与区域侧向径流的总方向保持一致。

潜水面在剖面图上几乎显示为一条直线，这是因为 70m 的水头差相对 1000m 以上的含水层厚度以及 400m 的沙丘地面起伏而言，是十分微小的。实际上，在大型沙丘的下部，还存在潜水面的隆起，只不过幅度很小，难以在剖面图上得到显示。

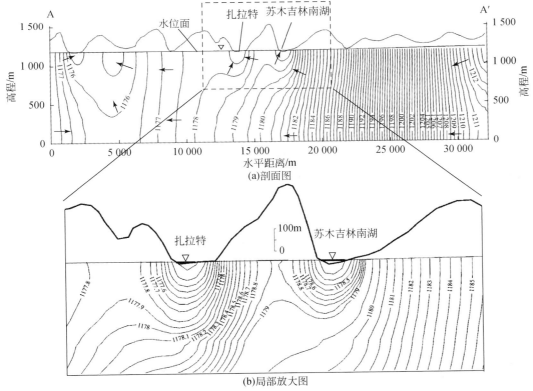

(a)剖面图

(b)局部放大图

图 7-23　湖泊群剖面 A–A′ 模拟水头（m）分布图

引自巩艳萍（2017）

7.4.3 　湖泊汇水范围

　　类似于水文学中对流域的划分，我们也可以划分出湖泊的汇水范围。对于河流来说，一个河口断面的流域范围是由分水线（往往用地貌分水岭代替）圈闭的汇水范围。巴丹吉林沙漠各个湖泊的汇水范围，当然不能用沙丘起伏形成的地貌分水岭来圈定，必须从地下水流场的特征出发，在确定分水线的基础上划分湖泊汇水范围。从平面水头分布的角度来看，分水线可取为潜水面的脊线，它在各向同性含水层中一般与等水头线垂直，但在驻点附近（等水位面的鞍部）近似与共轭方向的等水头线平行。对于三维地下水流场，决定湖泊空间汇水范围的是分水面，而不仅仅为平面上或剖面上的分水线。然而，地下水流场的三维动力学特征很复杂，目前还没有成熟的手段来确定分水面的位置和形态。因此，本书也只能从平面流场和剖面流场这两个角度初步了解巴丹吉林沙漠湖泊的汇水范围。

　　根据图7-20所示的潜水面分布模拟结果，绘制高密度的等值线图，寻找湖与湖之间的鞍部，追踪经过鞍部顶点的潜水面脊线。这样可以勾勒出平面上的分水线。图7-24显示了诺尔图湖区、苏木吉林湖区及与它们邻近的湖区分水线。显然，每条分水线的形态都与图7-19中包围抽水井的分水线类似，呈现U字形，开口朝向上游。湖泊都分布在U字形分水线的拐弯处。由分水线分割的不同区域，就是各个湖泊的汇水范围。当上游没有其他湖泊影响时，一个湖泊在平面上的汇水范围就是一条U字形分水线包围的区域。苏木吉林北湖的东部没有大型湖泊，其汇水范围与图7-19就很相似，上游汇水区呈东西走向，延伸超过5km，在南北方向的宽度约为2.5km，意味着该湖的汇水面积超过了12km^2，是湖面积的10倍以上。诺尔图的情况与此类似，但会受到东部乌兰吉仁湖的影响。实际上，上游湖泊会强烈影响下游湖泊的汇水范围，因为两条或若干条U字形水分线可以组合出比较复杂的空间形态。例如，苏木吉林南湖的汇水范围（图7-24）受到其上游诺尔图、毛日图的干扰，出现了多个分叉，形成了3个走廊型的汇水条带。呼都格吉林的汇水范围更加复杂，因为同时受到苏木吉林北湖、南湖及扎拉特湖的扰动，而且在扎拉特湖以西只能依靠一个狭长的走廊型汇水条带来"吸水"。另外，从图7-24可以看出，在具有上下游关系的两个湖泊之间，分水线远离下游湖泊而靠近上游湖泊，与地貌分水线完全不同。

　　平面上走廊型汇水条带的出现，是侧向径流的区域流场被湖泊群干扰的必然产物。越往下游，湖泊越容易受到上游多个湖泊的影响，走廊型汇水条带的分支越多，其汇水范围的形状就更加复杂。这虽然看起来只是湖泊群地下水的动力学特征，但也可能会影响地下水乃至湖水的化学特征，因为伴随地下水循环的是物质迁移转化过程。不同补给区的水分来源可能不同，水化学的起点性质不同，在不同的走廊型汇水条带也可能表现出不同的演化路径。这种影响还有待进一步研究。

　　实际上，湖泊的汇水范围是一个三维空间范围。图7-24中的分水线只能大致圈定汇水范围在平面上的投影，并不代表浅层和深层地下水都以这种方式汇入湖泊之中。为了确

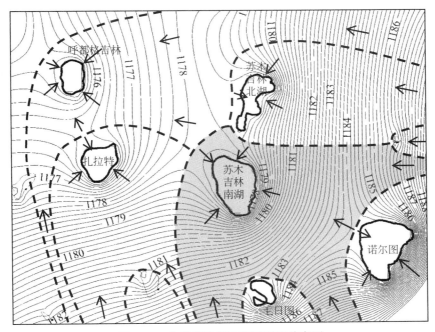

图 7-24 典型湖泊汇水范围平面分布图

虚线为分水线，箭头表示地下水流向。浅灰色区域为苏木吉林南湖的汇水范围。引自巩艳萍（2017），略有改动

认这一点，我们可以在剖面等水头线的基础上绘制垂向二维空间的分水线，如图 7-25 所示。通过与图 7-24 对比可以看出，剖面上分水线具有不同的特点，这些分水线呈十字形交叉，而不是 U 字形镶嵌。剖面分水线总体分为两组，一组在水平方向延伸，另一组在垂向延伸。根据水平方向延伸的水分线可以划分出浅层地下水和深层地下水。浅层地下水接受来自沙山的降水入渗补给，主要在深度 100m 以内（从潜水面算起）循环，向靠近岸边的湖底排泄或从湖岸渗出面排泄。这种剖面汇水范围绕着湖泊旋转一周，就可以形成三维环状结构（类似于救生圈）。深层地下水来自于区域侧向径流，在湖泊下方受到吸引而向上流动，排泄到湖泊的中间部位。由此可见，湖泊在不同部位接受浅循环和深循环的地下水。

类似于图 7-25 的情况在以往的剖面二维水流模型中也出现过（王旭升等，2014）。如图 7-26 所示，湖泊附近浅层地下水的汇水范围 S1 ~ S6 反映了局部地下水流系统的特征。如果考虑三维性质，则一个湖泊西侧和东侧的汇水范围实际上属于同一个水流系统，如 S2 和 S3 属于苏木吉林南湖的局部地下水流系统。诺尔图西部的 S1 与东部的 S1E 同属于诺尔图的局部水流系统。深层地下水的分水线实际上也向上游潜水面弯曲，从而控制不同湖泊的深层地下水补给范围。M1 和 M2 可视为伊克日与苏木吉林南湖深层地下水循环形成的中间地下水流系统。而上溯最远的 R1 可视为区域地下水流系统。当然，实际的地下水流系统三维特征远比图中显示的复杂。

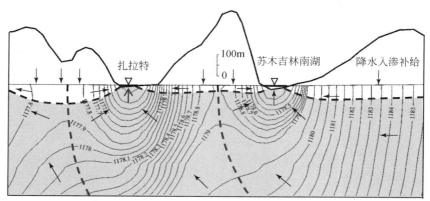

图 7-25 苏木吉林南湖—扎拉特剖面汇水范围划分

虚线为分水线，箭头表示地下水流向。引自巩艳萍（2017），略有改动

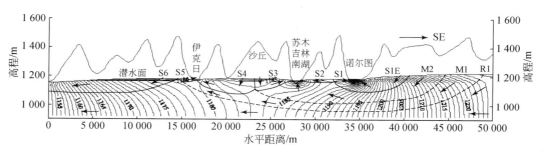

图 7-26 根据剖面水流模型划分的湖泊群地下水流系统

虚线为深层地下水的分水线，箭头表示地下水流向。引自王旭升等（2014），有改动

第8章 | 巴丹吉林沙漠与黑河流域的水文关系

作为我国第三大内陆河流域，黑河流域近20年来受到地学界的持续关注，特别是国家自然科学基金委员会启动重大研究计划"黑河流域生态–水文过程集成研究"以来，黑河流域上中下游气象、水文、生态过程的监测以及系统化的研究达到了全新的高度，成为国际流域研究的典型范例之一。黑河流域上游地区位于祁连山，汇水范围含黑河主干河道，还包括以张掖盆地、酒泉东盆地为出山口的众多祁连山北部河流，流域边界比较清晰。其中游地区以张掖盆地为主，其次为酒泉东盆地，在河西走廊的边界也比较清晰。相比之下，流域的下游汇水范围存在较大的不确定性。

8.1 从《水经注》说起

我国古书对黑河流域与巴丹吉林沙漠的记载不是很详细。北魏时期，郦道元所著《水经注》的卷四十（"浙江水、斤江水、江以南至日南郡二十水、禹贡山水泽地所在"）零星叙述了关于黑河流域的几处地点，具体如下。

1）"合离山在酒泉会水县东北，合黎山也。"这是对黑河流域中游出山口附近合黎山的方位描述。

2）"流沙地在张掖居延县东北。"指出了当时张掖与居延海地区的行政隶属关系，其中"流沙地"很可能指的就是戈壁沙漠，包含巴丹吉林沙漠。

3）"居延泽在其县故城东北，《尚书》所谓流沙者也，形如月生五日也，弱水入流沙，流沙，沙与水流行也。"这里的居延泽应当是一个湖泊，但在《尚书》中也被称为"流沙"，其形态如一轮弯月，有弱水流入其中，河水浑浊，沙与水一同流动。弱水被公认为是指黑河下游河道，这意味着居延泽可能就是居延海。

4）"《地理志》曰：谷水出姑臧南山，北至武威入海。届此水流两分，一水北入休屠泽，俗谓之为西海；一水又东径百五十里入猪野，世谓之东海，通谓之都野矣。"这里的"谷水"很容易和"羌谷水"混淆。《淮南子》记羌谷水经过张掖，应为黑河。"谷水出姑臧南山"而经过武威这一点说明，谷水是指现今石羊河流域的上游河道。该河分成两支分别流入休屠泽（西海）与猪野泽（东海），可能是两个石羊河流域下游的古湖泊。

上述第2条和第3条的记载导致了一些疑惑，到底"流沙地"与"居延泽"是否同一地名？《水经注》卷一中也有"流沙"之名，即"释氏论佛图调列《山海经》曰：西海之南，流沙之滨，赤水之后，黑水之前，有大山，名昆仑"。这里不仅提到流沙，还提到黑水，但不清楚是否所指黑河。实际上，《水经注》有很多描述是引用更古老的文献，包括《水经》《山海经》《尚书·禹贡》等。《尚书·禹贡》里面写了"导弱水，至于合黎，

165

徐波入于流沙。导黑水，至于三危，入于南海"，其中黑水似乎不是指黑河，否则就写重了。清代汪士铎在编著《水经注图》时，绘制了"补居延都野黑弱水图"，参考《水经注》和其他文献对黑河流域及其周边的水系进行了梳理，如图8-1所示。显然，汪士铎提供了更多信息，但同样导致了一些混乱。例如，图8-1中居延泽并非居延海，汪士铎将其注解为"今沙拉泊，一曰昌蒲湖，古文以为流沙"，并把居延泽的补水河道设置为水磨川，其上游经过永昌，在焉支山东侧湖源为羌谷水，这与"羌谷水为黑河"的看法完全不同。从永昌、焉支山这些地理方位来看，水磨川应该就是目前的金川河，属于石羊河流域的支流，其下游并没有尾闾湖。《水经注图》确定了黑河、洪水河、山丹河、讨赖河等水系共同汇入黑河流域下游居延海地区的判断，其中黑河干流在下游被称为额济纳河。不过，弱水被定位在张掖、山丹以南的洪水河，未指向下游的额济纳河。居延置于居延泽与居延海之间，乃一汉代古城，可能修筑"阚骃云"作为护城河。对于休屠泽（西海）与猪野泽（东海），汪士铎认为可能是刺都克泊（西居延海）与朔博泊（东居延海）的误称，但也怀疑猪野泽和休屠泽都是指石羊河流域下游的尾闾湖，即哈拉泊（或称鱼海）。

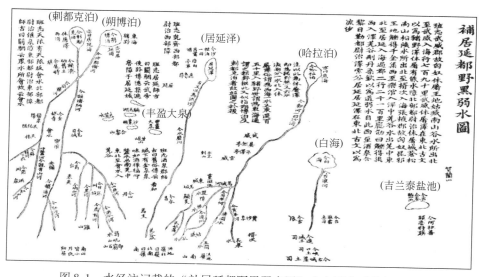

图8-1　水经注记载的"补居延都野黑弱水图"中主要水系分布特征
引自《水经注图》（汪士铎，清代），原图为两幅，以上拼接为一张图。括号中湖泊名称为本书所加，以示清晰

　　《水经注图》包含一些与巴丹吉林沙漠具有潜在关系的地理要素。例如，在武威地区与水磨川河流之间，写了"亦不刺山"四个字，表示的是现今的雅布赖山，向西北延伸还有甘俊山与合黎山，但未写北山，可能当时尚未有北山之名。从总体方位来讲，雅布赖山的北部应该是巴丹吉林沙漠，而居延泽就绘制在雅布赖山以北的地区。这引发了一个很大的问题：难道古金川河一直向下游流到了巴丹吉林沙漠，并最终汇入沙漠中的一个大湖，其名为居延泽？假如这是真的，那么巴丹吉林沙漠就应该是古金川河流域，与黑河流域并列分开。从《水经注》中"居延泽在其县故城东北"来看，不排除它是古代时期拐子湖的可能性，因为汉代居延城在如今古日乃湖与额济纳旗之间的位置。图8-1所绘制的居延

泽位置似乎也与拐子湖相当。但是从现代地理的角度来讲，金川河流到拐子湖是不可能的，因为需要跨越太多的地形障碍。因此，我们怀疑《水经注图》把水磨川与居延泽联系在一起，只是当时的猜测性做法。在清朝的皇舆全图中，水磨川也是流向了一个雅布赖山北部的大湖，称为昌宁湖［图 8-2（a）］。然而，实际的昌宁湖在现今的武威市民勤地区，冯绳武（1963）认为水经注所述休屠泽（西海）就是古时期的昌宁湖，它与东部的猪野泽原本属于同一个巨大的湖泊，是古猪野泽退化分解的产物。其后，猪野泽进一步退化为鱼海（即图 8-1 中的哈拉泊）乃至如今的青土湖。这就意味着居延泽或昌宁湖不应该绘制在雅布赖山以北的地区，而应在其以南的地区。

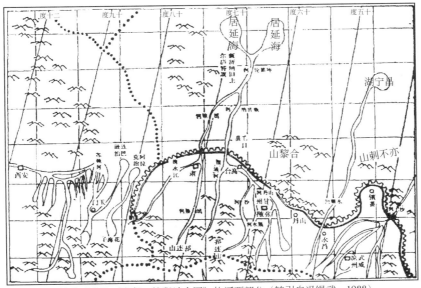

(a)清代李兆洛《皇朝一统舆地全图》的河西部分（转引自冯绳武，1988）

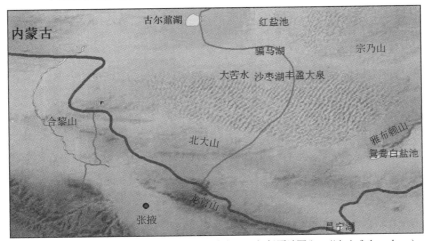

(b)复旦大学历史地理研究中心CHGIS平台发布的1820年复原地图(http://chgis.fudan.edu.cn)

图 8-2　与黑河流域有关的古地图要素

山区名称为本书所加

　　除此之外，《水经注图》还有一个奇特之处。我们可以在图 8-1 中合黎山、甘俊山（今龙首山）以北看到 5 个湖泊，分别称为大苦水、骗马湖、沙枣湖与丰盈大泉，最北边的一个似乎未命名。这些湖泊并没有被绘制在图 8-2（a）中。但是，在复旦大学历史地理研究中心制作的 1820 年古地图中 [图 8-2（b）]，明确把这些湖泊定位在了巴丹吉林沙漠。该幅复原图主要是根据清朝皇舆全图制作的，应该与图 8-2（a）的来源相似，只不过对地理位置做了更高分辨率的定位。在图 8-2（a）中，昌宁湖纠正到了比较可靠的位置，另外给出了雅布赖山南侧的鸳鸯白盐池，与现今的雅布赖盐场位置一致。"古尔蕭湖"的标注位置也与古日乃湖的位置接近。那么，这些比较准确的标注，是否也意味着落在巴丹吉林沙漠的那些湖泊也标注对了呢，如图 8-1 中骗马湖北部的那个湖泊名称被记为"红盐池"。有趣的是，这 5 个湖泊似乎都处于巴丹吉林沙漠的中部和北部，如今这些地带并没有这样引人注目的大湖。那么有两种可能，一是这些湖泊的位置标记错了，二是 1820 年之前它们存在于巴丹吉林沙漠，但 100 多年后的今天全部干涸消失了。在巴丹吉林沙漠的苏木吉林湖区，其北湖的东岸有巴丹吉林庙，由官方出资修建于 1755 年，即清朝乾隆年间。这既说明苏木吉林湖 200 多年没有消失，也说明 1820 年清政府应该知道巴丹吉林沙漠的湖泊在哪里。既然在标记骗马湖等的区域并没有湖泊，最大的可能是弄错了它们的位置。《清史稿》对上述湖泊的文字描述为"旗东有泽曰大苦水，南直甘肃张掖县边外，大苦水之东有二泽，曰骗马湖，东南有泽曰沙枣湖，亦曰沙枣泉，在肃州东北金塔寺北，沙枣湖之东，直山丹县边外，有泽曰丰盈大泉，以上诸泽，皆潴於沙"（《清史稿》卷七十八·志五十三·地理二十五）。如此粗略的描述当然很难定位，尽管"潴於沙"似乎暗示这些湖泊都处于沙漠之中。现今合黎山北侧有苦水井地名，张掖北部的邻近山区有马跑泉、沙枣泉、大泉等地名，属于北大山以南的潮水盆地，但难以确定就是与上述湖泊对应的地名。

　　以上古文献记载揭示出了祁连山以北地区流域水文的重要特点，即主干河流水系均以湖泊为最终归宿，而这些尾闾湖在 100~1000 年时间尺度上可以发生巨大变化。湖泊的不确定性、水系连接的不确定性，都会增加流域划分的难度。现代地理测绘技术可以帮助我们更加准确地绘制水系的分析，并通过地形的变化来确定流域。尽管如此，对于干旱区来讲，精确划定流域范围仍然不太容易，因为在下游可跟踪的地表水系较少。关于现代黑河流域的边界，至今还有不同的方案，Yao 等（2015a）根据中国科学院西部数据中心（http://westdc. westgis. ac. cn）发布的地理信息系统基础数据进行了对比。如图 8-3 所示，20 世纪 90 年代划分的流域范围包括甘肃北山东部的马鬃山地区，而东部以巴丹吉林沙漠的西部边缘为界。到 2010 年，用数字化地形图重新勾勒的黑河流域范围变大了很多，在甘肃北山马鬃山以西，有更多的面积被划入西支流域，而东部则把巴丹吉林沙漠、拐子湖、宗乃山等也包含进来，祁连山上游与走廊盆地中游的汇水范围也略有变化。实际上，目前关于黑河流域的绝大多数研究，仍然以 20 世纪 90 年代划定的边界为依据。从水文学的角度，是否有必要把整个宗乃山和拐子湖地区都包含在黑河流域内，这一点尚不确定。最新的黑河流域水文模型（Yao et al. , 2015b；Li et al. , 2018）只包含了巴丹吉林沙漠在东经 102°以西的部分，作为一个待定边界临时起作用，尚未完整考虑黑河流域的地下水流场。程国栋等（2014）根据黑河流域集成研究的进展，确定了"巴丹吉林沙漠作为黑河流域盆地的一大子流域"的事实。因此，将巴丹吉林沙漠视为黑河流域的东支流域是目前的主流观点。

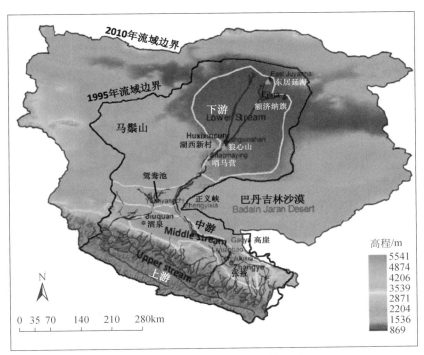

图 8-3　黑河流域现有边界划分图
据 Yao 等（2015b）。中文词为本书所加

8.2　水力联系的基础条件

　　一个地区与另一个地区的水文关系，既可以表现在地表，也可以表现在地下。地表上河流、湖泊的连接关系能够清楚地展现线状或串珠状的水文输送关系。而在干旱区，地下水是否具有水力联系对确定不同地区的水文关系可能具有更加重要的作用。这种水力联系的建立需要两个基础条件：①不同地区之间的含水层属于同一个含水层系统，没有被明显的隔水地质体分开，即使不属于同一含水层系统，只要渗透介质之间具有连续性、水流可交换，也可为水力联系提供基础；②地下水在动力学上必须是连续的，即含水层介质的饱和带在不同地区之间并没有被包气带分隔开，具有统一的水位面。根据已有研究成果，我们认为传统意义上的黑河流域与巴丹吉林沙漠满足建立水力联系的上述条件。

8.2.1　含水层介质的连续性

　　黑河流域下游盆地、巴丹吉林沙漠以及拐子湖地区都属于银额盆地，这从区域构造地质的角度表明它们之间的统一性，具备含水层系统连续性的背景条件。在本书的第 4 章，已经清楚地说明巴丹吉林沙漠含水层系统的主要特征，即自上而下分布有第四系孔隙含水层、新近系孔隙-裂隙含水层与白垩系裂隙-孔隙含水层。这三套含水层在巴丹吉林沙漠的大部分地区都是连续覆盖的（图 4-6），总厚度一般为 300~3000m。构造断裂主要影响深部的白垩系含水层，没有造成新近系和第四系含水层的升降错动。在巴丹吉林沙漠北部与拐子湖盆地的交接处，浅表的第四系含水层变薄，但新近系与白垩系砂岩含水层仍然有很大的覆盖厚度，在宏观上含水层系统是连续的。巴丹吉林沙漠西侧与古日乃湖平原的交接处，第四系含水层的厚度也变薄，而古日乃湖平原处于一个沉陷盆地中，第四系沉积物厚度大、底界深，以至于巴丹吉林沙漠的新近系或白垩系含水层与古日乃湖平原的第四系含水层发生对接关系。这种对接关系在一定程度上会影响含水层系统的连续性，但是浅表的第四系含水层仍然处于完全连续的状态。在西北部，巴丹吉林沙漠与额济纳旗平原的交接处，可能部分地段有第四系含水层缺失的情况，而沙漠下部砂岩含水层与额济纳旗第四系含水层的对接关系可能较为复杂。尽管如此，巴丹吉林沙漠与黑河流域下游盆地的含水层在总体上的连续性是有保障的。

关于巴丹吉林沙漠与古日乃湖之间的含水层连续性，还有直接的证据。国家自然科学基金委员会重大研究计划"黑河流域生态-水文过程集成研究"设立了一个重点项目"黑河流域地表水与地下水相互转化的观测与机制研究"，由中国地质环境监测院主持完成。2012~2013 年，该项目布置了一些钻探和物探工作来调查黑河流域下游盆地与巴丹吉林沙漠之间的关系。其中，在古日乃湖东南侧布置了一条长度 12km 的大地电磁测深（EH4）剖面，剖面东西向延伸，介于两个第四系钻孔 G1 和 G2 之间（图 8-4）。根据该剖面物探解译资料绘制的地层分布特征，物探解译推测在 G1 和 G2 之间有一条近似南北向的隐伏断裂，该断裂造成了新近系（解译为泥质砂岩）地层东部下降、西部上升，错动距离约50m。不过，该断裂在地面上并无显示，说明未能穿越第四系（解译为细砂和粉细砂）地层。尽管有断裂作用，下伏的新近系地层在 300m 厚度上仍然是完整延伸的，上部的第四系地层也至少有 100m 厚度，并不影响含水层系统宏观上的连续性。G1 和 G2 两个钻孔揭露的地下水埋深分别为 26.7m 和 1.2m，说明大部分第四系含水层都处于潜水面以下。由于新近系地层被解译为泥质砂岩，断裂面西侧和东侧可能发生泥岩层与砂岩层对接的情况，造成横向透水能力降低。这种情况的定量分析需要获取新近系高分辨率岩性变化数据，但 G1 和 G2 钻孔都未能揭穿到新近系地层，目前无法估计含水层横向导水能力在断裂处的降低幅度。如果断裂的影响很显著，那么巴丹吉林沙漠的地下水将主要依靠浅部的第四系砂层作为通道，与古日乃湖平原的地下水发生水力联系。

仵彦卿等（2004）也利用 EH4 方法对古日乃湖西南部地层进行探测，发现有古河道性质的断裂带向巴丹吉林沙漠延伸。由于断裂带中充填的是第四系沉积物，它不会削弱，反而可能增强古日乃湖平原与巴丹吉林沙漠之间含水层介质的连续性。

8.2.2 地下水的动力学连续性

第 5 章已经详细地分析巴丹吉林沙漠区域尺度的地下水流向与水力梯度，第 6 章通过

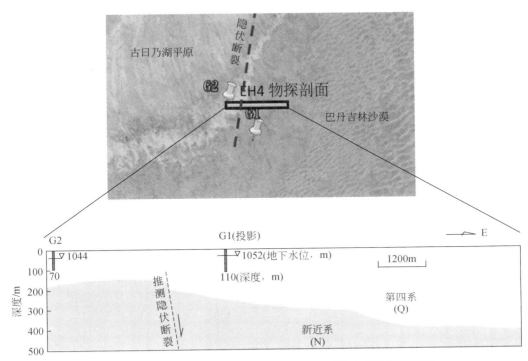

图 8-4　古日乃湖与巴丹吉林沙漠交接处地层分布的物探解译图

建立相应的地下水流模型分析区域地下水流场。这些研究的结果表明巴丹吉林沙漠的浅层与深层地下水在水动力学上是连续的，不仅在水平方向上流向与水力梯度呈现整体性的转换变化，而且第四系、新近系与白垩系三套含水层的水头分布也没有表现出强烈的差异。

在巴丹吉林沙漠北部，地下水向北流动，地下水位在 950～1050m 连续变化（图 3-12），水力梯度保持在 2‰～4‰。拐子湖以南局部地段的地下水位低于第四系风积砂底部，导致第四系地层中地下水流的中断，少量地下水以泉水的形式排出，但是大部分地下水流可以继续在新近系与白垩系含水层中流动。因此，总体上拐子湖地区与巴丹吉林沙漠之间保持了地下水的动力学连续性。

至于巴丹吉林沙漠与古日乃湖平原之间地下水的动力学连续性，也可以从图 8-4 中得到证实。首先，G1 和 G2 钻孔揭露的地下水埋深（不超过 30m）均小于第四系砂层的厚度（超过 100m），说明第四系含水层的饱和带厚度至少达到 70m，从而巴丹吉林沙漠与古日乃湖之间不存在被包气带阻隔的情况。根据 G1 和 G2 两个钻孔的地面高程和地下水埋深，初步推测地下水位分别为 1052m 和 1044m，即巴丹吉林沙漠一侧的地下水位高于古日乃湖平原，水力梯度接近 2‰。地下水位的高低对水动力学上的连续性具有很强的控制作用。如图 8-5 所示，如果 A 地区和 B 地区之间存在一个连续的含水层（强透水层），下伏相对隔水地层，而且隔水地层在两者交界处附近形成隆起，那么可能出现两种不同的情况。只要两个地区的地下水位均高于隔水地层隆起的最高点［图 8-5（a）］，那么它们的饱水带是连在一起的、连续的，意味着两个地区之间具有水力联系。如果两个地区的地下水位均低于隔水地层隆起的最高点［图 8-5（b）］，那么只有包气带是连续的，而饱水带是断开的、不连续的，两个地区之间将没有水力联系。显然，如果我们将图 8-4 中的新近系地层视为相对隔水地层，则 G1 和 G2 所揭示的情况与图 8-5（a）是类似的，决定了巴丹吉林沙漠与古日乃湖之间存在直接水力联系。一旦地下水埋深超过 100m，水位线靠近新近系地层的隆起点，则两者之间的水力联系将减弱，甚至变得没有水力联系。当然，这种情况在古日乃湖地区实际上不太可能发生，因为新近系砂岩也属于有效的含水层，并不是隔水层。

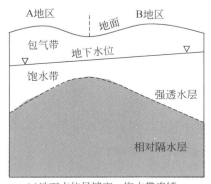 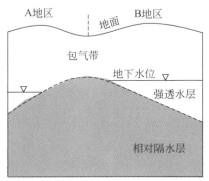

(a)地下水位足够高，饱水带连续，　　　(b)地下水位偏低，饱水带不连续，
A地区与B地区存在水力联系　　　　　　A地区与B地区不存在水力联系

图 8-5　地下水位控制不同地区水力联系的两种情景

另外一个值得注意的现象，是在巴丹吉林沙漠北部与古日乃湖北部发生了地下水流向的强烈变化。如图 8-6（a）所示，巴丹吉林沙漠北部与古日乃湖平原的交界线近似为南北向延伸，地下水流向的变化可以用水头线正交方向（从水位高处流向水位低处）的变化来判断。在该交界线以东，巴丹吉林沙漠的地下水朝西北方向流动，某些地带流向几乎为正西。然而，在该交界线以西，古日乃湖平原的地下水流迅速转变为向北流动，流向几乎发生了近似 90° 的大转弯。这种现象并不意味着两者之间没有水力联系，而很有可能是连续流场中水流折射的一种表现。

根据地下水动力学理论中的水流折射定律（陈崇希等，2011），当均匀的地下水流在穿过含水层导水能力突变（如渗透系数突然增大或减小）的界面时，会发生流动方向的突然变化。图 8-6（b）给出了水流折射现象的一些关键要素，以突变界面（假设为铅直面）的法线为参考线，地下水平面流向的入射角为 α_1，出射角为 α_2，则 α_1 与 α_2 的大小关系，反映了上游导水能力与下游导水能力的大小关系。如果含水层在界面两侧的厚度相等，那么根据折射定律，有（陈崇希等，2011）

$$\frac{\tan\alpha_1}{\tan\alpha_2} = \frac{K_1}{K_2} \tag{8-1}$$

式中，K_1 和 K_2 分别为上游和下游含水层的水平渗透系数［L/T］。如果含水层的厚度在界面处发生变化，则式（8-1）可改写为

$$\frac{\tan\alpha_1}{\tan\alpha_2} = \frac{K_1 b_1}{K_2 b_2} \tag{8-2}$$

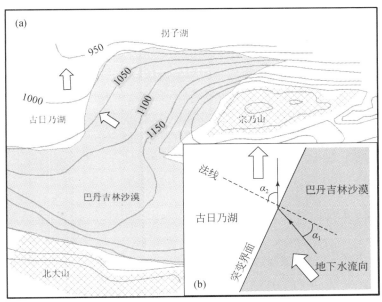

图 8-6 从巴丹吉林沙漠到古日乃湖的地下水流向转变特征
（a）为地下水位等值线图；（b）为对水流折射现象的解释图

式中，b_1 和 b_2 分别为上游和下游含水层的饱水带厚度 ［L］。含水层水平渗透系数与饱水带厚度的乘积可称为导水系数 ［L^2/T］。对图 8-5 的情况进行初步估计：在巴丹吉林沙漠一侧，入射角为 $\alpha_1 = 10° \sim 30°$；在古日乃湖平原一侧，出射角为 $\alpha_2 = 70° \sim 80°$。由此得到 $\tan\alpha_1 / \tan\alpha_2$ 的数值为 $0.03 \sim 0.02$，意味着古日乃湖一侧的含水层综合导水系数可以达到巴丹吉林沙漠一侧的 $5 \sim 30$ 倍。这可能既有厚度变化的原因，又有渗透系数变化的原因。古日乃湖与巴丹吉林沙漠北部的交接带位于一个构造隆起带上，第四系厚度减薄到 $50 \sim 100m$，如果以第四系为主要的含水层，则饱水带的厚度可能减薄到 $20 \sim 70m$。而在黑河流域下游盆地的东部，第四系的厚度普遍达到 $150 \sim 300m$（万力等，2005），局部甚至超过 $300m$，由于地下水埋深浅，第四系含水层几乎全部处于饱水带。另外，该处第四系含水层下部表现为砂砾石沉积物，渗透系数远远大于巴丹吉林沙漠的细砂。这两个方面的原因共同造成了古日乃湖平原东侧成为第四系含水层导水系数突变的界面，从而产生了水流折射现象，但地下水在动力学上仍然是连续的。

8.3 巴丹吉林沙漠对黑河下游盆地的水量贡献

巴丹吉林沙漠与黑河流域下游盆地存在水力联系，而现今沙漠地下水又是向北、向西流动，成为黑河流域下游盆地的一个上游区。由第四系、新近系和白垩系构成的含水层系统，其地下水穿过两者交界线的侧向径流量，基本上可以作为巴丹吉林沙漠向现今黑河下游盆地贡献的全部水量。

8.3.1 沙漠西部侧向径流的分段评估

黑河下游盆地的东部可以大致分为北部的额济纳旗平原与南部的古日乃湖平原，它们与巴丹吉林沙漠的交界带长度约有200km。沙漠西部的地下水在这个交界带发生侧向径流排泄。我们主要根据图6-7所示的流动系统划分来划分侧向径流的不同过水断面，同时单独考虑向额济纳旗平原的水量贡献，分段划分方案见图8-7。其中，X-Ⅰ是巴丹吉林沙漠与额济纳旗平原的交界段，X-Ⅱ是巴丹吉林沙漠与古日乃湖平原北部的交界段，X-Ⅲ是巴丹吉林沙漠与古日乃湖平原南部的交界段，而X-Ⅳ属于巴丹吉林沙漠与扎格图陶勒盖地区的交界带。

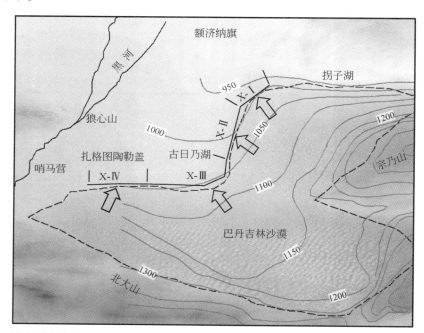

图8-7　巴丹吉林沙漠向黑河流域下游盆地输送地下水的过水断面（编号为X-Ⅰ到X-Ⅳ）位置图
等值线为地下水位等高线（m），背景色表示地形高程分布，海拔越高灰度越大

在以上各个交界段的过水断面中，X-Ⅰ到X-Ⅲ已经包含在图6-7所示的流动系统中，可以直接提取第6章区域地下水流模型数据加以分析。X-Ⅳ过水断面缺乏地下水调查和观测资料，初步假设其特征与图6-7中水流系统B2的情况一致，进行推测。结果见表8-1，可能存在20%左右的误差，但总体上明显大于王旭升等（2014）概算的结果。本次研究有更多的资料支撑，而且采用了数值模拟方法，结果更加可靠。巴丹吉林沙漠侧向径流贡献给黑河流域下游盆地的总水量达到$1.57 \times 10^8 m^3/a$，其中70%贡献给了古日乃湖平原（$1.10 \times 10^8 m^3/a$），对额济纳旗平原贡献的水量则很少。通过第四系含水层贡献的侧向径流量约占总量的2/3，但在平原东侧边缘的地下水浅埋区，侧向径流路途中的浅层地下水大量蒸散消耗，实际到达平原区内部的水量会显著减少。

表 8-1　巴丹吉林沙漠西部侧向径流排泄量评估表

分段编号	长度/km	水力梯度/‰	侧向径流量/($10^8\,m^3$/a)	水流去向
X – I	32	1.0 ~ 1.5	0.21	额济纳旗平原
X – II	55	1.5 ~ 2.5	0.41	古日乃湖平原
X – III	68	1.6 ~ 3.0	0.69	
X – IV	39	1.2 ~ 2.2	0.26	扎格图陶勒盖地区
合计	194	1.0 ~ 3.0	1.57	黑河流域下游盆地

8.3.2　与黑河下游盆地水资源量的对比

黑河在正义峡以北属于下游，流经鼎新灌区、哨马营、东风镇，穿过狼心山后进入额济纳旗盆地，其流量逐渐递减。根据"黑河流域生态–水文过程集成研究"的成果（程国栋等，2014），祁连山地表水向黑河流域中游输送的水量很大，多年平均值达到 $36.4\times10^8\,m^3$/a，山前地下水侧向径流贡献达到 $5.3\times10^8\,m^3$/a，合计总量超过 $40\times10^8\,m^3$/a。1957 ~ 1997 年，黑河在祁连山出口莺落峡的流量为 30 ~ 70m^3/s（仵彦卿等，2010），多年平均流量为 $15.7\times10^8\,m^3$/a，但经过正义峡的流量降低到 20 ~ 50m^3/s（仵彦卿等，2010），多年平均径流量只有 $9.5\times10^8\,m^3$，20 世纪 90 年代多年平均径流量进一步降低到 $6.9\times10^8\,m^3$，不足中游地区总来水量的 19%。1990 ~ 2000 年，黑河在狼心山断面的流量均值约为 $3.8\times10^8\,m^3$/a，到 2000 ~ 2012 年实施统一水量调度之后，流量均值增加到 $5.3\times10^8\,m^3$/a（Cheng et al.，2014）。相对现今地表水资源来讲，巴丹吉林沙漠地下水侧向径流贡献到额济纳旗平原的水量不足 5%，基本可以忽略不计。

作为黑河下游盆地的一部分，额济纳旗平原并不直接获得黑河的地表水。仵彦卿等（2010）认为黑河的鼎新—哨马营河段为河床高于地下水位面的河流，发生大量渗漏，推测渗漏量达到 $1.76\times10^8\,m^3$/a，转变为地下水补给到古日乃湖地区。根据赵静等（2017）的评估，1998 ~ 2001 年黑河正义峡—哨马营河段的平均渗漏量为 $1.66\times10^8\,m^3$/a，而哨马营—狼心山河段的平均渗漏量为 $1.09\times10^8\,m^3$/a，两者合计达到 $2.75\times10^8\,m^3$/a，2002 ~ 2005 年总渗漏量则增加到 $3.07\times10^8\,m^3$/a。由于地下水向东北方向流动，并非全部的河水渗漏量都能达到古日乃湖平原，但至少有 $2\times10^8\,m^3$/a，近似达到巴丹吉林沙漠地下水对古日乃湖平原水量贡献（约 $1\times10^8\,m^3$/a）的 2 倍。赵静等（2017）对黑河流域下游盆地进行了地下水流数值模拟，发现古日乃湖平原生态耗水区的面积对来自巴丹吉林沙漠的地下水侧向径流比较敏感。这说明巴丹吉林沙漠地下水对古日乃湖地区是具有一定影响力的。

巴丹吉林沙漠向扎格图陶勒盖地区输出的地下水侧向径流，将汇入区域背景的东北向地下水流中，不一定全部补给到古日乃湖地区。由于其水量很小，可能对黑河流域下游的水文状况影响较弱。

8.4 黑河流域的东部边界问题

8.4.1 流域边界划分的一般原则

在水文学、地理学和水利工程的范畴中，流域被定义为"地表水及地下水的分水线所包围的集水区"（中国水利百科全书编辑委员会，1991）。因此，分水线是划分流域的重要依据。分水线定义在平面空间内，表示两侧水分平面流动方向相反的线状实体。用地形等高线图的脊线确定的分水线，属于地表分水线；以地下水位面（潜水面）脊线确定的分水线，属于地下分水线。大多数流域是用地表分水线划分出来的，即以某河流断面为出发点，以其上游河道为汇水中心，追索出一条封闭的地表分水线，其圈闭区域作为该断面的流域范围。若干小的流域可以组合成为一个大的流域。关键性的河流断面有三种：①山区河流的出山口，如祁连山北部的莺落峡是黑河上游流域的出山口；②一条河流与另外一条河流的交汇处，如山西的汾河在河津市汇入黄河；③一条河流的入海口，如黄河的入海口在山东的东营市、长江的入海口在上海市。这种河流断面实际上属于流域地形的最低处，地表水集中到该处输出于流域之外。

对于黑河流域这样的内陆河流域来讲，不能用河流断面来追索分水线，因为河道最终会消失在某个部位或汇入一个封闭的湖泊中。以湖泊为中心的流域（如青海湖流域）在我国西北地区比较常见，但研究程度较低。内陆河流域或封闭湖泊流域的边界，是某个地形极低处最外围的圈闭分水线，确保没有地表水或地下水会穿过这个边界。然而，在条件不清的情况下，人们会优先使用地表分水线来进行划分，付出的代价是划分结果很可能不准确。

为了考虑流域概念的严谨性，水文学中把地表分水线和地下分水线完全重合的流域称为闭合流域，否则称为非闭合流域（芮孝芳，2004；徐宗学等，2009）。按照这样的定义，巴丹吉林沙漠中以单个湖泊为中心的流域，就是非闭合流域，因为地下分水线（图7-24）与沙山的地表分水线（图3-13）不重合。仔细辨析，似乎非闭合流域既可以从地表分水线来划分出流域范围，也可以从地下分水线划分出流域范围，而这两个流域范围无法做到重合。那么，到底哪个流域范围才是合理的呢？传统水文学中并没有正式对此给出答案。我们认为，非闭合流域的现象主要发生在干旱区，其地表产流（由地表分水线控制）对流域水资源的贡献比例较小，而地下水文过程才是主要的（基流占比往往超过70%），因此应当主要依据地下分水线来划分流域。

8.4.2 巴丹吉林沙漠地下分水线

受沙丘地貌剧烈波动起伏的影响，巴丹吉林沙漠的地表分水线是十分凌乱的，而且不能代表区域尺度上不同地点之间的水文关系。相反，地下分水线才具有代表意义。如果观察图 6-7 可以发现，巴丹吉林沙漠的地下水流系统基本上就是沿着潜水面上的分水线划分的。实际上，从这一点来讲地下水流系统与流域的概念是相似的。与流域的嵌套式结构一样，若干个小的地下水流系统可以组成一个大的地下水流系统。例如，（Z1）和（Y2）组合起来，就是以因格井为共同排泄区的地下水流系统。所以，我们可以从巴丹吉林沙漠地下水流系统的边界特征与水流方向来分析关键性的地下分水线。

在图 8-8 中，参照图 6-7 所示的地下水流系统结构，给出了巴丹吉林沙漠 3 条关键性的地下分水线，编号分别为①、②、③。目前来看，只有这 3 条分水线以西的地下水才能流到古日乃湖、额济纳旗盆地等黑河流域下游地区。另外，巴丹吉林沙漠东南部外围的分水线④，是地表分水线与地下分水线的组合分水线，穿越了北大山、雅布赖山、宗乃山等山区，也经过一些山间盆地，它控制了巴丹吉林沙漠的汇水范围。这条分水线是近似的，特别在宗乃山以北，地下水流系统（Z3）的东边界并不清楚，目前只是把拐子湖和乌兰苏海作为（Z3）的主要排泄区。

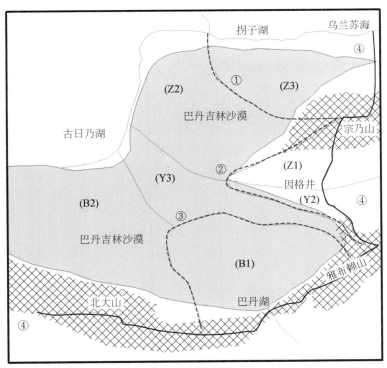

图 8-8　巴丹吉林沙漠内部关键分水线（①、②、③）和外围分水线（④）

（Z1）和（Y2）等为地下水流系统编号

地下分水线①把流向拐子湖与流向额济纳旗平原的地下水区分开来，这是因为传统意义上拐子湖不属于黑河流域下游盆地。

地下分水线②包围了因格井内流区，同时也隔开了雅布赖山—宗乃山的山间盆地与传统黑河流域之间的水文关系。该分水线的拐点处，理论上应存在一个驻点，属于地下水的滞流区。

地下分水线③包围了主要的湖泊群，成为地下水流系统（B1）的主体部分，把大多数湖泊与传统黑河流域之间的水文关系隔开。该分水线的拐点处理论上也存在一个驻点，成为湖泊群与古日乃湖之间的一个滞流区。

地下水流系统（Z2）与（Y3）的交界线，以及（B2）与（Y3）的交界线，都不是决定水文关系的关键分水线，而是从两个驻点（滞流区）边缘出发，指向古日乃湖的流线。地下水流系统（B2）南部也有一些湖泊，但并没有在宏观上造成像（B1）这样的内流区。

严格来讲，用潜水面的脊线确定出来的分水线，并不能精确地限定水文关系，因为潜水面只能在一定程度上决定浅层地下水的流向，而不能完全决定深层地下水的流向。如图7-26所示，总有一股位置最低的深层地下水不受浅层地下水循环（局部地下水流系统）的影响，朝着古日乃湖方向流去。这意味着在地下水流系统（Z1）和（B1）的深部，可能有一部分地下水横向穿越分水线②和③，最终排泄到古日乃湖地区。关于三维地下水流系统的复杂特征，本书不予赘述。

8.4.3 黑河流域边界东移方案

既然巴丹吉林沙漠向黑河流域下游盆地贡献了不可忽视的地下水侧向径流，继续把它排除在黑河流域之外就是不恰当的。因此，传统黑河流域的东部边界需要加以修正，向东迁移以包含巴丹吉林沙漠。实际上，图8-3已经给出了一个方案，但2010年流域边界的东移规模相当大，平均移动距离超过200km，不可避免地把树贵苏木、拐子湖、乌兰苏海等地区纳入了黑河流域。当然，这样做也许能够把黑河流域重新定义成一个地表分水线与地下分水线一致的闭合流域。问题在于，东部山区和山间盆地的地下水分水线未必真的和地表分水线重合，误差目前很难评估。在弄清楚浅层地下水位的分布之后，我们可以把地下分水线勾勒得更加准确一些，提出折中的东移方案，避免移动距离过猛带来流域规划和水资源评价方面的巨大挑战。

新的边界移动方案如图8-9所示。传统上的黑河流域以巴丹吉林沙漠的西侧边缘为黑河流域下游边界，即图中的边界线⑦。现在我们建议将分水线①、④和⑤连接起来作为边界线，这样流域面积将扩大约39 000km²。这里没有选择分水线④在宗乃山北部的那一段（图8-8），目的是将拐子湖地区作为黑河流域以外的部分，通过利用分水线①恰好能够做到这一点。通过利用分水线④在雅布赖山与宗乃山的那一段，将树贵苏木及其移动的地区排除在黑河流域之外。分水线④在北大山、黑山头与雅布赖山一线的延伸，则将南部的潮水盆地、雅布赖盐场盆地排除在黑河流域之外。分水线⑤属于北大山与合黎山之间的地表分水线，目前尚没有足够的资料掌握这一带的地下分水线，因此边界线具有猜测性质。该界线以南属于黑河流域中游盆地，而北部可能是巴丹吉林沙漠西端部分的地下水补给区。分水线⑨是龙首山一带的地表分水线，传统上已作为黑河流域中游盆地的北边界，它与分水线④之间为潮水盆地。分水线⑧暂时以地表分水线的方式绘出，但实际上尚未证实它与地下分水线一致，这涉及黑河流域中游与潮水盆地之间的关系。

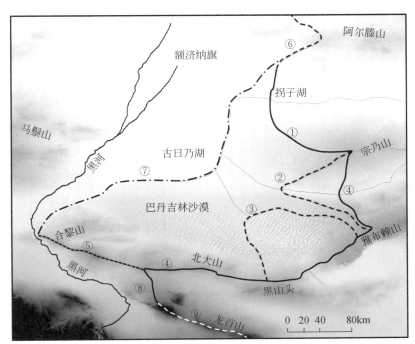

图 8-9 黑河流域东边界移动方案图

背景为地形高程的灰度图，颜色越深海拔越高

图 8-9 中也给出了巴丹吉林沙漠内部分水线②和③的位置，但是没有作为流域边界。一方面是因为它们并不能约束深部地下水（第四系底部、新近系、白垩系含水层）的流动方向，另一方面在于它们属于动力学上容易变化的边界。巴丹吉林沙漠含水层厚度大而且连续性很强，宏观地下水流动系统对地表环境以及气候特征的变化较为敏感，导致地下分水线②和③不稳定。按照新的边界东移方案，可以将当前分水线②和③圈闭范围作为流域的两个内流区，属于地下水浅循环形成的局部地下水流系统。

分水线⑥是位于额济纳旗平原东北部的流域界线，存在很大的不确定性，因为这个地带的水文地质条件目前也不太清楚。实际上，如何确定整个额济纳旗平原以北的流域边界，仍然是有待解决的问题。

参 考 文 献

白旸，王乃昂，何瑞霞，等.2011.巴丹吉林沙漠湖相沉积的探地雷达图像及光释光年代学证据.中国沙漠，31（4）：842-847.

陈崇希，林敏，成建梅.2011.地下水动力学.北京：地质出版社.

陈建生，赵霞，盛雪芬，等.2006.巴丹吉林沙漠湖泊群与沙山形成机理研究.科学通报，51（23）：2789-2796.

陈立，王乃昂，王浩，等.2012.巴丹吉林沙漠湖泊与地下水化学参数初步研究.中国沙漠，32（2）：531-538.

陈启林，卫平生，杨占龙.2006.银根-额济纳盆地构造演化与油气勘探方向.石油实验地质，28（4）：311-315.

陈添斐.2014.地下水与陆面蒸散相互作用的模型研究.北京：中国地质大学（北京）博士学位论文.

陈添斐，王旭升，胡晓农，等.2015.巴丹吉林沙漠盐湖跃层对地下淡水排泄的指示作用.湖泊科学，27（1）：183-189.

程国栋，肖洪浪，傅伯杰，等.2014.黑河流域生态—水文过程集成研究进展.地球科学进展，1（4）：431-437.

代建翔.2014.巴丹吉林沙漠包气带渗透性及其影响因素研究.北京：中国地质大学（北京）硕士学位论文.

丁宏伟，王贵玲.2007.巴丹吉林沙漠湖泊形成的机理分析.干旱区研究，24（1）：1-7.

董光荣，高全洲，邹学勇.1995.晚更新世以来巴丹吉林沙漠南缘气候变化.科学通报，40（3）：1214-1218.

董培勤，高东凤.2005.中国最美的五大沙漠第1名——巴丹吉林沙漠腹地：上帝画下的曲线.中国国家地理，（10）：160-167.

董佩.2013.双层介质水位升降与空气流相互作用的实验和数值模拟研究.北京：中国地质大学（北京）博士学位论文.

冯绳武.1963.民勤绿洲的水系演变.地理学报，29（3）：241-249.

冯毓荪.1993.巴丹吉林风沙地貌图设计与编制.中国沙漠，13（2）：61-68.

高大钊，袁聚云.2001.土质学与土力学（第3版）.北京：人民交通出版社.

高全洲.1993.巴丹吉林沙漠南缘地区晚更新世以来的沙漠演化与气候变化.兰州：中国科学院兰州沙漠研究所硕士学位论文.

高全洲，董光荣.1995.晚更新世以来巴丹吉林南缘地区沙漠演化.中国沙漠，15（4）：345-352.

巩艳萍.2017.巴丹吉林沙漠地下水对湖泊水均衡及其盐分特征的影响.北京：中国地质大学（北京）博士学位论文.

顾慰祖，陈建生，汪集旸，等.2004.巴丹吉林高大沙山表层孔隙水现象的疑义.水科学进展，15（6）：695-699.

郭峰，孙东怀，王飞，等.2014.巴丹吉林沙漠地层序列的粒度分布及其组分成因分析.海洋地质与第四纪地质，34（1）：165-173.

郭亿华，李保生，温小浩，等.2012.巴丹吉林沙漠东南缘查格勒布鲁剖面CGS1层段粒度特征及其指示的全新世千年尺度气候变化.中国沙漠，32（5）：1248-1255.

郭永海，王海龙，董建楠，等.2012.关于巴丹吉林沙漠湖泊形成机制的初步看法.地球科学，37（2）：

276-282.

郭志清.1987.我国沙漠地区沙丘的易溶盐含量分布特征.中国沙漠,7（4）：50-62.

黄天明,庞忠和.2007.应用环境示踪剂探讨巴丹吉林沙漠及古日乃绿洲地下水补给.现代地质,
　　21（4）：624-631.

黄锡荃.1993.水文学.北京：高等教育出版社.

贾立,胡光成,郑超磊,等.2015.中国与东盟1km分辨率地表蒸散发数据集（2013）（MuSyQ_ET_1km_
　　2013）.北京：中国科学院,全球变化科学研究数据出版系统.

蒋小伟,万力,王旭升.2013.区域地下水流理论进展.北京：地质出版社.

金晓媚,高萌萌,柯珂,等.2014.巴丹吉林沙漠湖泊遥感信息提取及动态变化趋势.科技导报,32（8）：
　　15-21.

柯珂,金晓媚,高萌萌,等.2015.以改进SEBS模型估算苏木吉林南湖的水面蒸发.中国沙漠,35（1）：
　　233-239.

匡星星.2010.砂柱定水头排水的饱和—非饱和流与水气二相流研究.北京：中国地质大学（北京）硕士
　　学位论文.

雷志栋,杨诗秀,谢森传.1988.土壤水动力学.北京：清华大学出版社.

李建成,褚永海,徐新禹.2017.区域与全球高程基准差异的确定.测绘学报,46（10）：1262-1273.

李玉宏,杨高印,卢进才,等.2010.综合地球物理方法在内蒙古西部额济纳旗及邻区石炭系—二叠系解
　　释中的应用.地质通报,29（z1）：374-383.

刘建刚.2010.巴丹吉林沙漠湖泊和地下水补给机制.水资源保护,26（2）：18-23.

刘建利,申安斌,陈小龙.2011.大地电磁测深方法在内蒙古西部银根-额济纳旗盆地石炭系—二叠系油
　　气地质调查中的应用.地质通报,30,（6）：993-1000.

刘建利,李西周,张泉.2013.重、磁、电联合反演在银额盆地定量解释中的应用.物探与化探,
　　37（5）：853-858.

刘亭文.2005.心灵的处所最美的地方.博物,（10）：54-63.

卢进才,魏仙样,魏建设,等.2010.内蒙古西部额济纳旗及其邻区石炭系—二叠系油气地质条件初探.
　　地质通报,29（z1）：330-340.

卢进才,张洪安,牛亚卓,等.2017.内蒙古西部银额盆地石炭系—二叠系油气地质条件与勘探发现.中
　　国地质,44（1）：13-32.

陆锦华,郭迎胜.1995.《巴丹吉林高大沙山典型区景观图》的编制研究.中国沙漠,15（4）：385-391.

陆莹,王乃昂,李贵鹏,等.2010.巴丹吉林沙漠湖泊水化学空间分布特征.湖泊科学,22（5）：
　　774-782.

陆莹,王乃昂,李卓仑,等.2011.巴丹吉林沙漠湖泊水化学空间分带性与湖泊面积的等级关系.地理研
　　究,30（11）：2083-2091.

马迪,吕世华,奥银焕,等.2012.巴丹吉林沙漠不同下垫面辐射特征和地表能量收支分析.高原气象,
　　31（3）：615-621.

马金珠,陈发虎,赵华.2004.1000年以来巴丹吉林沙漠地下水补给与气候变化的包气带地球化学记录.
　　科学通报,49（1）：22-26.

马金珠,黄天明,丁贞玉,等.2007.同位素指示的巴丹吉林沙漠南缘地下水补给来源.地球科学进展,
　　22（9）：922-930.

马金珠,周向阳,王云权,等.2011.巴丹吉林沙漠南部高大沙丘包气带水分空间分布特征研究.中国沙
　　漠,31（6）：1365-1372.

马妮娜，杨小平.2008.巴丹吉林沙漠及其东南边缘地区水化学和环境同位素特征及其水文学意义.第四纪研究，28（4）：702-711.

马宁，王乃昂，赵力强，等.2014.巴丹吉林沙漠腹地降水事件后的沙山蒸发观测.科学通报，59（7）：615-622.

马延东，赵景波，罗小庆，等.2016.巴丹吉林沙漠沙山区径流与地下水补给条件.地理学报，71（3）：433-448.

欧阳波罗.2014.巴丹吉林沙漠湖水和地下水氢氧同位素研究.北京：中国地质大学（北京）硕士学位论文.

潘燕辉.2014.巴丹吉林沙漠包气带硝酸盐循环富集特征及其对古水文气候环境的响应.兰州：兰州大学硕士学位论文.

钱静.2013.脉冲式入渗水在包气带运移的试验观测和数值模拟.北京：中国地质大学（北京）硕士学位论文.

任伟，金胜.2011.应用音频大地电磁法探测内蒙古巴丹吉林高大沙山结构及成因.现代地质，（6）：1167-1173.

芮孝芳.2004.水文学原理.北京：中国水利水电出版社.

商洁.2014.巴丹吉林沙漠腹地包气带水分运移研究.北京：中国地质大学（北京）硕士学位论文.

邵天杰.2012.巴丹吉林沙漠东南部沙山与湖泊形成研究.西安：陕西师范大学博士学位论文.

邵天杰，赵景波，董治宝.2011.巴丹吉林沙漠湖泊及地下水化学特征.地理学报，66（5）：662-672.

沈照理，等.1985.水文地质学.北京：科学出版社.

施成熙，牛克源，陈天珠，等.1986.水面蒸发器折算系数研究.地理科学，6（4）：305-313.

施雅风，沈永平，胡汝骥.2002.西北气候由暖干向暖湿转型的信号、影响和前景初步探讨.冰川冻土，24（3）：219-226.

谭见安.1964.内蒙古阿拉善荒漠的地方类型.地理集刊，8：1-31.

田明中，原佩佩，郑文鉴.2005.沙与湖的爱情宣言——走进阿拉善沙漠的沙湖群.博物，16（4）：12-25.

田明中，那仁图雅，高宏.2009.内蒙古阿拉善沙漠地质公园科学研究论文集.北京：地质出版社.

万力，曹文炳，胡优生，等.2005.生态水文地质学.北京：地质出版社.

万力，蒋小伟，王旭升.2010.含水层的一种普遍规律：渗透系数随深度衰减.高校地质学报，16（1）：7-12.

王大纯，张人权，史毅虹，等.1995.水文地质学基础.北京：地质出版社.

王建国，王卫国.1981.巴丹吉林沙漠中的淡水渔业概况.淡水渔业，（3）：46.

王乃昂，马宁，陈红宝，等.2013.巴丹吉林沙漠腹地降水特征的初步分析.水科学进展，24（2）：153-160.

王乃昂，宁凯，李卓仑，等.2016.巴丹吉林沙漠全新世的高湖面与泛湖期.中国科学：地球科学，46（8）：1106-1115.

王培玉，王伴月.1998.内蒙古阿拉善地区的第三系.地层学杂志，22（3）：216-219.

王涛.1990.巴丹吉林沙漠形成演变的若干问题.中国沙漠，10（1）：29-40.

王涛，陈广庭.2008.西部地标：中国的沙漠·戈壁.上海：上海科学技术文献出版社.

王廷印，吴家弘.1998.内蒙古阿拉善北部地区碰撞期和后造山期岩浆作用.地质学报，（2）：126-137.

王廷印，王士政，王金荣.1994.阿拉善地区古生代陆壳的形成和演化.兰州：兰州大学出版社.

王欣，文军，刘蓉，等.2011.降水过程对巴丹吉林沙漠近地面太阳辐射的影响.干旱气象，29（4）：

427-432.

王旭升．2016. 祁连山北部流域水文相似性与出山径流总量的估计．北京师范大学学报（自然科学版），52（3）：328-332.

王旭升，万力．2011. 地下水运动方程．北京：地质出版社．

王旭升，胡晓农，金晓媚，等．2014. 巴丹吉林沙漠地下水与湖泊的相互作用．地学前缘，21（4）：91-99.

卫平生，张虎权，陈启林．2006. 银根—额济纳旗盆地油气地质特征及勘探前景．北京：石油工业出版社．

吴泰然，何国琦．1993. 内蒙古阿拉善地块北缘的构造单元划分及各单元的基本特征．地质学报，67（2）：98-108.

吴月，王乃昂，赵力强，等．2014. 巴丹吉林沙漠诺尔图湖泊水化学特征与补给来源．科学通报，59（12）：1140-1147.

仵彦卿，张应华，温小虎，等．2010. 中国西北黑河流域水文循环与水资源模拟．北京：科学出版社．

仵彦卿，张应华，温小虎，等．2004. 西北黑河下游盆地河水与地下水转化的新发现．自然科学进展，14（12）：1428-1433.

肖洪浪，程国栋．2006. 黑河流域水问题与水管理的初步研究．中国沙漠，26（1）：1-5.

谢贤群，王菱．2007. 中国北方近50年潜在蒸发的变化．自然资源学报，22（5）：683-691.

熊波，陈学华，宋孟强，等．2009. 基于RS和GIS的沙漠湖泊动态变化研究——以巴丹吉林沙漠为例．干旱区资源与环境，23（8）：91-98.

徐涵秋．2005. 利用改进的归一化差异水体指数（NNDWI）提取水体信息的研究．遥感学报，9（5）：589-595.

徐宗学，包为民，彭定志，等．2009. 水文模型．北京：科学出版社．

严云奎，袁炳强，杨高印，等．2011. 内蒙古西部银根—额济纳旗盆地重力场与断裂构造的特征．地质通报，30（12）：1962-1968.

杨小平．1992. 塔克拉玛干与巴丹吉林沙漠风沙地貌对比研究．兰州：中国科学院兰州沙漠研究所博士学位论文．

杨小平．2000. 近3万年来巴丹吉林沙漠的景观发育与雨量变化．科学通报，45（4）：428-434.

杨小平．2002. 巴丹吉林沙漠腹地湖泊的水化学特征及其全新世以来的演变．第四纪研究，22（2）：97-104.

杨震雷．2010. 非饱和砂箱水汽热运移的试验研究．北京：中国地质大学（北京）硕士学位论文．

于守忠，李博，蔚蔚祺，等．1962. 内蒙西部戈壁及巴丹吉林沙漠考察．治沙研究，3：96-108.

袁学诚．1995. 论中国大陆基底构造．地球物理学报，28（4）：448-459.

曾亦键．2012. 浅层包气带水-汽-热耦合运移规律及其数值模拟研究．北京：中国地质大学（北京）博士学位论文．

张虎才，明庆忠．2006. 中国西北极端干旱区水文与湖泊演化及其巴丹吉林沙漠大型沙丘的形成．地球科学进展，21（5）：532-538.

张进，李锦轶，李彦峰，等．2007. 阿拉善地块新生代构造作用——兼论阿尔金断裂新生代东向延伸问题．地质学报，81（11）：1481-1497.

张竞．2015. 阿拉善西部关键水文地质问题研究．北京：中国地质大学（北京）博士学位论文．

张竞，王旭升．2014. 抽水井单位涌水量的多解性及其应用．工程勘察，42（3）：33-37.

张竞，王旭升，贾凤超．2015a. 对内蒙古阿拉善西部地下水流向问题的新认识．现代地质，29（1）：213-219.

张竞，王旭升，胡晓农．2015b. 巴丹吉林沙漠地下水流场的宏观特征．中国沙漠，35（3）：1-9.

张竞，王旭升，胡晓农，等. 2017. 巴丹吉林沙漠湖泊水分补给机制的模拟——以苏木吉林湖区为例. 湖泊科学，29（2）：467-479.

张人权，梁杏，靳孟贵，等. 2011. 水文地质学基础. 北京：地质出版社.

张雪芹，孙杨，毛炜峄，等. 2010. 中国干旱区气温变化对全球变暖的区域响应. 干旱区研究，27（4）：592-599.

张振瑜，王乃昂，马宁，等. 2012. 近40a巴丹吉林沙漠腹地湖泊面积变化及其影响因素. 中国沙漠，32（6）：1743-1750.

赵景波，张冲，董治宝，等. 2011. 巴丹吉林沙漠高大沙山粒度成分与沙山形成. 地质学报，85（8）：1389-1398.

赵景波，马延东，罗小庆，等. 2017. 巴丹吉林沙漠沙山表层径流的发现及其指示意义. 中国科学：地球科学，（4）：83-94.

赵静，万力，王旭升. 2017. 黑河流域陆地水循环模式及其对人类活动的响应研究. 北京：地质出版社.

郑瑞兰，王旭升，胡晓农. 2016. 巴丹吉林沙漠湖泊面积与水位的非线性关系模拟研究. 北京师范大学学报（自然科学版），（3）：350-355.

中国水利百科全书编辑委员会. 1991. 中国水利百科全书（第一版）. 北京：中国水利电力出版社.

周燕怡. 2015. 巴丹吉林沙漠包气带水分过程和盐分过程数值模拟. 北京：中国地质大学（北京）硕士学位论文.

朱金峰，王乃昂，陈红宝，等. 2010. 基于遥感的巴丹吉林沙漠范围与面积分析. 地理科学进展，29（9）：1087-1094.

朱金峰，王乃昂，李卓仑，等. 2011. 巴丹吉林沙漠湖泊季节变化的遥感监测. 湖泊科学，23（4）：657-664.

朱震达，吴正. 1974. 中国沙漠概论. 北京：科学出版社.

朱震达，吴正，刘恕，等. 1980. 中国沙漠概论（修订版）. 北京：科学出版社.

朱震达，刘恕，邸醒民. 1989. 中国的沙漠化及其治理. 北京：科学出版社.

Geyh M A，顾慰祖. 1998. 阿拉善高原地下水的稳定同位素异常. 水科学进展，9（4）：333-337.

Arp G，Hofmann J，Reitner J. 1998. Microbial fabric formation in spring mounds（"microbialites"）of Alkaline Salt Lakes in the Badain Jaran Sand Sea, PR China. Palaios, 13（6）：581-592.

Bakker M，Nieber J L. 2009. Damping of sinusoidal surface flux fluctuations with soil depth. Vadose Zone Journal，8（1）：119-126.

Bear J. 1972. Dynamics of Fluids in Porous Media. New York：Elsevier.

Bear J. 1979. Hydraulics of Ground Water. Jerusalem：McGraw-Hill Inc.

Carsel R F，Parrish R S. 1988. Developing joint probability distributions of soil water retention characteristics. Water Resources Research，24（5）：755-769.

Chavez P S. 1996. Image-based atmospheric correction：Revisited and improved. Photogrammetric Engineering and Remote Sensing，62（9）：1025-1036.

Chen J S，Li L，Wang J Y，et al. 2004. Groundwater maintains dune landscape. Nature，432（7016）：459-460.

Cheng G，Li X，Zhao W，et al. 2014. Integrated study of the water-ecosystem-economy in the Heihe River Basin. National Science Review，1（3）：413-428.

Cherkauer D S，Nader D C. 1989. Distribution of groundwater seepage to large surface-water bodies：The effect of hydraulic heterogeneities. Journal of Hydrology，109（1-2）：151-165.

Craig H. 1961. Isotopic variations in meteoric waters. Science，133（3465）：1702-1703.

Dansgaard W. 1964. Stable isotopes in precipitation. Tellus, 16 (4): 436-468.

Dickinson J E, Ferré T P A, Bakker M, et al. 2014. A Screening Tool for delineating subregions of steady recharge within groundwater models. Vadose Zone Journal, 13 (6): 859-879.

Dong C, Wang N, Chen J, et al. 2016. New observational and experimental evidence for the recharge mechanism of the lake group in the Alxa Desert, north-central China. Journal of Arid Environments, 124: 48-61.

Dong Z, Qian G, Luo W, et al. 2009. Geomorphological hierarchies for complex mega-dunes and their implications for mega-dune evolution in the Badain Jaran Desert. Geomorphology, 106 (3): 180-185.

Dong Z, Qian G, Lv P, et al. 2013. Investigation of the sand sea with the tallest dunes on Earth: China's Badain Jaran Sand Sea. Earth Sciences Review, 120 (120): 20-39.

Engelen G B, Kloosterman F H. 1996. Hydrological Systems Analysis: Methods and Applications. Dordrecht: Kluwer Academic Publishers.

Gates J B, Edmunds W M, Darling W G, et al. 2008a. Conceptual model of recharge to southeastern Badain Jaran Desert groundwater and lakes from environmental tracers. Applied Geochemistry, 23 (12): 3519-3534.

Gates J B, Edmunds W M, Ma J, et al. 2008b. Estimating groundwater recharge in a cold desert environment in northern China using chloride. Hydrogeology Journal, 16 (5): 893-910.

Gong Y, Wang X, Hu B X, et al. 2016. Groundwater contributions in water-salt balances of the lakes in the Badain Jaran Desert, China. Journal of Arid Land, 8 (5): 694-706.

Harbaugh A W, Banta E R, Hill M C, et al. 2000. Modflow-2000, the U. S. Geological Survey Modular Ground-Water Model-user guide to modularization concepts and the ground-water flow process. Reston: U. S. Geological Survey.

Hofmann J. 1996. Lakes in the SE part ofBadain Jaran Shamo, their limnology and geochemistry. Geowissenschaften, 14 (7-8): 275-278.

Hofmann J. 1999. Geoökologische Untersuchungen der Gewässer im Südosten der Badain Jaran Wüste (Aut. Region Innere Mongolei/VR China) -Status und spätquartäre Gewässerentwicklung (Geoecological surveys of the waters in the southeast of the Badain Jaran Desert (Autonomous Region Inner Mongolia / PRC) -Status and late-Quaternary development of waters). Berl Geogr Abh, 64: 1-164.

Hou L, Wang X-S, Hu B X, et al. 2016. Experimental and numerical investigations of soil water balance at the hinterland of the Badain Jaran Desert for groundwater recharge estimation. Journal of Hydrology, 540: 386-396.

Jäkel D. 1996. The Badain Jaran Desert: Its origin and development. Geowissenschaften, 14 (7/8): 272-274.

Jiang X W, Wang X-S, Wan L. 2010. Semi-empirical equations for the systematic decrease in permeability with depth in porous and fractured media. Hydrogeology Journal, 18 (4): 839-850.

Jiao J J, Zhang X T, Wang X S. 2015. Satellite-based estimates of groundwater depletion in the Badain Jaran Desert, China. Scientific Reports, 5: 8960.

Langbein W B. 1961. Salinity and hydrology of closed lakes. Center for Integrated Data Analytics Wisconsin Science Center, 412: 1-20.

Li X, Cheng G, Ge Y, et al. 2018. Hydrological cycle in the Heihe River Basin and its implication for water resource management in endorheic basins. Journal of Geophysical Research: Atmospheres, 123 (2): 890-914.

Liang X, Liu Y, Jin M G, et al. 2010. Direct observation of complex Tothian groundwater flow systems in the laboratory. Hydrological Processes, 24 (24): 3568-3573.

Liu C, Liu J, Wang X, et al. 2016. Analysis of groundwater-lake interaction by distributed temperature sensing in Badain Jaran Desert, Northwest China. Hydrological Processes, 30 (9): 1330-1341.

Luo X, Jiao J J, Wang X S, et al. 2016. Temporal Rn-222 distributions to reveal groundwater discharge into desert lakes: Implication of water balance in the Badain Jaran Desert, China. Journal of Hydrology, 534: 87-103.

Luo X, Jiao J J, Wang X S, et al. 2017. Groundwater discharge and hydrologic partition of the lakes in desert environment: Insights from stable $^{18}O/^{2}H$ and radium isotopes. Journal of Hydrology, 546: 189-203.

Ma J, Edmunds W M. 2006. Groundwater and lake evolution in the Badain Jaran Desert ecosystem, Inner Mongolia. Hydrogeology Journal, 14 (7): 1231-1243.

Ma N N, Yang X P. 2008. Environmental isotopes and water chemistry in the Badain Jaran Desert and in its southeastern adjacent areas, Inner Mongolia and their hydrological implications. Quat Sci, 28 (4): 703-712.

Mcdonald M G, Harbaugh A W. 1986. A modular three-dimensional finite-difference ground-water flow model. In: Techniques of Water-Resources Investigations of the United States Geological Survey. Washington: United States Government Printing Office: 387-389.

McDonald M G, Harbaugh A W. 1988. A modular three-dimensional finite-difference ground-water flow model. Techniques of Water Resources Investigations, Book 6. Reston, Virginia: U. S. Geological Survey.

McFeeters S K. 1996. The use of the Normalized Difference Water Index (NDWI) in the delineation of open water features. International Journal of Remote Sensing, 17 (7): 1425-1432.

Mcjannet D L, Cook F J, Mcgloin R P, et al. 2011. Estimation of evaporation and sensible heat flux from open water using a large-aperture scintillometer. Water Resources Research, 47 (5): 1-14.

Monin A S, Obukhov A. 1954. Basic laws of turbulent mixing in the ground of the atmosphere. Doki Akad Nauk Sssr, 151: 1963-1987.

Mu Q, Heinsch F A, Zhao M, et al. 2007. Development of a global evapotranspiration algorithm based on MODIS and global meteorology data. Remote Sensing of Environment, 111 (4): 519-536.

Mu Q, Zhao M, Running S W. 2011. Improvements to a MODIS global terrestrial evapotranspiration algorithm. Remote Sensing of Environment, 115 (8): 1781-1800.

Philip J R, Vries D A D. 1957. Moisture movement in porous materials under temperature gradients. Eos Transactions American Geophysical Union, 38 (2): 222-232.

Scanlon B R, Keese K, Reedy R C, et al. 2003. Variations in flow and transport in thick desert vadose zones in response to paleoclimatic forcing (0-90 kyr): Field measurements, modeling, and uncertainties. Water Resources Research, 39 (7): 1179-1196.

Šimunek J, Sejna M, Saito H, et al. 1998. The HYDRUS-1D Software Package for Simulating the Movement of Water, Heat, and Multiple Solutes in Variably Saturated Media, Version 2. 0. California: U. S. Salinity Laboratory.

Šimunek J, Scina M, Saito H, et al. 2013. The HYDRUS-1D Software Package for Simulating the Movement of Water, Heat, and Multiple Solutes in Variably Saturated Media, Version 4. 17, HYDRUS Software Series 3. Riverside: Department of Environmental Sciences, University of California Riverside.

Stone A E C, Edmunds W M. 2016. Unsaturated zone hydrostratigraphies: A novel archive of past climates in dryland continental regions. Earth-Science Reviews, 157: 121-144.

Su Z. 2002. The Surface Energy Balance System (SEBS) for estimation of turbulent heat fluxes. Hydrology and Earth System Sciences, 6 (1): 85-99.

Tóth J. 1963. A theoretical analysis of groundwater flow in small drainage basins. Journal of Geophysical Research, 68 (16): 4795-4812.

Tóth J. 1980. Cross-formational gravity-flow of groundwater: A mechanism of the transport and accumulation of petroleum. //Roberts W H I, Cordell R J (Eds.). The Generalized Hydraulic Theory of Petroleum Migration Problems of Petroleum Migration. Tulsa: The American Association of Petroleum Geologists.

Van Genuchten M T. 1980. A closed-form equation for predicting the hydraulic conductivity of unsaturated soils. Soil Science Society of America Journal, 44 (44): 892-898.

Vercauteren N, Bou-Zeid E, Huwald H, et al. 2009. Estimation of wet surface evaporation from sensible heat flux measurements. Water Resources Research, 45 (6): 735-742.

Wang X S. 2013. Local flow systems are restricted due to permeability anisotropy. Xi'an: International Symposium on Regional Groundwater Flow: Theory, Applications and Future Development.

Wang X S, Ma M G, Li X, et al. 2010. Groundwater response to leakage of surface water through a thick vadose zone in the middle reaches area of Heihe River Basin, in China. Hydrology and Earth System Sciences, 14 (4): 639-650.

Wang X S, Wan L, Jiang X W, et al. 2017. Identifying three-dimensional nested groundwater flow systems in aTóthian basin. Advances in Water Resources, 108: 139-156.

Warrick A W, Nielsen D R. 1980. Spatial variability of soil physical properties in the field. //Hillel D. Applications of Soil Physics. Orlando: Academic.

Wen J, Zhongbo S U, Zhang T T, et al. 2014. New evidence for the links between the local water cycle and the underground wet sand layer of a mega-dune in the Badain Jaran Desert, China. Journal of Arid Land, 6 (4): 371-377.

Wesely M L. 1976. The combined effect of temperature and humidity fluctuations on refractive index. Journal of Applied Meteorology, 15 (1): 43-49.

Winter T C. 1978. Numerical simulation of steady state three-dimensional groundwater flow near lakes. Water Resources Research, 14 (2): 245-254.

Winter T C. 1983. The interaction of lakes with variably saturated porous media. Water Resources Research, 19: 1203-1218.

Wu X, Wang X S, Wang Y, et al. 2017. Water resources in the Badain Jaran Desert, China: New insight from isotopes. Hydrology and Earth System Sciences, 21 (9): 4419-4431.

Yang X P, Williams M A J. 2003. The ion chemistry of lakes and late Holocene desiccation in the Badain Jaran Desert, Inner Mongolia, China. Catena, 51 (1): 45-60.

Yang X P, Ma N, Dong J F, et al. 2010. Recharge to the inter-dune lakes and Holocene climatic changes in theBadain Jaran Desert, western China. Quaternary Research, 73 (1): 10-19.

Yang X P, Scuderi L, Liu T, et al. 2011. Formation of the highest sand dunes on Earth. Geomorphology, 135 (1): 108-116.

Yao Y, Zheng C M, Tian Y, et al. 2015a. Numerical modeling of regional groundwater flow in the Heihe River Basin, China: Advances and new insights. Science China Earth Sciences, 58 (1): 3-15.

Yao Y, Zheng C, Liu J, et al. 2015b. Conceptual and numerical models for groundwater flow in an arid inland river basin. Hydrological Processes, 29: 1480-1492.

Yechieli Y, Wood W W. 2002. Hydrogeologic processes in saline systems: playas, sabkhas, and saline lakes. Earth Science Reviews, 58 (3): 343-365.

Zeng Y, Su Z, Wan L, et al. 2009. Diurnal pattern of the drying front in desert and its application for determining the effective infiltration. Hydrology and Earth System Sciences, 13 (6): 703-714.

Zhang G，Xie H，Kang S，et al. 2011. Monitoring lake level changes on the Tibetan Plateau using ICESat altimetry data（2003-2009）. Remote Sensing of Environment，115（7）：1733-1742.

Zhao L，Xiao H，Dong Z，et al. 2012. Origins of groundwater inferred from isotopic patterns of the Badain Jaran Desert，Northwestern China. Ground Water，50（5）：715-725.

附　　录

附图1　苏木吉林南湖（苏木巴润吉林）气象站架设在距离湖岸约40m处，
通过一座钢架木板桥与湖岸连通。附近沙山相对高度可达300m

附图2　格日勒图湖岸发育地下水渗出带，形成湿地，其上游有一处泉坑，
泉水冲出一条小沟向草地延伸

附图3　巴音诺尔湖岸发育沟流下降泉，泉水沿着弯曲的沟槽流淌到湖中

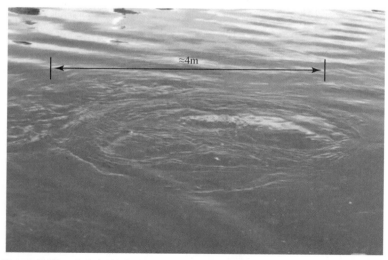

附图4　苏木吉林湖（北湖）的东岸附近，有湖底泉上涌形成的圆圈状波纹，泉口呈到锥形

附图 5　音德日图湖水的 TDS 超过 200g/L，湖中岛为钙质沉淀堆积，
有上升泉涌出，泉眼密集，泉水为淡水

附图 6　中诺尔图的北岸，靠近岸边有一处泉水，当地牧民用水泥桶改造成井口。
泉的周边有钙质沉淀形成的块石

附图7　额肯吉林湖中岛（有人站立的位置）呈锥形，涌出 TDS 为 1.8g/L 的泉水。
附近湖水温度较高，冬季常不结冰

附图8　散根吉林南湖含盐量几乎达到饱和状态，出现大面积盐结晶沉淀。
盐块被人采掘之后，会再生，这是地下水持续补给的结果。湖水中生长嗜盐细菌，呈鲜红色

索　引